Unity VR
虚拟现实完全自学教程

邵伟　李晔　编著

電子工業出版社
Publishing House of Electronics Industry
北京•BEIJING

内 容 简 介

本书是 VR 自学爱好者的一本入门书，全书共 16 章，全面讲述了在制作 VR 应用程序的过程中所必备的软/硬件知识。硬件层面以 HTC VIVE 为主要硬件平台，同时介绍了两款配合其使用的外部设备——VIVE 追踪器和 Leap Motion；软件层面以制作 VR 应用程序的核心工作流程为主线，以 Unity 为游戏引擎，从 VR 交互原则、材质、UI、编程开发、调试优化等方面逐步展开介绍各工作环节的主要内容。同时，本书辅以丰富的案例项目，重点介绍了 SteamVR、InteractionSystem、VRTK 等必备插件在实际项目中的使用方法，帮助读者快速上手制作属于自己的 VR 应用程序。

本书适合对制作 VR 应用程序感兴趣的人员，以及有志于从事 VR 软件开发工作的人员阅读，同时也适合院校及培训虚拟现实机构相关专业的师生参考。

图书在版编目（CIP）数据

Unity VR 虚拟现实完全自学教程 / 邵伟，李晔编著. —北京：电子工业出版社，2019.5
ISBN 978-7-121-36377-1

Ⅰ. ①U… Ⅱ. ①邵… ②李… Ⅲ. ①游戏程序－程序设计－教材 Ⅳ. ①TP317.6

中国版本图书馆 CIP 数据核字（2019）第 073026 号

责任编辑：孔祥飞
印　　刷：涿州市般润文化传播有限公司
装　　订：涿州市般润文化传播有限公司
出版发行：电子工业出版社
　　　　　北京市海淀区万寿路 173 信箱　　邮编：100036
开　　本：787×1092　1/16　印张：16　字数：430 千字
版　　次：2019 年 5 月第 1 版
印　　次：2025 年 1 月第 13 次印刷
定　　价：99.00 元

凡所购买电子工业出版社图书有缺损问题，请向购买书店调换。若书店售缺，请与本社发行部联系，联系及邮购电话：（010）88254888，88258888。

质量投诉请发邮件至 zlts@phei.com.cn，盗版侵权举报请发邮件至 dbqq@phei.com.cn。

本书咨询联系方式：010-51260888-819，faq@phei.com.cn。

前　言

虚拟现实行业由初期的概念炒作发展到了稳步增长阶段。纵观整个行业的发展历程，当前的硬件设备水平已经有了长足的进步，分辨率更高的屏幕、视野更加广阔的头部显示器、携带更加方便的设备，未来的5G与人工智能技术也将会给虚拟现实行业带来前所未有的发展机遇。

2018年9月14日，教育部正式宣布在《普通高等学校高等职业教育（专科）专业目录》中增设“虚拟现实应用技术”专业。2019年，全国将有71所高职院校首次开设虚拟现实应用技术专业，人才缺口随着行业的发展也日益凸显。 VR内容（应用程序、视频等）始终是基础设置上的重要一环，也是各种政策及大环境下需要催生孵化出的结果。从宏观发展角度看，虚拟现实行业目前还处于初级发展阶段，但在未来必定会蓬勃发展，所以当前是进行技术知识储备的关键时期。

Unity是当前业界领先的VR/AR内容制作工具，全球60%以上的VR/AR内容都是基于Unity引擎进行制作的，Unity为制作优质的VR内容提供了一系列先进的解决方案，无论是VR、AR还是MR，都可以使用Unity高度优化的渲染流水线以及编辑器的快速迭代功能，使项目需求得以完美实现。基于跨平台的优势，Unity支持所有新型的主流平台，原生支持Oculus Rift、Steam VR/VIVE、Playstation VR、Gear VR、Microsoft HoloLens以及Google的Daydream等。本书也将以Unity为核心，讲解制作VR应用程序的方方面面，希望能够帮助读者做出属于自己的VR应用程序。

本书主要内容

第1章：对VR行业进行了概述，介绍了该技术在其他行业中的应用案例，以及目前VR行业面临的挑战。

第2章：对Unity编辑器进行了介绍。

第3章：对主流硬件设备及分类进行了介绍，使读者对当前主流VR硬件平台有了初步认知。

第4章：介绍了VR应用程序制作的基本工作流程和一些常用的开发工具。

第5章：介绍了在VR应用程序中需要遵循的交互设计原则。

第6章：介绍了HTC VIVE硬件的基本结构、安装步骤、实现位置追踪的原理，并对作为主要交互设备的控制器的按键进行了说明。

第7章：介绍了VR中的UI技术，讲解了在Unity中如何将UI元素设置为能够在VR环境中呈现的方法。

第8章：笔者从接触的学员作品来看，大部分VR应用程序只聚焦于交互的实现，忽视了作品的呈现品质，而这恰是VR应用程序给用户的第一印象。本章介绍了基于物理的渲染理论（PBR），以及常用的 PBR 材质制作软件，通过实例介绍了 Substance Painter 的使用方法，目的是为了强调写实材质在 VR 应用程序中的关键地位。

第 9 章：SteamVR 是进行 PC 平台 VR 应用程序开发的重要工具，本章通过实例介绍了 SteamVR 以及基于其上的 InteractionSystem 的核心模块和基本使用方法。

第 10 章：VRTK 是基于 SteamVR 进行 VR 应用程序开发的重要插件，本章详细介绍了 VRTK 的使用方法，通过一系列实例，讲解了该插件在 VR 交互开发工作中的高效性。

第 11 章：VR 平台与 PC、移动平台最大的区别在于交互方式的不同，本章通过演示将 PC 平台上的一款游戏移植到 VR 平台的过程，展示交互开发在 VR 平台上的重要性。

第 12 章：介绍了手势识别设备——Leap Motion 在 VR 中的应用，通过一个器械装配实例，讲解了如何在 VR 中通过手势实现与物体的交互。

第 13 章：介绍了 VIVE 追踪器（Tracker）的基本使用方法，通过实例讲解了如何实现在 VR 环境中将追踪器与现实世界物体进行绑定并跟踪其位置。

第 14 章：演示了类似 VR 游戏《水果忍者 VR》的原型项目开发，包括游戏逻辑、水果生成、切割效果、计分 UI 呈现等功能模块。

第 15 章：演示了类似 VR 应用程序 *Tilt Brush* 的原型项目开发，包括在 VR 环境中使用控制器绘制线条、修改画笔颜色等功能模块。

第 16 章：介绍了 Unity 编辑器内置的性能优化工具，同时针对 Unity 讲解了几种应用程序的优化原则。

附录 A：收录了 VR/AR 行业常见的技术概念并做出解释，使读者在以后的工作和学习中能够有效地阅读 VR/AR 相关的文献资料。

附录 B：由于本书重点不是介绍 Unity 编辑器的基本使用方法，所以在本部分为初学者提供了关于使用 Unity 的基础小贴士，以便读者更加熟练地使用 Unity。

科技日新月异，Unity 及相关的软件也在飞速发展，本书介绍的技术也会随着时间的推进而不再适用，甚至一个插件的版本号的更新也会导致之前的应用程序运行出现问题。鉴于此，读者可在公众号“XR 技术研习社”阅读和查看关于 VR 技术的文章和资源，如果对本书内容存有疑问，也可在后台留言。

致谢

2016 年 5 月，淄博创客空间创始人于方军老师介绍李晔老师给我认识，并带我们参加了在上海举办的 CES Asia 2016 中美创客大赛，我和李晔老师分别获奖。我们也因此成了朋友，在以后的日子里时常交流工作中的经历和想法。上海之行后，李晔老师将我介绍给蛮牛教育，录制了我的首套 VR 视频教程——“HTC VIVE 房产项目实战教程”，由于运气成分占多，当时国内在 VR 开发方面的资料相对较少，加之蛮牛教育的影响力，这套教程在当时受到了一定程度的关注。后来，李晔老师又将我推荐给电子工业出版社，于是便有了这本书的出版，在这里一并向李晔老师表示感谢，同时也感谢于方军老师促成的这段机缘。

感谢本书的责任编辑孔祥飞先生，在整个写作周期里始终保持着耐心和专业的态度，也感谢其团队对书稿进行的专业审稿和排版工作。

感谢我的家人——邵昌文先生、张淑美女士、李木子女士在写作期间分担的家庭责任。

读者服务

轻松注册成为博文视点社区用户（www.broadview.com.cn），扫码直达本书页面。

- **下载资源**：本书提供配套的资源文件，可在下载资源处下载。
- **提交勘误**：您对书中内容的修改意见可在提交勘误处提交，若被采纳，将获赠博文视点社区积分（在您购买电子书时，积分可用来抵扣相应金额）。
- **交流互动**：在页面下方读者评论处留下您的疑问或观点，与我们和其他读者一同学习交流。

页面入口：http://www.broadview.com.cn/36377

目　　录

第 1 章　VR 行业概述

1.1 VR 介绍

VR 全称为 Virtual Really，即虚拟现实：由计算机或独立计算单元生成虚拟环境，体验者通过封闭式的头部显示器（简称为头显）观看这些数字内容，虚拟现实设备通过传感器感知体验者的运动，将这些运动数据（例如头部的旋转，手部的移动等）传送给计算机，相应地改变数字环境内容，以符合体验者在现实世界的反应。体验者可以在虚拟环境中行走、观察，与物体进行交互，从而感受到与现实世界相似的体验。VR 头显和耳机通过两种最突出的感官——视觉和听觉，实现了高品质的 VR 沉浸式体验。

随着虚拟现实技术的发展并在不同领域中发挥作用，出现了几种不同的定义，其中大多数定义彼此重叠并存在差异。然而，以下定义在构建 VR 内容方面几乎是一致的：

- 计算机生成的立体视觉效果完全围绕用户，完全取代周围的现实世界。
- 以观察者的角度来体验内容。
- 无论是环顾四周还是借助控制器，均能在虚拟环境中交互并得到实时反馈。

早在 20 世纪 80 年代，虚拟现实概念就已提出，但是由于当时设备过于笨重，而且价格昂贵，并没有得到普及。

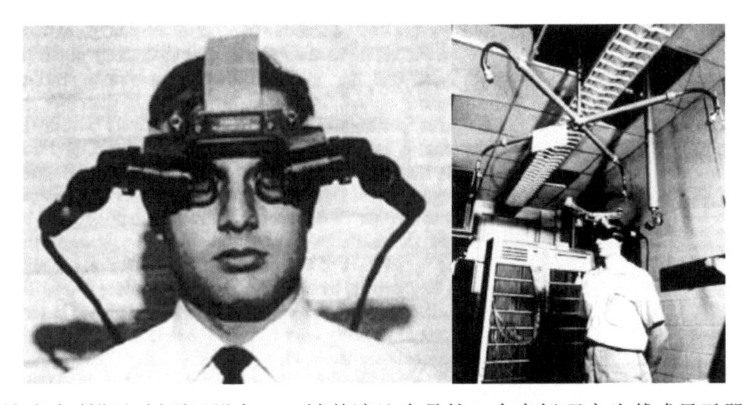

达摩克利斯之剑项目设备——被普遍认为是第一个虚拟现实头戴式显示器

直到 2014 年，Facebook 以 20 亿美元收购 Oculus，标志着新一轮虚拟现实商业化浪潮的到来。

1.2 VR 技术应用案例

VR 技术能够应用于各种行业，或者解决行业中存在的问题，从而提高使用体验。本节我们将分享 VR 技术与部分行业结合的典型案例。

游戏

相比传统的电子游戏形态，VR 游戏能够带来更加沉浸式的游戏体验。在主机或智能手机的游戏体验中，玩家控制游戏主角，完成拯救世界任务；而玩家戴上 VR 头显即可化身为游戏中的主角，体验惊险刺激的游戏内容。Unity 引擎能够帮助开发者快速、高效地制作出激动人心的 VR 游戏作品。

VR 音乐游戏 *Beat Saber*

房地产

目前的房地产样板间受限于预算，只能对单一户型进行某一种风格的装修展示，对于潜在业主来说，很难迎合不同年龄段业主的喜好。借助 VR 技术，可以用相对低廉的成本构建出多种装修风格的 VR 样板间。同时，多数楼盘以期房为主，业主会对交房以后与样板间不符有所顾虑，从而降低成交率。在 VR 中，开发商可以将户型按照房型 1:1 的比例进行预展示，借助 Unity 预计算实时全局光照技术（Precomputed Realtime GI），可以模拟该户型在一天 24 小时、一年四季的采光，甚至是小区的园林绿化等室外场景也可以进行虚似展示，从而打消业主的成交顾虑。对开发商来说，快速成交有助于缩短回款周期，缓解资金链压力。

VR 家装（瓷砖展厅）

VR 技术在家装细分市场有非常广泛的应用场景。以淄博市为例，在国内几大传统陶瓷产区中，无论从产业规模、产区影响力等方面，淄博市一直是当之无愧的“二当家”，仅次于佛山市。其优势在于，这里囊括了完整的瓷砖行业价值链，从产品设计到工厂制造再到总部营销都在本地进行。针对此类市场进行 VR 内容制作，能够很方便地从瓷砖设计师那里获取项目开发用到的关键数据，包括铺贴方案、瓷砖设计电子稿、瓷砖物理规格（如透光率、光滑度等关键数据）。厂商总部也都在本地，可以直接为厂商定制相关的解决方案，由他们向自己全国各地的经销商进行推广。

VR 家装可以解决两个问题：一是展厅建造成本高，二是产品款式展示数量有限且不形象。

瓷砖展厅装修华丽且造价不菲，几乎每个厂商都会建造一个这样的展厅，用来展示他们的畅销产品。从营销成本构成来看，瓷砖展厅一次性建设成本在 200 万元左右，加上每月必须产生的房租、水电、人力等成本，其营销成本巨大。同时，一个展厅只能展示少数几种瓷砖铺贴方案，频繁翻新展厅无论从工期还是成本考虑都不现实，商家只能展示为数不多的几款产品，其他款式需要通过单片样本或画册效果图的形式展示，这样到店的业主只能靠想象装修后效果来决定是否选购，为了规避风险，多数业主会货比三家，无形中降低了与本商家成交的可能性。这样就导致销量只集中在几款所谓的爆款产品上。

使用 VR 技术，在虚拟现实提供的沉浸式数字环境里，利用 Unity 先进的全局光照系统和基于物理的模型渲染（PBR）材质制作技术，商家可以为业主提供一个虚拟的展厅环境。通过实时渲染和一键切换瓷砖铺贴方案，解决了产品款式展示不全的问题，可以保证商家所有瓷砖款式得到展示。

安全生产培训

在厂矿、电力、消防行业，越来越多的单位引入了 VR 技术，对员工进行职业培训，通过对相关操作设备进行建模，在 VR 技术下实现操作仪器设备，学员可以佩戴 VR 头显进入虚拟环境，观察设备的外观、结构、部件等，借助手柄等交互设备，实现设备的认知、抓取、拆装，对于关键操作流程进行模拟演练，从而熟练掌握设备的使用。比如在国家电网的安全生产培训中，“安全第一”始终是国家电网在生产过程中放在首要位置的运营理念，目前的安全生产培训大多基于言传身教和定期组织模拟演练，但是培训过程受限于培训人力及安全考虑，很难达到理想的培训效果，借助 VR 技术，能够使学员在培训中比较形象地了解到由于操作失误引起的事故，比如设备的融毁、电击、火灾等安全事故。使用 VR 技术一方面减少了实际培训的安全风险，另一方面降低了培训演练的成本，同时能够达到理想的培训效果。

医疗康复

VR 技术已经在医学领域得到了广泛应用，随着技术的成熟，将产生更多的应用场景。医护人员可以使用 VR 技术模拟现实手术过程，从而提高现实手术的成功率；通过 3D 成像技术，在 VR 中可以更好地对患者的病情进行诊断。与 2D 呈现效果相比，沉浸式的虚拟现实视觉效果和交互功能，为医护人员提供了更多学习和实战的机会。除此之外，使用 VR 技术还可有效治疗各种精神疾病，如恐高、演讲恐惧、自闭症等，结合人工智能技术，为患者提供定制化的安全空间和互动场景，减少他们的防备心，并对行为含义进行分析，以进行针对性治疗。VR 技术有朝一日可以取代传统的图表和复杂的培训流程。

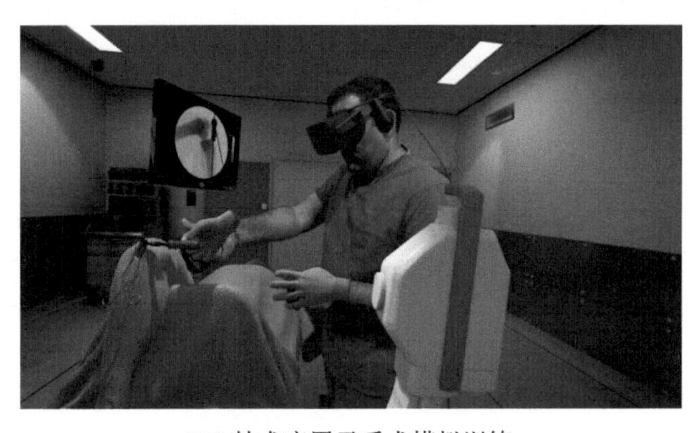

VR 技术应用于手术模拟训练

公益组织

针对社会问题存在的非营利公益组织，使用 VR 技术可以帮助其建立品牌形象，并鼓励大众围绕关键问题进行更深入地参与。例如，一个公益组织想要向公众宣传气候变化的影响，他们可以通过开发相关 VR 应用程序供大家体验，如查看自己的家园在极端干旱或洪水中的样子。体验者能够“亲身”体验关键问题造成的实际影响，VR 技术是非营利公益组织和其他有社会影响力组织增强其信息传递的有力工具。

社交

社交是人类的基本需求，无论在 PC 平台还是在移动平台，社交应用程序一直是一个很大的主体。通过 VR 技术在人与人之间进行交互，在 VR 应用程序中与好友或陌生人联系、发送问候、观看赛事直播、协同完成任务等，能够显著提升现有形式的社交体验。受限于目前技术水平，VR 社交尚处于初级阶段，但是未来具有巨大的发展潜力。Facebook 未来的 VR 发展战略是在 VR 应用程序中连接所有用户。

VR 社交

教育

沉浸式的 VR 教学内容能够帮助学习者通过传统教学方式无法提供的虚拟现实体验对知识进行理解和记忆。VR 技术能够将一些困难的概念可视化，如将过往历史中的遗迹重现，从而降低了传统课本知识的认知难度，激发学生的好奇心。

Google VR 实景教学项目 Expeditions

1.3 VR 技术当前面临的挑战

VR 技术虽然具有无限发展的潜力，但是作为一项新兴技术，在发展早期依然面临一些挑战。

1.3.1 硬件价格

受限于 VR 硬件的研发和供应链成本，目前市场上主流 PC 端 VR 设备的价格多在 5000 元左右，而且需要配置性能较高的电脑，总体成本接近 1 万元。而移动端 VR 设备通常需要搭载高端智能手机，这导致消费者没有较高的购买欲望，所以 VR 设备需要更加亲民的价格。

HTC VIVE 2019 年的官网价格

1.3.2 运算及显示能力

运算及显示能力包括屏幕分辨率和屏幕刷新率。VR 内容的展示需要高分辨率的显示屏，单位面积上的像素密度越高越好。屏幕分辨率不足，体验者会在屏幕上看到非常明显的颗粒感，即纱窗效应。要达到完美的 VR 内容显示效果，需要 16K 的屏幕分辨率，目前市场上还没有能够达到这一指标的头显设备。目前体验比较好的 VR 设备多由电脑驱动，并需要相对高端的显卡（如 HTC VIVE 官方推荐显卡规格为 NVIDIA GeForce GTX 1060/AMD Radeon RX 480 同等或更高配置）。屏幕刷新率不足，会带来比较大的显示延迟，体验者容易产生晕动症。

屏幕高分辨率和高刷新率，必然会带来巨大的数据吞吐量，这对硬件提出了很高的要求。截至本书成稿时，英伟达发布了基于“图灵”架构的新一代显卡——RTX 2000 系列，支持 VirtualLink 连接，拥有更高的数据传输带宽，仅用一个接口即可连接 VR 头显，支持实时光线跟踪技术，使 VR 内容品质进一步提升。

1.3.3 交互

理论上，VR 技术可以模拟来自现实世界的任何交互方式，但是受限当前硬件技术的发展水平，某些交互方式还不能达到理想的效果，比如动作捕捉、语音输入、手势识别等交互方式尚有很大改良空间。同时，目前尚不能实现更加逼真的触觉反馈体验。VR 需要更加自然的交互设备和交互方式。

另外，对于开发者来说，要将开发的 VR 应用程序发布到不同的 VR 硬件平台，需要针对这些平台提供的输入设备进行交互方式的适配。目前缺少一个统一的交互标准，使其能够更加高效，达到一次开发多平台发布的效果。

不同 VR 平台的输入控制器（图片来源：Valve）

由 Khronos 主导的 OpenXR 工作组正逐渐统一 VR/AR 平台的交互标准，解决各平台交互方式差异大的问题。目前行业内各大软硬件厂商均已加入 OpenXR，帮助完善这一开放标准。

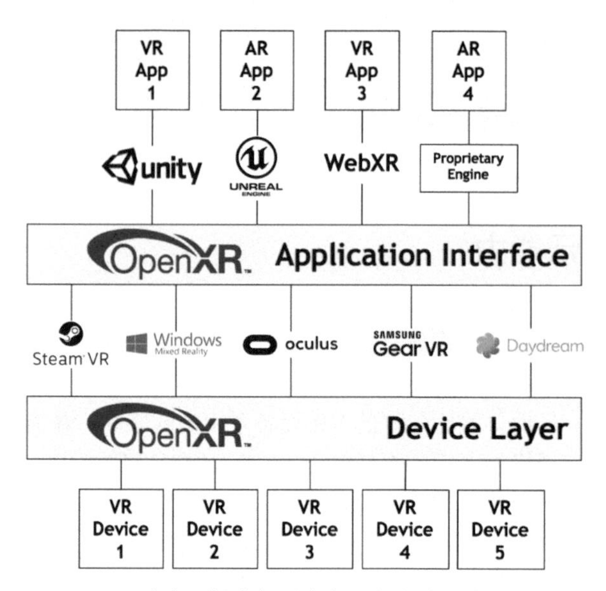

OpenXR 致力于解决各平台交互方式差异大的问题

1.3.4 移动性

在 PC 端 VR 平台，由于涉及大量的图形渲染工作，头显与电脑之间需要进行大量的数据传输，所以目前市场上的 PC 端 VR 方案中，头显需要通过线缆与电脑进行连接，这使得体验者只能局限在较小范围内体验 VR 内容，并且庞大的电脑显然不适合用户随身携带。

在移动端 VR 平台，虽然一体机市场上存在的 VR 设备多数仅能提供 3 自由度的 VR 体验，即头显和手柄只有旋转信息，缺少与现实对应的位置信息，并不能提供 6 自由度的位置追踪体验，不能提供足够的沉浸感体验。实现位置追踪技术也需要大量的计算机视觉计算，移动设备的电量和待机时间也面临着挑战。

大众需要便携的、开箱即用的设备。

1.3.5　内容

智能硬件的普及离不开内容的丰富，这一点可以参考智能手机的普及过程。相较于海量的移动 App，VR 平台的内容现在极度匮乏，VR 内容制作的周期较长，开发者从业人员相对较少，大型游戏制作公司保持观望态度，VR 内容的移植并不是简单地将电脑或主机游戏照搬过来那么简单，要针对 VR 的交互特性，使用全新的方式来思考游戏开发。

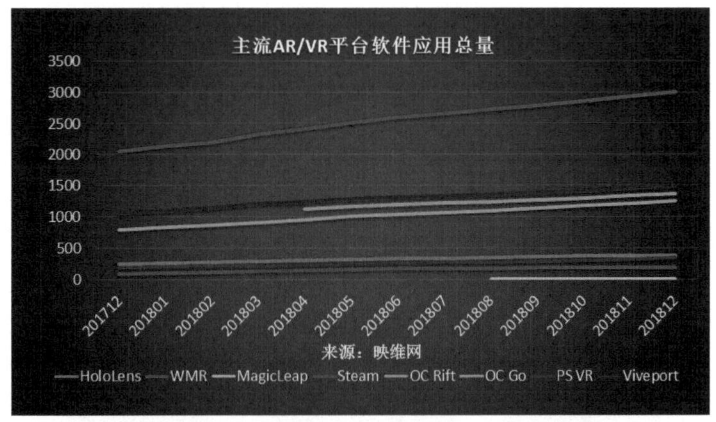

主流 VR/AR 平台软件应用总量（数据来源：映维网）

1.3.6　小结

综上所述，VR 行业目前处于发展早期阶段，在大众市场普及方面面临着挑战，行业生态尚需完善，硬件先发展还是内容先丰富，貌似是一个悖论，但我们应该看到，硬件技术正在飞速发展，硬件产业链上的厂家也在逐渐提高产品性能，同时深度学习、5G 等技术也逐渐显露，随着 Unity 等内容制作引擎的版本升级，使得开发者制作高品质 VR 应用程序的门槛也越来越低。我们有理由相信，VR 技术会在未来蓬勃发展。

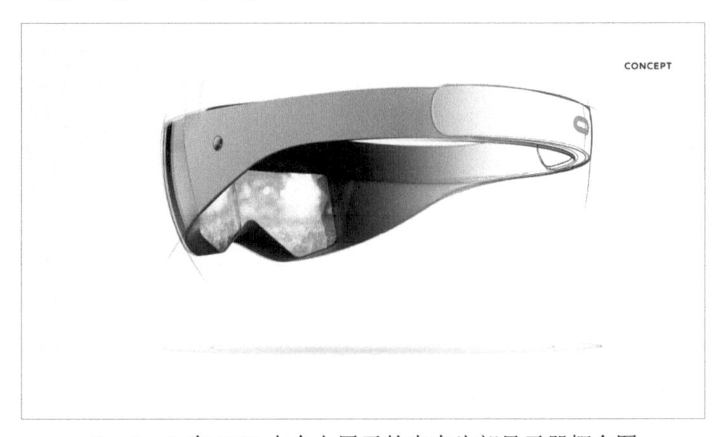

Facebook 在 OC5 大会上展示的未来头部显示器概念图

第 2 章　Unity VR 概述

2.1 Unity VR

Unity 是当前业界领先的 VR/AR 内容制作工具，是大多数 VR/AR 创作者首选的开发工具，世界上超过 60%的 VR/AR 内容是用 Unity 制作完成的。Unity 为制作优质的 VR 应用程序提供了一系列先进的解决方案，无论是 VR、AR 还是 MR，都可以依靠 Unity 高度优化的渲染流水线以及编辑器的快速迭代功能，使需求得以完美实现。基于跨平台的优势，Unity 支持市面上绝大多数的硬件平台，原生支持 Oculus Rift、Steam VR/VIVE、PlayStation VR、Gear VR、Microsoft HoloLens 以及 Google 的 Daydream View。

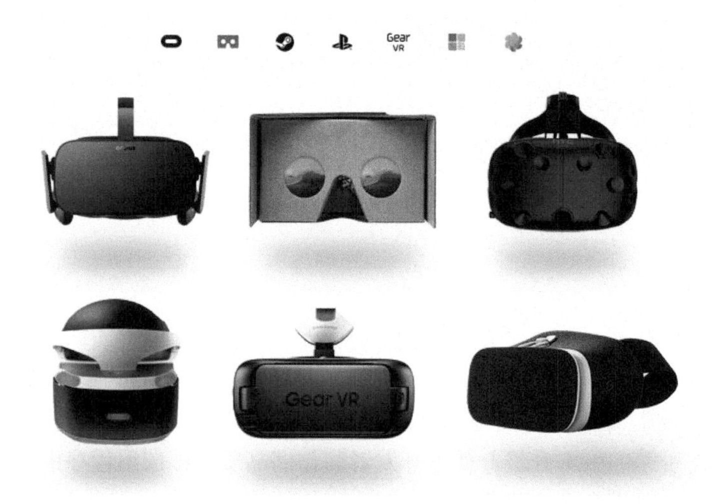

Unity 支持市面上绝大多数的硬件平台

2.1.1　图形渲染

随着 Unity 的版本迭代，高品质的渲染引擎被应用到 Unity 的 VR 场景渲染流程中，可以通过实时全局光照技术，准确表现 VR 场景中（如室内场景）一天 24 小时的光照变化。

- 实时渲染引擎：能够通过实时全局光照和基于物理渲染产生高保真度的画面。
- 本地图形 API：Unity 是一个跨平台 VR 应用程序制作工具，但仍然能接近每个平台的低级图形 API，使开发者能够使用最新的 GPU 和硬件改进，如 Vulkan、iOS Metal、DirectX12、nVIDIA VRWorks 或 AMD LiquidVR。

Unity 实时渲染引擎能够产生高保真度的画面

2.1.2　真实物理引擎

在真实 VR 环境中，除了具有逼真的模型表现，真实的物理现象模拟也是影响沉浸感的重要因素。Unity 使用 nVidia 的 PhysX 物理引擎技术，能够低能耗模拟真实的物理现象。

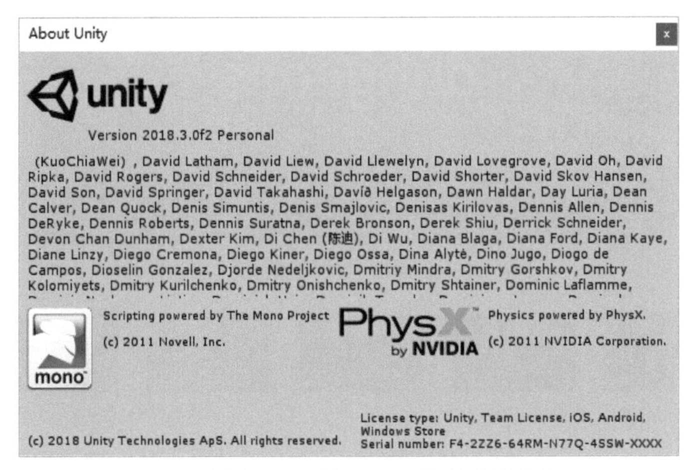

Unity 使用 nVidia 的 PhysX 物理引擎技术

2.1.3　多 VR 平台原生支持

Unity 原生支持多种 VR 硬件平台的 SDK，在 XR Settings 面板中，勾选 Virtual Reality Supported 选项以后，即可在复选框下方显示的 Virtual Reality SDKs 列表中为每个构建目标添加和删除对应的 SDK。

Unity 内置支持的 VR SDK（图中仅为 PC 平台部分）

Unity 的可扩展性还允许任何第三方硬件制造商开发自己的插件和 SDK。开发者可以使用 Unity 创建令人印象深刻的 VR/AR 应用程序。已有的第三方插件包括适用于 Unity 的 Cardboard SDK、Oculus Utilities、SteamVR、OSVR、MergeVR 和 Vuforia 等。

2.1.4 丰富的资源

如前文所述，Unity 具有强大的扩展性和开放性，它允许第三方开发商为 Unity 编辑器制作插件、提供资源。Unity Asset Store 拥有海量的资源。用户可以在其中下载需要的工具和素材，从而提高工作效率，同时开发者或设计师也可以将资源发布到其中获利，这样便形成了一个良好的软件生态。

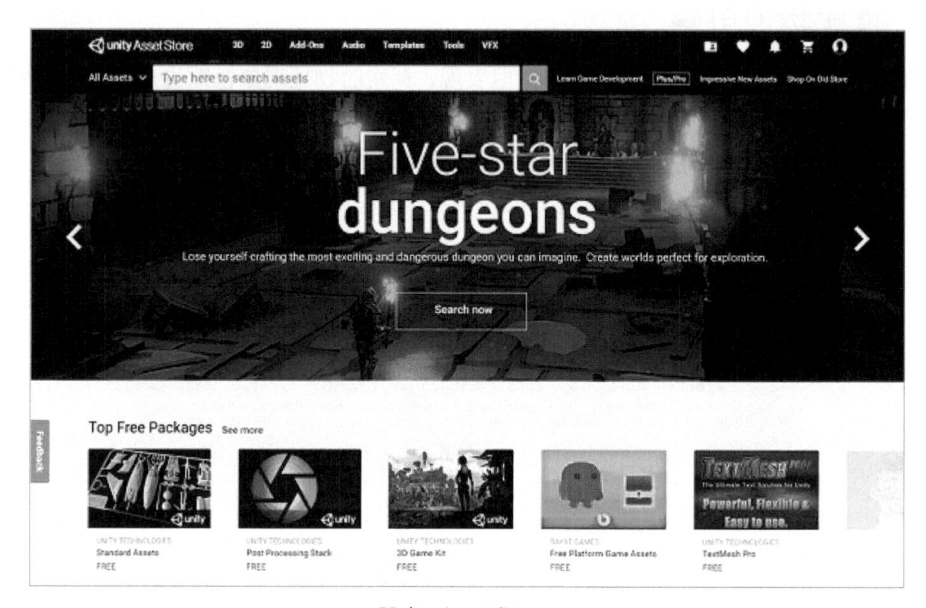

Unity Asset Store

2.1.5 对开发者友好

得益于高度优化的立体渲染管线和分析工具，开发者可以深入优化 VR 内容，从而非常方便地制作出高帧率且流畅的 VR 内容。

合理的定价策略使开发者可以自由选择需要的 Unity 服务。其中，Unity 个人版（Personal）供开发者免费使用，并且提供了引擎的所有核心功能，这使得初学者、独立开发者、学生、小型团队都有机会制作自己的 VR 作品。而收费版本——专业版（Pro）和加强版（Plus），则提供了更多的服务，使团队工作更加高效，产品性能更加稳定流畅，开发者获得更多变现收益。

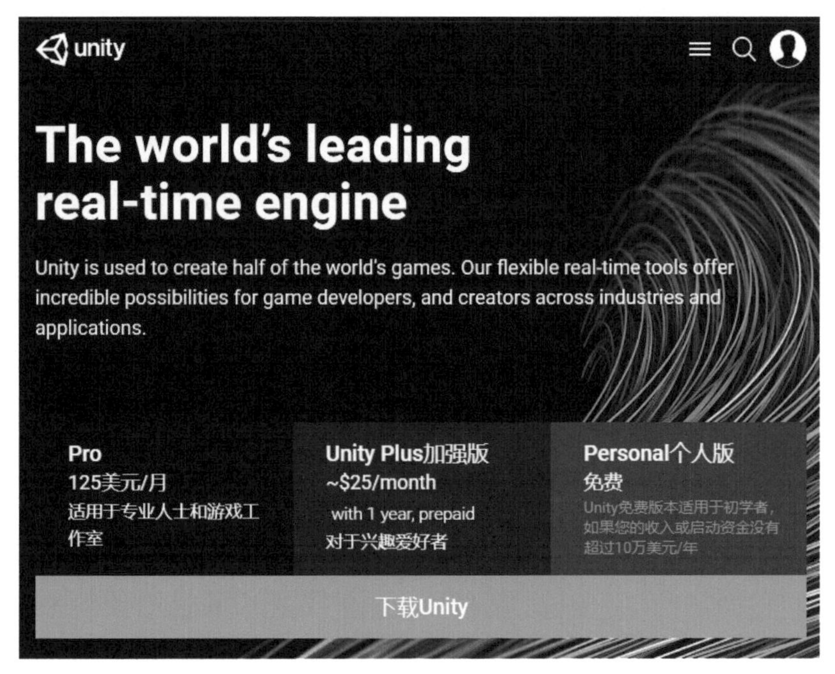

Unity 的定价策略

2.1.6　不断更新的 Unity 版本

在 Unity 新的版本中，均有 VR 相关的新功能。

对于过往的版本，Unity 会继续提供技术支持，对于即将发布的版本，也计划提供 Beta 版本，使开发者能够参与早期测试，查看新功能，并收集反馈意见。

Unity 的帮助手册和 API 文档也都会随这些版本进行更新。同时，使用新发布的 Unity Hub 工具，能够对各版本引擎进行管理。

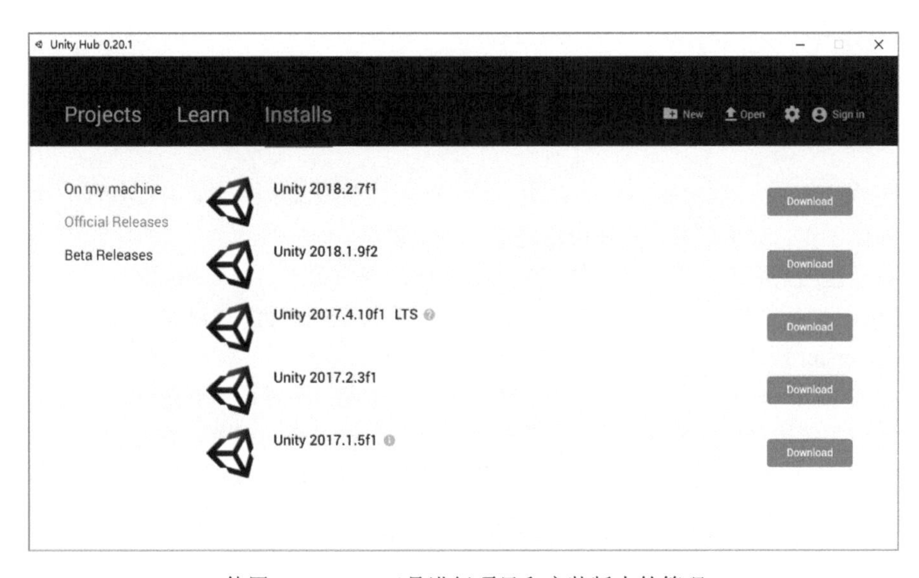

使用 Unity Hub 工具进行项目和安装版本的管理

2.2 使用 C#脚本进行 VR 交互开发

Unity 将场景中的对象统称为游戏对象，即 GameObject。GameObject 的行为由附加到它们的组件控制，虽然 Unity 预制了丰富的组件供开发者使用，但是更多个性化的功能需要通过脚本来实现，Unity 允许开发者使用脚本创建自己的组件。

Unity 本身支持 C#和 UnityScript 两种编程语言，除此之外，如果可以编译兼容的 DLL，则许多其他.NET 语言可以在 Unity 中使用。本书将采用 C#作为所有论述的编程语言。

新建 C#脚本的方法：在 Unity 编辑器的 Project 面板中右击，在弹出的快捷菜单中执行 Create→C# Script 命令。

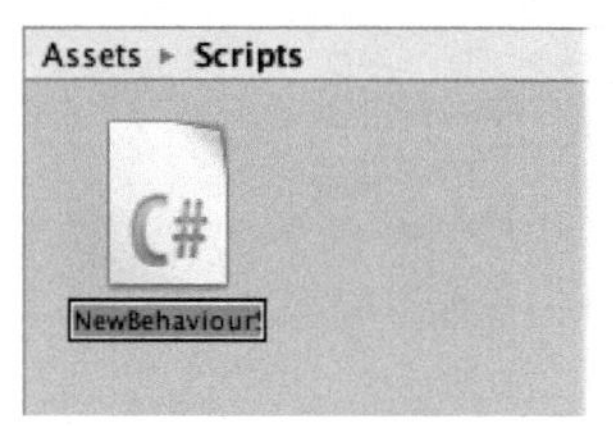

新建 C#脚本

双击脚本即可启动关联的代码编辑器进行代码的编写，新建的脚本默认继承自 MonoBehaviour 类，代码如下。

```
using UnityEngine;
using System.Collections;

public class MainPlayer : MonoBehaviour {

    // Use this for initialization
    void Start () {

    }

    // Update is called once per frame
    void Update () {

    }
}
```

脚本预制 Start()和 Update()方法，对于前者，在脚本生命周期中只执行一次，一般用于类的初始化工作；对于后者，则在应用程序中每帧调用。

要运行所编写的脚本，需要将其挂载到场景中的游戏对象上。在 Unity 编辑器中，可直接将脚本从 Project 面板中拖入场景中的游戏对象上，也可先选择目标游戏对象，在其属性面板中单击 Add Component 按钮，选择该脚本。

关于脚本和 Unity 编辑器的基础知识，受限于本书主题，不再详细展开进行论述，读者可以通过学习书中实例体会使用过程，也可参考电子工业出版社出版的相关著作进行学习，推荐读物如下。

1. 《Unity 3D 脚本编程——使用 C#语言开发跨平台游戏》
2. 《Unity 5.x 完全自学手册》

第 3 章　当前主流 VR 硬件

3.1 HTC VIVE

HTC VIVE 是 PC 端 VR 设备的典型代表，其使用了 Valve 公司的 SteamVR 软件技术，HTC 获得技术授权，并进行整合营销。

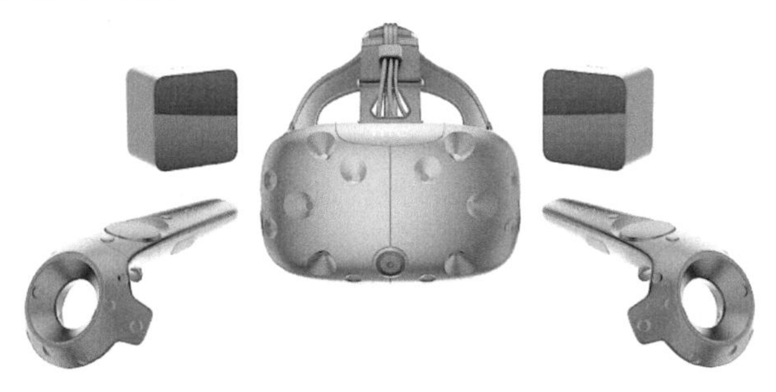

HTC VIVE

我们将在第 6 章对 HTC VIVE 进行详细讲解，本书也将主要以此硬件平台为例进行 VR 开发相关技术的论述。

3.2 Oculus Rift

Oculus Rift 是 Facebook 旗下的 PC 端 VR 硬件产品，最初由 Oculus VR 开发，经过五次版本迭代，其中比较知名的是 Oculus DK1 和 Oculus DK2，Oculus VR 公司后来被 Facebook 收购。Oculus Rift 主要包括一个头显、两个 Touch 控制器、两个传感器。头显传感器用于跟踪头显和控制器的运动，其能够提供 6 自由度的运动跟踪。

Oculus Rift

Oculus Rift 推荐的电脑配置如下表所示。

Oculus Rift 推荐电脑配置

显卡	NVIDIA GTX 1050Ti/AMD Radeon RX 470 或更优型号
备选显卡	NVIDIA GTX 960/AMD Radeon R9 290 或更优型号
CPU	Intel i3-6100/AMD Ryzen 3 1200、FX4350 或更优型号
内存	8GB+RAM
视频输出	HDMI 1.3 视频输出
USB 端口	1 个 USB 3.0 端口，外加 2 个 USB 2.0 端口
操作系统	Windows 10

3.3 Gear VR

Gear VR 是三星公司与 Oculus 公司共同开发打造的一款移动 VR 设备，如图 3-3 所示。由三星提供硬件设备的制造，Oculus 公司提供软件层面的技术支持，Oculus 移动平台可将三星的 Galaxy 系列智能手机转换为便携式 VR 设备。目前兼容的智能手机为 Galaxy Note 5、Galaxy S6/S6 Edge/S6 Edge+、Galaxy S7/S7 Edge、Galaxy S8/S8+、Galaxy Note 8。

三星 Gear VR

使用 Unity 开发针对 Oculus Rift 和 Gear VR 平台的 VR 应用程序，可使用 Oculus 公司提供的 Utilities for Unity 开发工具包。

3.4 Cardboard

Cardboard 是 Google 提出的一种初级移动 VR 硬件方案，整体使用纸壳构造，包含两个透镜，插槽用于搭载智能手机。智能手机提供显示内容、追踪头部旋转、数据计算等功能，头显一侧提供辅助点击屏幕的部件，模拟 VR 中的点击交互。

Google 同时提供 Cardboard 开源规范，第三方厂商可据此生产自己品牌的 VR 头显。基于 Cardboard 延伸出的类似方案（如小米 VR 眼镜等）除材质和外观不同外，并没有其他本质区别。

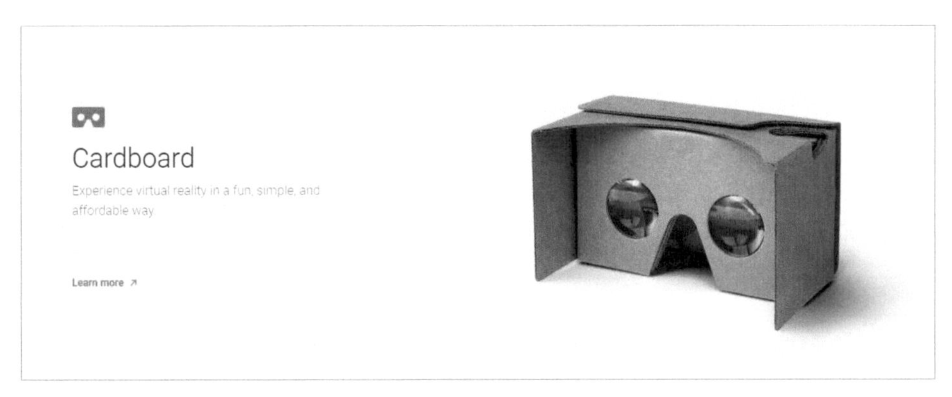

Google Cardboard

由于缺少足够的外部输入设备，加上消费者的智能手机性能良莠不齐，Cardboard 以及类似的 VR 硬件方案并不能带来良好的 VR 体验，但是其凭借低廉的价格和便捷的体验方式，在 VR 发展初期起到了很好的教育市场的作用。

开发者可使用 Google 提供的 Unity 插件——Google VR SDK for Unity，开发基于 Cardboard 平台的 VR 应用程序。

3.5 Daydream 平台

Daydream 是由 Google 开发的 VR 平台，内置 Android 移动操作系统（版本为“Nougat”7.1 及更高版本）。Daydream 平台于 2016 年 5 月 18 日在 Google I/O 开发者大会上发布，是 Google 继 Cardboard 之后的第二代 VR 解决方案，该平台由 Google 提供软件技术及硬件参考标准，硬件生产由其合作伙伴完成，其中包括：三星、小米、联想、华为、LG 等。

硬件目前分为两类：智能手机 VR 和一体机 VR。智能手机 VR 方案的硬件包括一个 VR 头显 Daydream View，一个交互控制器，一台经过 Google 硬件标准认证（Daydream Ready）的智能手机。

Google Daydream View

目前支持 Daydream 平台的智能手机型号如下表所示，随着 Google 的推进，此列表还在扩充中。

支持 Daydream 平台的智能手机型号

型号	厂商
Pixel 2	Google
Pixel	Google
Galaxy S8 & S8+	Samsung
Galaxy Note8	Samsung
V30LG	LG
Moto Z & Z2	Motorola
ZenFone AR	ASUS
Mate 9 Pro	HUAWEI
Axon 7	ZTE

Google VR 一体机方案不依赖智能手机，内置独立运算单元，使用 WorldSense 实现头显的 6 自由度运动定位，Lenovo Mirage Solo 是第一款运行于 Daydream 平台的 VR 一体机，发布于 2018 年的 CES 大会。

Lenovo VR 一体机

 3.6 逐渐崛起的 VR 一体机

VR 一体机不需要电脑或智能手机驱动，所有内容运算均由设备内置的 CPU/GPU 等单元完成，在 2017 年年末至 2018 年年初，多家公司分别发布了自己的 VR 一体机。相对于 PC 端 VR 设备，VR 一体机具有更好的移动性，不再受线缆的约束，相对于智能手机 VR 方案，一体机有更高的性能，非常有利于在大众市场普及。

不受线缆约束且双手柄提供六自由度体验的一体机将成为未来 VR 大众市场主流设备

3.6.1　Oculus Go 和小米 VR 一体机

Facebook 在 2017 年 10 月发布了 Oculus Go 一体机，并于 2018 年 1 月开始发售。Oculus Go 一体机提供了一个头显和一个手柄控制器，并且均为 3 自由度运动跟踪，采用了骁龙 821 处理器，使用了多项性能优化算法，专用 Fast-Switch 2K 超清屏以及特殊调制衍射光学系统。同时，Oculus Go 一体机将环绕立体声驱动器内置于头显内部，即使在佩戴耳机的情况下也可获得沉浸式的音效体验。

在 2018 年 CES 大会上，Oculus 宣布了与小米合作，由小米推出 Oculus Go 在中国市场的版本，小米 VR 一体机与 Oculus Go 一体机在硬件配置上基本相同。

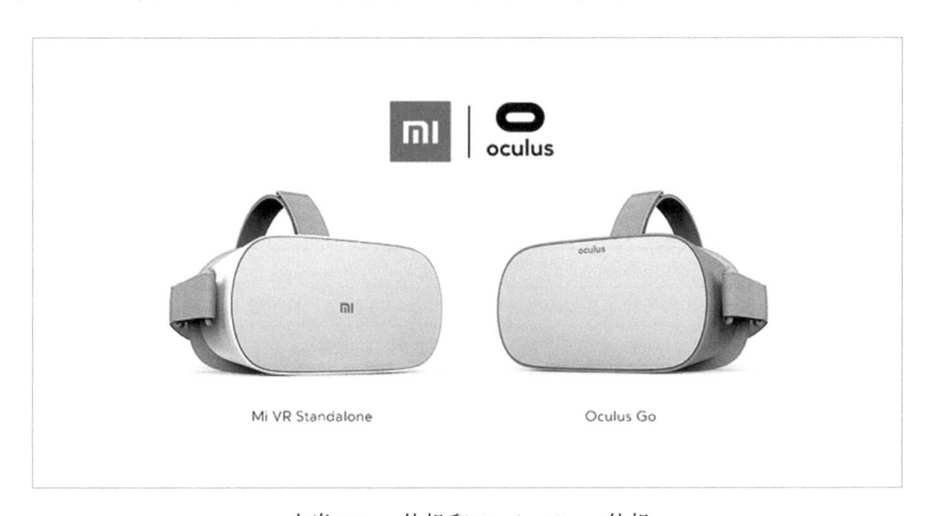

小米 VR 一体机和 Oculus Go 一体机

对于开发者来说，在该平台上进行内容开发也相对便利，由于使用相同的 SDK，原有的 Gear VR 内容可稍加修改即可移植到 Oculus Go 和小米 VR 一体机上。

3.6.2 HTC VIVE Focus

2017 年 11 月，HTC 发布了首款 VR 一体机——VIVE Focus。该设备主要提供一个头显和一个手柄控制器，其中头显采用 Inside-out 追踪技术，提供六自由度运动跟踪，但控制器只提供三自由度运动跟踪。

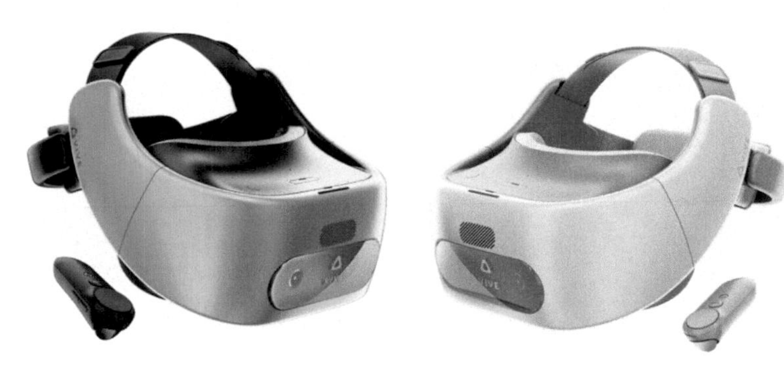

VIVE Focus

以下为 VIVE Focus 头显和控制器硬件参数，如下表所示。

VIVE Focus 头部显示器硬件参数

追踪技术&传感器	World-Scale 六自由度大空间追踪技术，高精度九轴传感器，距离传感器
屏幕	3K AMOLED，分辨率为 2880×1600
刷新率	75 Hz
视场角	110 度
瞳距调节	支持
处理器	Qualcomm®骁龙™ 835
存储	MicroSD™扩展口，最高支持 2TB MicroSD™卡
数据/充电端口	USB Type-C
音频输入/输出	内置麦克风，内置扬声器，3.5mm 立体声耳机插座
无线连接	支持 Wi-Fi® 802.11 a/b/g/n/ac，可将头显内容传送至 Miracast™相容的显示装置
电源和电池	内置充电电池，支持 QC3.0 快速充电技术，可达 3 小时的连续使用时间，待机时间超过一星期

VIVE Focus 操制器硬件参数

传感器	高精度九轴传感器
按键	触摸板，应用程序按钮，主屏幕按钮，音量+/-按钮，扳机键
电源和电池	2 节 AAA 电池，可达 30 小时连续使用时间

3.7 未来展望

通过近几年 VR 硬件的迭代趋势我们会发现，硬件逐渐向小型化、移动化发展，价格正逐渐下降到大众用户能够接受的水平，手柄和头显均能实现六自由度（6DOF）运动跟踪的一体机设备逐渐出现在市场上，如 Pico Neo 以及在 2019 年春季上市的 Oculus Quest 等。

Oculus Quest

随着硬件水平的提高、内容的增加、技术门槛的下降，以及应用场景的多样化，整个 VR 生态将逐步完善，行业最终走向成熟。当然，VR 行业的发展并不仅局限于可预见的未来，随着更多先进软硬件技术的介入，相信在未来几年内，将会有更多新的可能性发生。

第 4 章　VR 应用程序开发工作流程

Unity VR 应用程序开发，从资源准备到调试发布，符合 Unity 项目的一般制作流程，本章将介绍各流程节点的工作内容以及相关制作工具。

4.1 资源准备

在此阶段，需要根据需求收集相关的资源素材。模型、音频、视频、材质、图片等资源都是组成 VR 应用程序的基本元素，通过导入到 Unity 编辑器中进行整合，继而进行 VR 交互开发。这些资源可使用专业工具进行制作，下表列出了 Unity 相关资源及其制作工具。

Unity 相关资源及其制作工具

资源类型	制作软件
图片	Photoshop、Illustrator、Gimp
视频	Premiere、After Effects、Final Cut
音频	Audition
模型	3DS MAX、MAYA、REVIT、Blender、Cinema 4D、zBrush
材质	Substance Painter/Designer、Marmoset Toolbag、NDO Painter、DDO Painter

其中 3D 模型又是制作 VR 内容时接触最多的资源，对于模型的建造，一方面可以使用如 3DS MAX、MAYA、Blender、zBrush 等软件进行手动建模，另一方面可以使用 3D 扫描、照片建模的方式将现实物体数字化，尤其在文物及场景复原等应用场景。关于照片建模技术，Unity 也提供了具体的技术方案，读者可参考其官网，对该技术进一步了解。

照片建模流程

Blender 结合 Unity 的模型制作流程

Blender 是一个免费、开源的 3D 内容制作工具，体积小巧，启动快速，目前越来越被广泛地应用于工作室团队中，尤其是普遍强调版权意识的国外团队和个人。

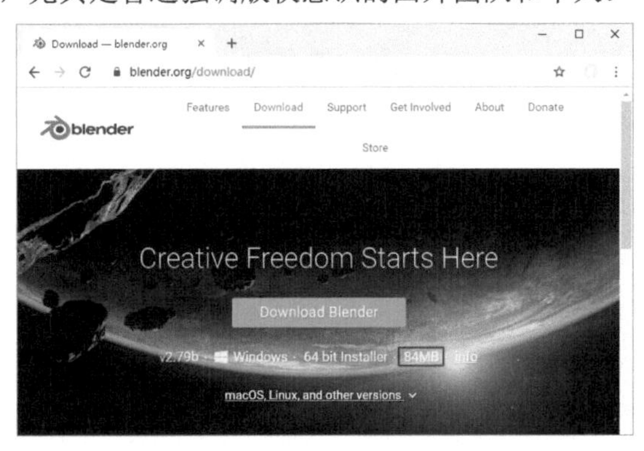

Blender 具有体积小、启动快的优点

Blender 支持完整的 3D 制作流程，包括建模、骨骼绑定、动画设计、物理模拟、渲染出图、后期合成等，对于 VR 内容制作中的模型资源制作，Blender 可以完全胜任。

Blender 另外一个优势体现在 Unity 对其项目文件的友好支持，使用 Blender 制作的项目文件，可以直接导入 Unity 中，不用导出中间数据交换格式，如.FBX 或.Obj 文件，对于需要修改的模型，也可直接在 Blender 中修改后保存，同步更新到所在的 Unity 项目中。我们可以通过以下实例体验 Blender 在资源制作流程中的便利。

1. 打开 Blender，由于 Unity 场景中已经存在摄像机和灯光组件，所以需要将 Blender 场景中的摄像机和灯光删除，按下 Ctrl+A 组合键全选所有物体，按下 Ctrl+X 组合键删除选中物体。
2. 按下 Shift+A 组合键，在弹出的菜单中执行 Mesh>Monkey 命令，新建一个预制模型，按下 Ctrl+2 组合键，添加多级细分修改器。

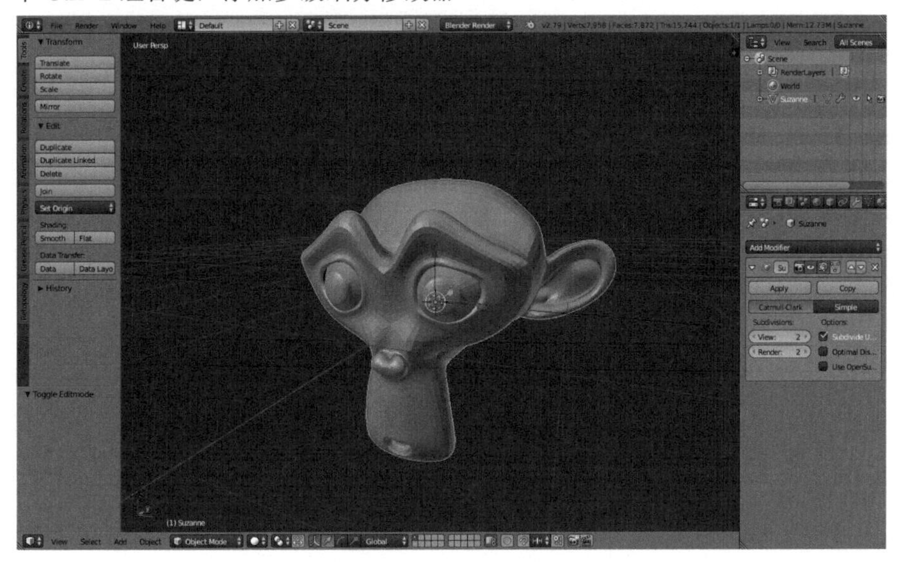

在 Blender 中新建模型

3. 按下 Ctrl+S 组合键，保存项目，命名为 Monkey.blend，将项目文件导入 Unity 编辑器中的 Project 面板中，Unity 将 Blender 项目识别为模型。

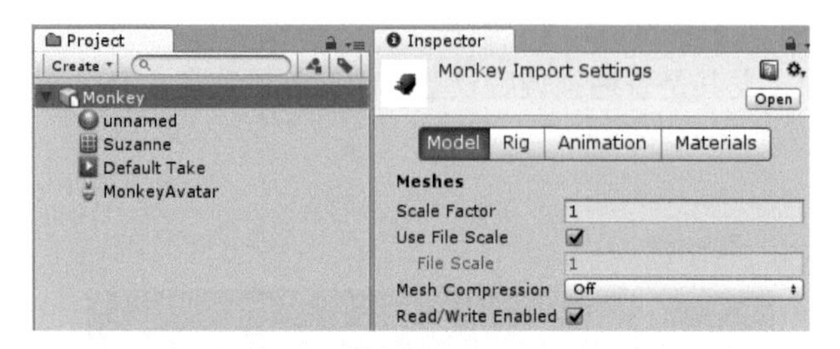

导入 Unity 编辑器中的 Blender 项目文件

4. 将导入的 Monkey 资源文件拖入场景中，模型表现与在 Blender 中相同。

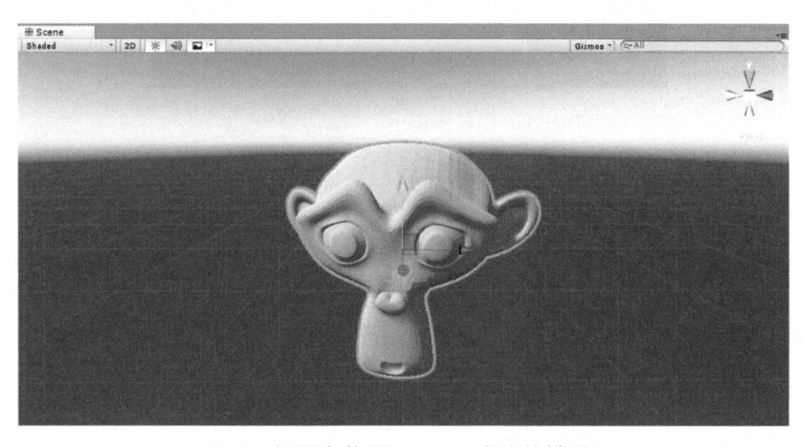

Unity 场景中使用 Blender 建造的模型

5. 如果在场景设计中需要对模型进行修改，可在 Unity 的 Project 面板中双击 Monkey 资源文件，此时会调用 Blender 将该文件打开并进行修改。在 Blender 中，右击模型，按下 Tab 键进入模型编辑模式，按下 Shift+A 组合键，选择 Torus 命令，为其添加多边形，再次按下 Tab 键，退出编辑模式，待修改完毕，保存项目。返回 Unity 编辑器，此时，场景中的模型将自动更新为如下图所示的外观。

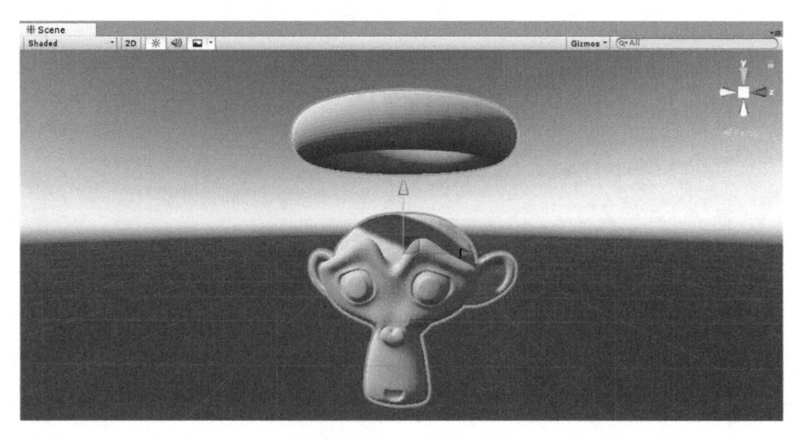

自动更新后的场景模型

4.2 模型优化及重拓扑

通过 3D 扫描、照片建模、雕刻等方式获得的模型，通常存在大量多边形网格，面数众多且不规则（比如包含三角面），若直接放在 VR 环境中，将带来不必要的性能损耗，所以在一般情况下，使用低面数模型结合法线贴图的形式来呈现细节相对丰富的原始模型。其中低面数模型简称为低模，通过使用重拓扑技术从原始模型构建。重拓扑技术操作简单，在建模软件中使用简单、连续的多边形完全覆盖原始模型的表面，在各主流建模软件中均可完成此工作。在 Blender 中，可使用 Rotopoflow 插件完成重拓扑操作。

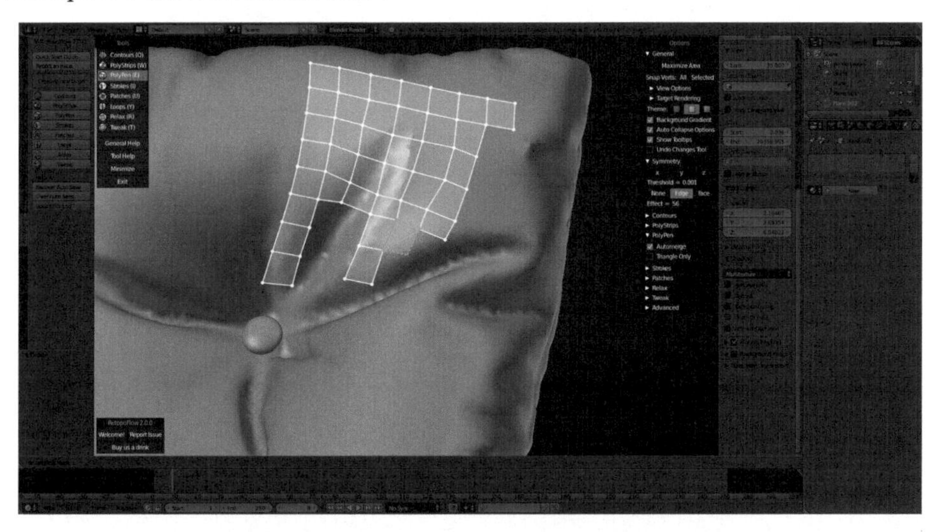

使用 Retopoflow 插件在 Blender 中进行重拓扑操作

另外，可使用工具（如 Instant Meshes、zBrush 中的 zRemesher）实现自动减面操作，其优势是通过简单设置即可快速完成重拓扑工作，劣势是某些细节复杂的区域，需要人工干涉进行布线调整。

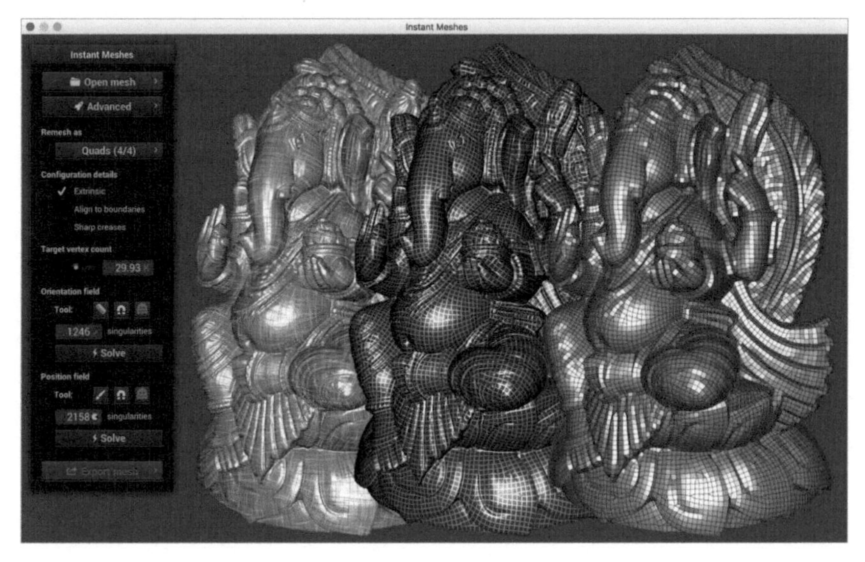

Instant Meshes

制作法线贴图需要使用贴图烘焙技术，根据低模和原始模型提供的数据获得，除建模软件自带的烘焙功能外，还有专门针对烘焙的软件工具，如 xNormal。一般烘焙过程需要提供重拓扑得到的低模和原始模型（高模），通过计算得到法线贴图。另外，材质贴图制作工具 Substance Painter/Designer 以及 Marmoset Toolbag 等也具有高效的贴图烘焙功能。

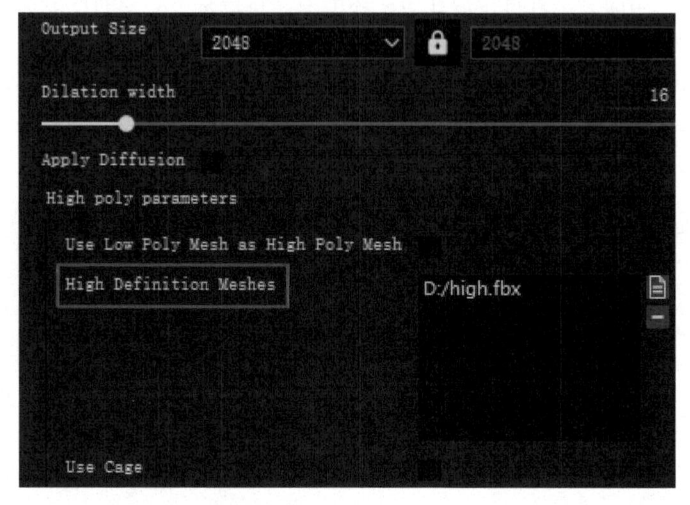

使用 Substance Painter 烘焙法线贴图，需要提供高模的选项

4.3 展 UV 的过程

UV 是 2D 纹理映射到 3D 模型的桥梁。我们可以将 3D 模型想象为一个纸壳，展 UV 的过程便是设置裁剪纸壳的方案，将其展平的过程。或者可以将 2D 贴图想象为纸张，展 UV 的过程便是设置裁剪贴图的方案，将其包裹到模型的过程。如果没有 UV，无论是将纸壳展平还是将纸张裁开，都将有无数种裁剪方案，所以对于 UV 的设置，便是确定唯一的裁剪方案，供计算机进行纹理映射。

展 UV 示意图

任何 3D 建模工具均具备展 UV 功能，可直接在软件中完成该项工作。另外，可选择专业软件更加高效地完成该项工作，比如 UVLayout、Unfold 3D 等。

在展 UV 的过程中，除了正确拆分 UV 区域，还需要注意 UV 区域的权重分配，相对较大的 UV 区域，其细节越丰富。对于 3D 模型重点展示的区域，对应的 UV 区域可适当放大。

4.4 材质贴图制作

在 VR 环境下，模型的材质细节将会被放大观察，所以真实的材质是影响沉浸感的关键，尤其结合行业开发的 VR 应用，如机械制造、房产家装等。

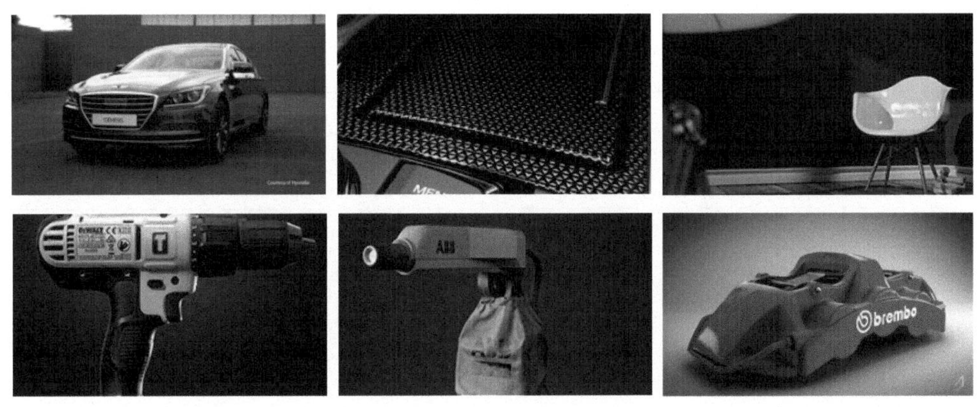

写实材质应用案例

Unity 内建支持基于 PBR(Physically Based Renderring)理论的 PBS(Physically Based Shading)着色器，即 Standard Shader，可以呈现真实的物理材质。在材质贴图制作阶段，需要结合 PBR 理论考虑对象在真实世界中的物理属性，比如光滑度、颜色、凹凸等指标，为 Unity 材质通道准备相对应的贴图数据，或直接在诸如 Substance Designer 这样的软件中制作基于 PBR 的材质并导入 Unity 中。

4.5 将资源导入 Unity

从外部导入的资源被存放在 Unity 项目的 Assets 目录下，在 Unity 编辑器的 Project 面板中进行管理。

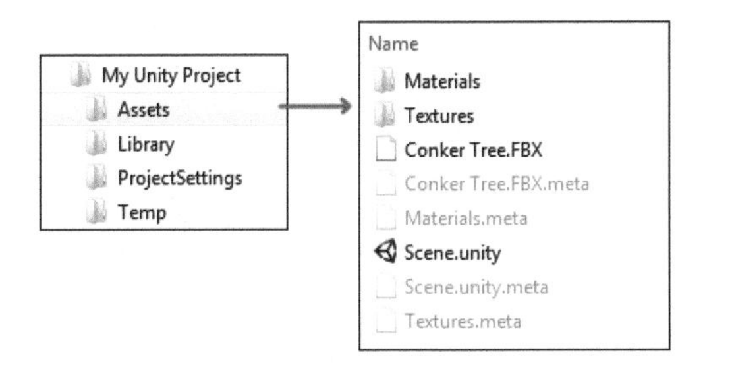

Unity 项目中的 Assets 文件夹与 Unity 编辑器的 Project 面板之间的关系

资源的导入操作：可通过将文件直接导入/复制到 Unity 项目下的 Assets 文件夹中，也可通过拖动的方式将其放置到 Unity 编辑器的 Project 面板中。

对于不同的资源类型，在 Unity 编辑器中均对应不同的导入设置，在导入资源后，可在 Project 面板中选择资源文件，在属性面板中对该资源进行设置。

4.6 导入开发工具包

Unity 本地支持各大硬件平台，同时，目前各大主流 VR 硬件平台厂商均提供针对 Unity 的开发工具包，在这些工具包中，提供了更多可供使用的脚本、预制体、材质等，帮助开发者能够以最快的速度进行 VR 应用程序的开发，如下表所示。

部分 VR 硬件平台提供的开发工具包

硬件平台	开发工具包
HTC VIVE	SteamVR Plugin、VRTK 等
Oculus Rift/Gear VR	Oculus Utilities for Unity
Cardboard/Daydream	Google VR For Unity

另外，空间音频的使用也是提高 VR 沉浸感的有效手段，Unity 支持 3D 空间音频，同时支持多种空间音频开发插件，比如 Oculus Audio SDK 和 Google Resonance Audio 等。

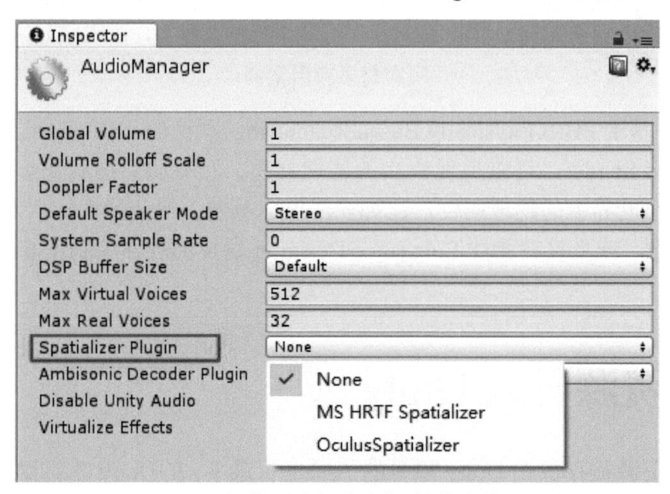

Unity 提供对空间音频插件的支持

4.7 场景搭建

在此阶段，开始布置应用程序所要呈现的各种表现形式，包括模型的摆放、材质的给予、关卡/地形的设计、灯光的布置等。用户在 Unity 编辑器的 Scene 面板中对游戏对象进行可视化的管理（如移动、旋转、缩放等），在 Hierarchy 面板中对游戏对象的从属关系进行设置，同时，属性面板（Inspector）列出了当前选定游戏对象上挂载的组件，用户可对这些组件的参数进行设置。场景中游戏对象的信息将被保存在场景文件里。

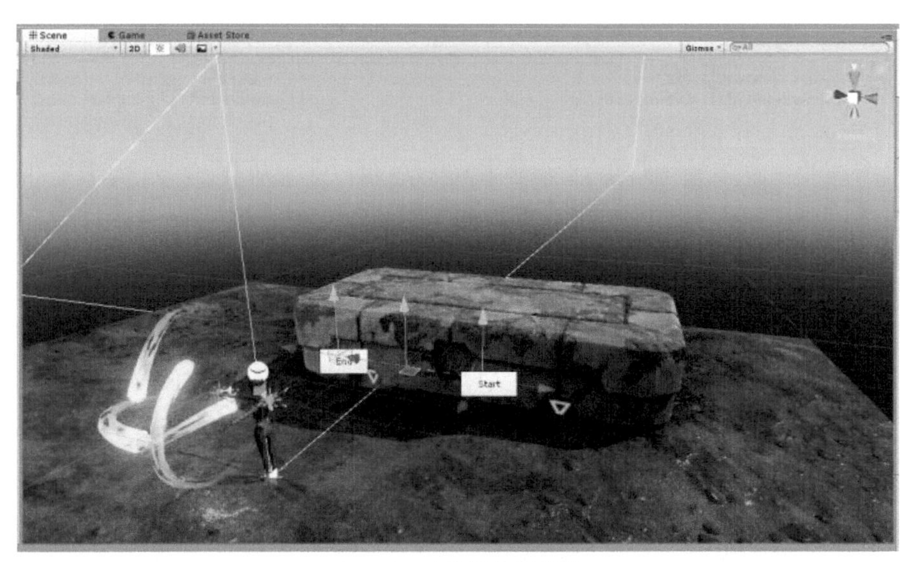

在 Unity 中进行场景搭建

4.8 设置光照环境

在此工作流程中，需要对光照环境进行构建，包括单个灯光组件的渲染模式（Render Mode）、选择照明技术、布置反射探头（Reflection Probe）和灯光探头（Light Probe）等。在 Unity 2018 中，还需要预先选择渲染管线（Render Pipeline）。

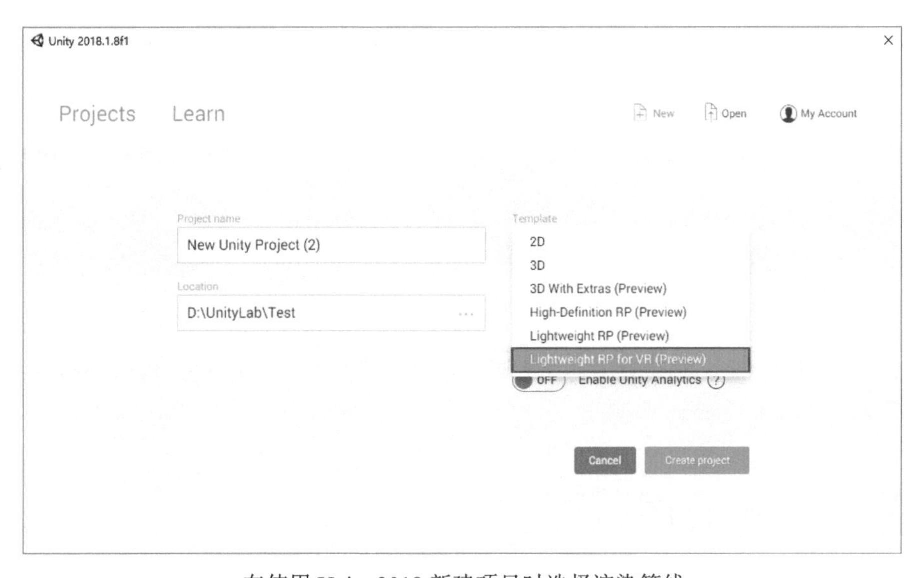

在使用 Unity 2018 新建项目时选择渲染管线

这也是初学者常常容易忽视的一道工作流程，但是对应用程序品质至关重要。Unity 提供了强大的全局光照（Global Illumination，简称 GI）技术，无论是实时全局照明还是烘焙光照贴图，均能满足 VR 环境对于光照环境的需求，再加上 Post-Processing 后处理栈工具，能够显著提高应用程序的画面品质。

4.9 交互开发

VR 平台与 PC、移动平台的最大差别在于交互方式的不同。在 PC 平台，主要输入设备为键盘和鼠标；在移动平台，主要使用手指在触摸屏上进行交互；在 VR 平台，主要使用手柄控制器进行交互。VR 平台的交互开发将是本书重点介绍的内容。

在 Unity 的 VR 交互开发过程中，不同的 VR 硬件平台会提供针对自有平台的插件给开发者使用，比如 Valve 的 SteamVR 插件，Oculus 的 Oculus Integration for Unity 插件，Google 的 Google VR SDK for Unity 插件等，开发者可以根据具体的硬件平台选择对应的 Unity 插件。

由于越来越多的 VR 设备推向市场，导致当前 VR 行业面临设备平台交互方式差异大的问题，鉴于此，Khronos 组织联合各大硬件厂商制定了 OpenXR 标准，致力于解决 VR/AR 平台交互方式差异大的问题，从而使开发者在进行交互开发过程中能够快速实现对某一硬件平台的交互适配，所以读者可以对 OpenXR 保持关注。

4.10 测试优化

在此阶段主要对应用程序的性能进行分析，对帧率、内存等指标进行衡量，对占用资源较多的位置进行定位。Unity 提供了多种分析工具，帮助开发者找到性能瓶颈。下图从左至右依次为 Frame Debugger、Memory Profiler、Profiler，我们将在第 16 章详细讲解各种工具的使用方法。

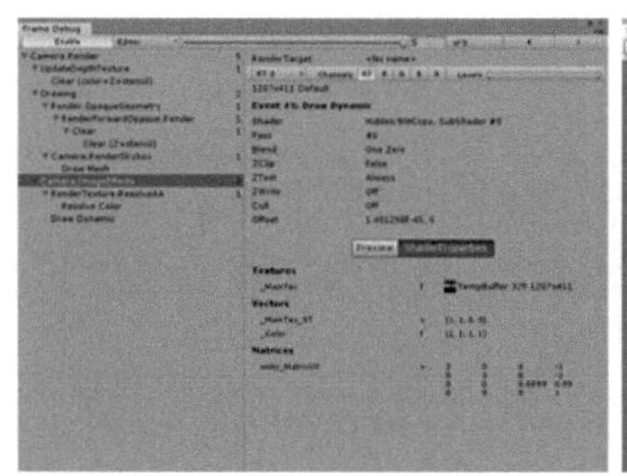 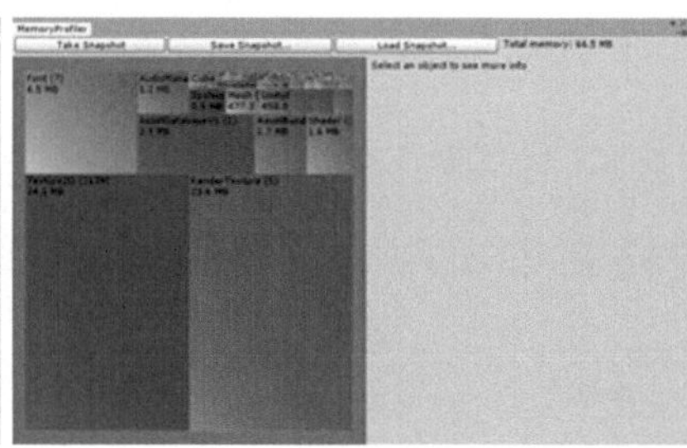 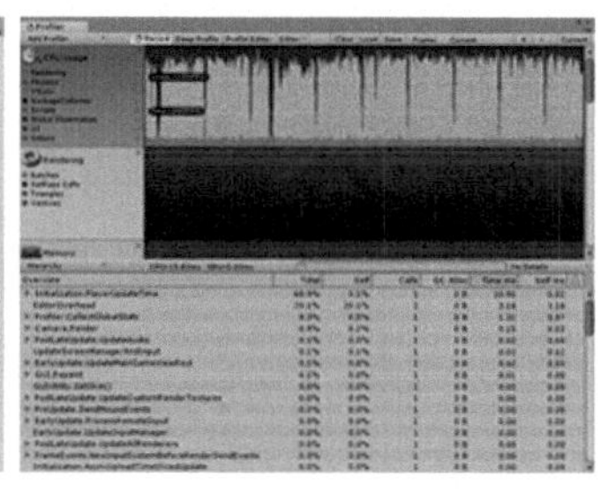

Unity 性能分析工具

另外，各大硬件厂商还提供针对其平台的性能分析工具，比如 Oculus Performance Head-Up Display 和 Google Performance HUD 等。

4.11 发布应用程序

经过测试和优化的应用程序，最终可将其导出发布。在 Unity 编辑器中，执行 File→Build Settings...命令，打开发布设置窗口，鉴于 VR 硬件基于不同的系统平台构建，在发布设置中需要选择对应的目标平台，如 HTC VIVE 应用程序发布在 PC 平台，Gear VR 应用程序需要发布在 Android 平台，Google Cardboard 应用程序可发布在 Android 平台也可发布在 iOS 平台。

Unity 导出应用程序设置

除定制项目直接交付甲方客户外，独立开发者或团队可将作品发布到各大厂商的应用商店，如下表所示。

部分厂商的应用商店

厂商	应用商店
Valve	Steam
Google	Google Play
Apple	App Store
HTC	VIVEPORT
Oculus	Oculus Home
小米	小米应用商店

各应用商店上架规范均有所不同，开发者可在官方开发者网站查询相关应用程序上架说明。

4.12 常用开发工具

Visual Studio Code

Visual Studio Code（以下简称为 VS Code）是一个轻量且功能强大的代码编辑器（IDE），适用于 Windows，macOS 和 Linux 平台，内置了对 JavaScript、TypeScript 和 Node.js 的支持，并为其他语言（如 C++、C#、Java、Python、PHP、Go）和运行引擎（如.NET 和 Unity）提供了

丰富的扩展支持。Visual Studio Code 支持所有 C#功能，包括代码着色、括号匹配、IntelliSense、CodeLens 等。

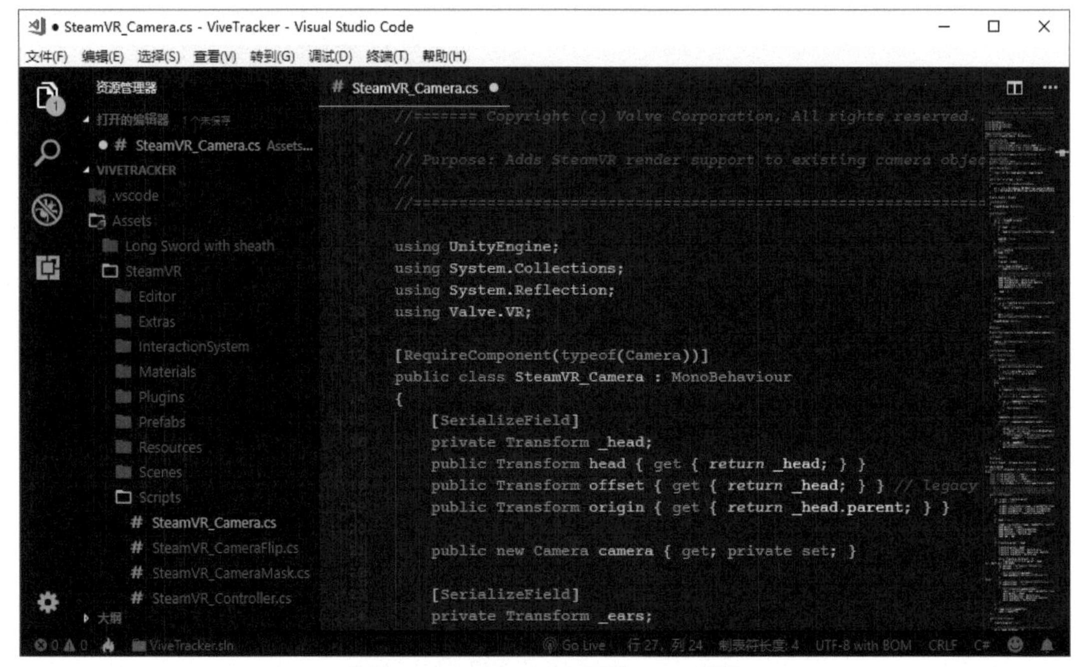

使用 Visual Studio Code 开发 Unity 项目

要使用 VS Code 作为默认代码编辑器，需要在 Unity 中进行设置：在 Unity 编辑器中的菜单栏执行 Edit→Prerences...命令，打开参数设置面板，切换到 External Tools 标签页，在 External Script Editor 参数列表中，定位到 VS Code 安装目录，选择可执行文件 Code.exe。每当在 Project 面板中双击 C#脚本文件时，即可自动调用 VS Code 进行脚本编辑。

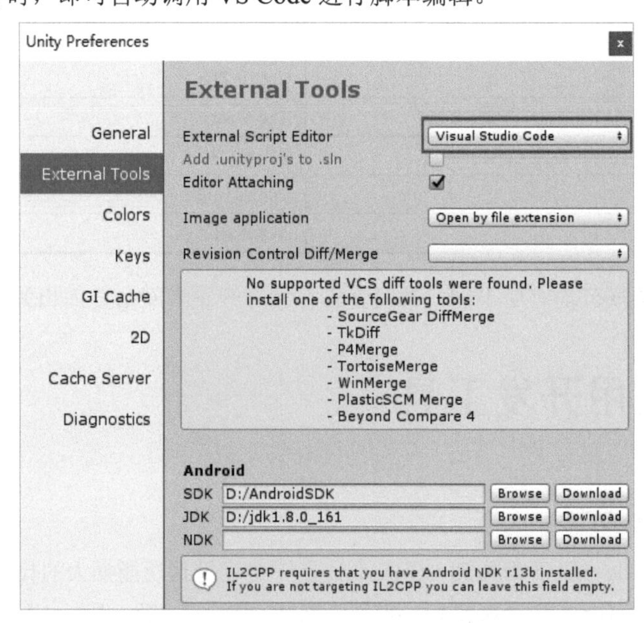

设置 VS Code 为 Unity 默认代码编辑器

VS Code 同样能够结合 Unity 编辑器进行应用程序的调试，但是需要安装调试插件。可在 VS Code 插件视图中搜索 Debugger for Unity 并进行下载安装。初次使用，需要进行相关配置：用 VS Code 打开 Unity 项目中的脚本，切换到调试视图。

VS Code 调试视图

此时调试配置列表中提示没有对编辑器进行配置，单击右侧齿轮按钮，在弹出的下拉列表中选择“Unity Debugger”作为调试环境。如果列表中不存在此项，需要先将项目中.vscode 目录下的 Launch.json 文件删除，再执行此操作。

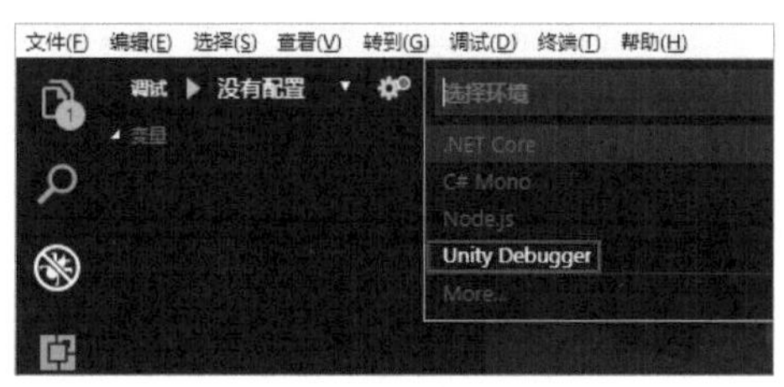

选择调试环境

配置完毕后，配置列表中便存在 Unity 编辑器的调试选项。调试前，在脚本中设置断点，然后单击“开始调试”按钮，返回 Unity 编辑器，启动应用程序，当运行到脚本所在位置时，即挂起应用程序。返回 VS Code，可在断点处查看相关调试信息，可将鼠标光标移至代码中相关变量位置（如图中 1 处）或通过调试窗口（如图中 2 处）查看变量状态。通过单击编辑器顶端控制栏中的按钮，可以控制调试进程。

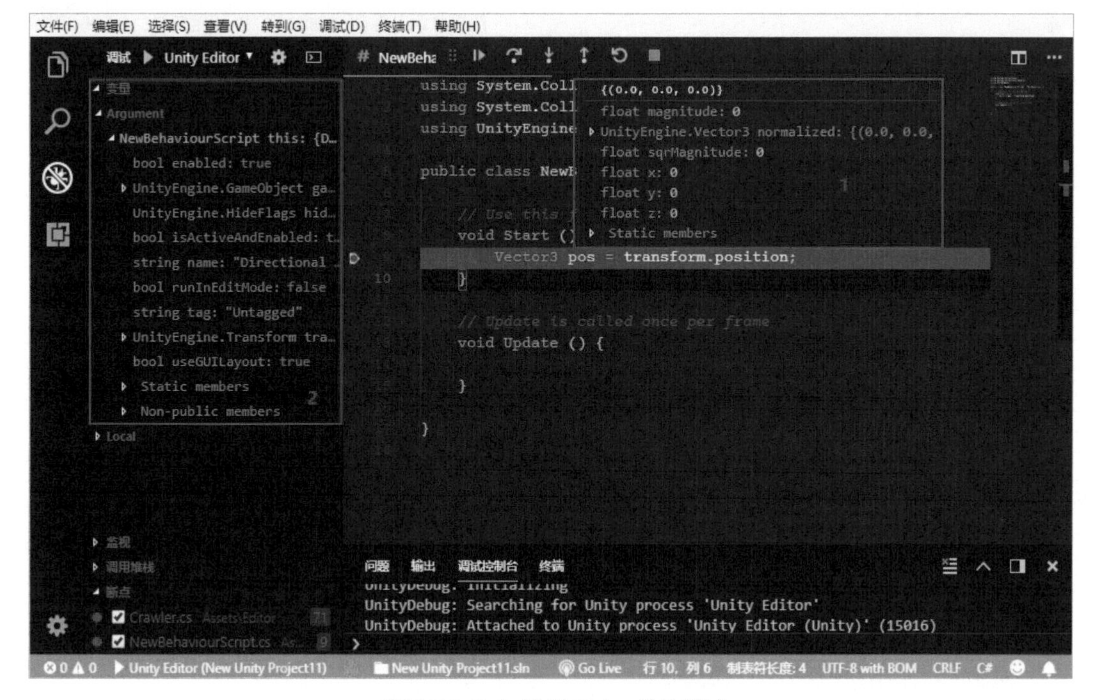

使用 VS Code 进行 Unity 项目调试

Visual Studio

Visual Studio 是一套完整的开发工具集，包括了整个软件生命周期中所需要的大部分工具，Visual Studio 提供社区版、专业版、企业版三个版本，作为独立开发人员和小团队，在结合 Unity 进行应用程序开发时，选择免费的社区版即可，将 Visual Studio 设置为 Unity 默认代码编辑器的方法与上节介绍的使用 VS Code 的方法相同。

使用 Visual Studio Tools for Unity 工具可以非常高效地在 Visual Studio 中进行脚本编写和项目调试。进行调试前，在 Visual Studio 中单击 Attach to Unity 按钮。

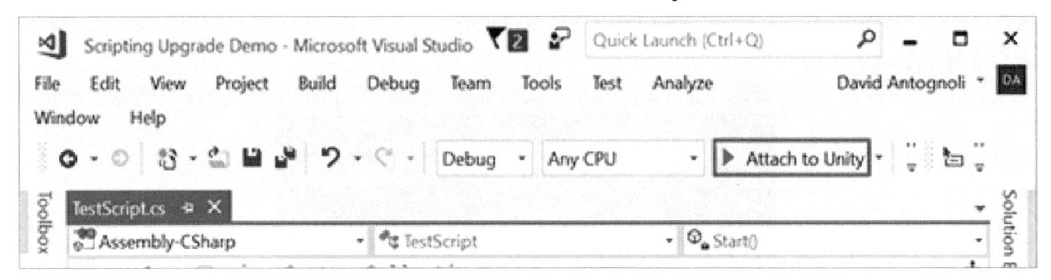

在 Visual Studio 中开启调试

返回 Unity 编辑器启动程序，后续调试过程与使用 VS Code 相似。需要注意的是，使用 Unity 2018 创建的项目不再支持 Visual Studio 2015，可使用 Visual Studio 2017 进行开发。

```
1 reference
public virtual void Explode()
{
    var damageFraction = 1 - Vector3.Distance(player.position, character.posi
    var targetHealth = player.GetComponent<Health>();
    if (targetHealth)
    {
        targetHealth.OnDamage(damageAmount*damageFraction, character.position
    }
    player.GetComponent<Rigidbody>().AddExplosionForce(10, character.position
    Spawner.Spawn(intentionalExplosion, transform.position, Quaternion.identi
    Spawner.Destroy(character.gameObject);
}
```

Value	Type
"Player (UnityEngine.Transform)"	UnityEng
null	Health
"AIAttack (SpiderAttackMove	SpiderAt

Call Stack

Name	Lang
Void SpiderAttackMoveController:Explode ()+0x29 at D:\Wor	C#
Void SpiderAttackMoveController:Update ()+0x153 at D:\Wo	C#

使用 Visual Studio 进行 Unity 项目调试

版本管理工具

无论是个人项目还是团队合作项目，使用版本管理工具都能够有效地对项目的变更进行记录，高效维护项目代码。

Git 是一个分布式版本管理工具，既可以将代码资源在本地进行管理，也可以部署服务器对项目进行托管。GitHub 能够为开发者提供 Git 仓库的托管服务。

Source Tree 是具有图形界面的 Git 管理软件，不必记忆复杂的 Git 命令即可完成版本管理任务。

开发团队还可使用 Unity Collaborate 服务进行项目的管理。使用 Collaborate 服务能够使开发团队将项目发布到云端进行存储，Collaborate 维护项目版本的历史记录，同时能够将单个文件或整个项目还原到较早状态。

要开启 Collaborate 服务，在 Unity 编辑器的工具栏右侧单击 Collab 按钮，在弹出窗口中单击 Start Now 按钮即可开启本服务。

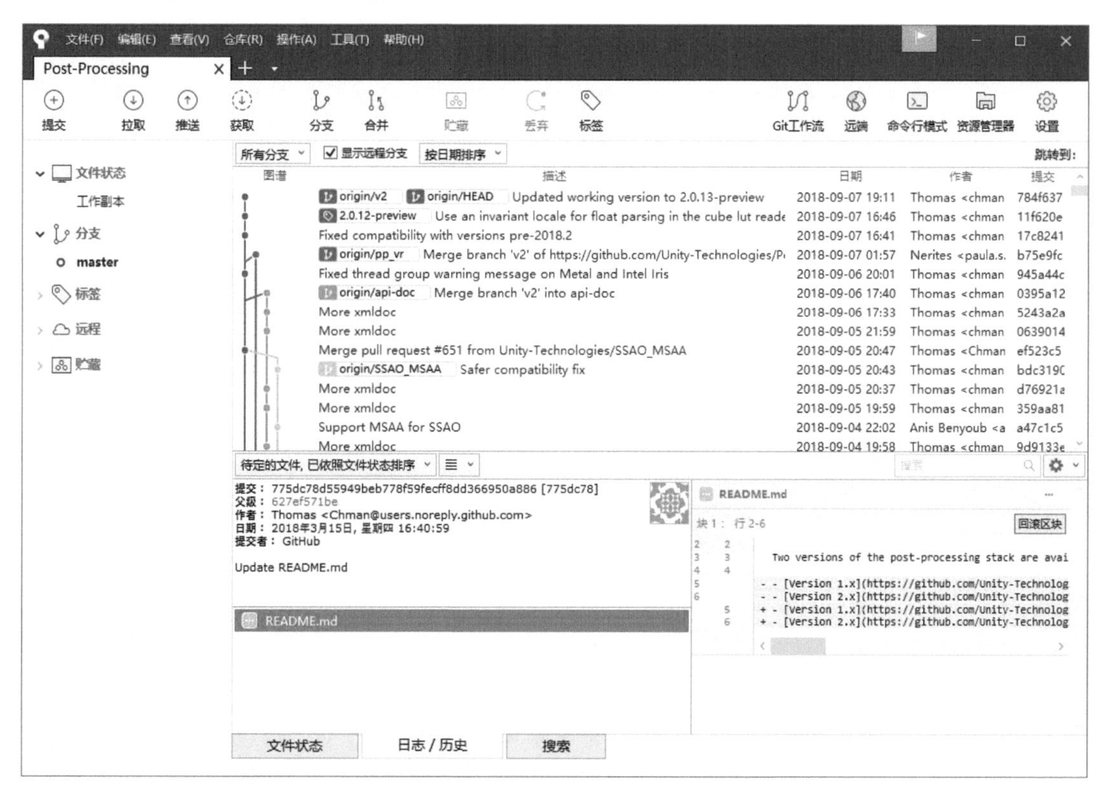

使用 Source Tree 进行 Unity 项目版本控制

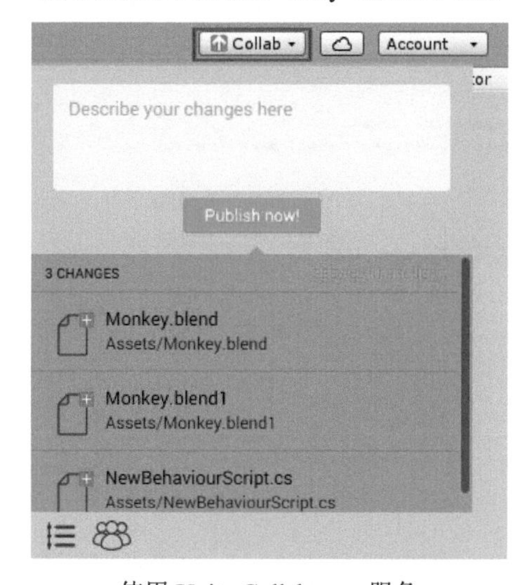

使用 Unity Collaborate 服务

在文本框中填写必要的说明信息后，单击 Publish now!按钮，即可将项目变更推送到云端。

Unity 官方文档

Unity 的官方文档为开发者提供了详尽的使用说明，是开发过程中最有力的知识支撑。

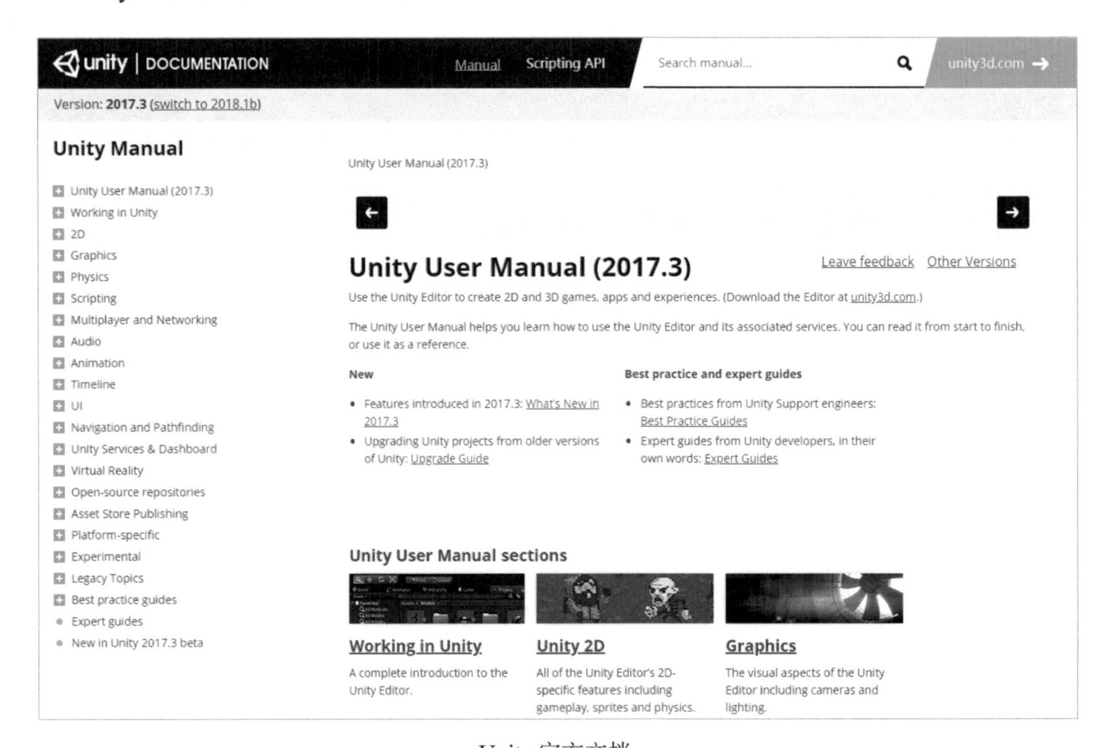

Unity 官方文档

Unity 官方文档分为两大部分：产品手册和脚本 API，其中产品手册包含各大模块的使用说明，脚本 API 提供所有类的属性和方法介绍，供开发者查询和使用。对于 Unity 的每次版本升级，均有相对应的版本更新说明，同时在安装 Unity 编辑器过程中，也可选择离线版本进行下载。

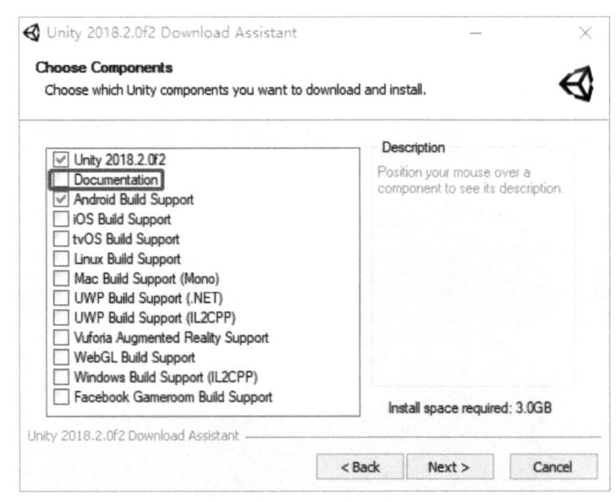

安装离线版 Unity 文档

此外，Unity各版本在发布时，均有相关的发布说明，提供了当前版本发布更新的相关说明，包括新的功能、改进的方面、修复的问题、已知的问题、API的调整等，方便团队进行版本选择。

Unity发布说明入口

第 5 章　VR 交互设计原则

VR 是一种新兴的媒体形式，提供了基于屏幕的传统媒体无法提供的沉浸式体验。同时也意味着，在 PC 和移动平台上的交互设计经验在 VR 平台上多数将不再适用。鉴于当前硬件发展水平，VR 中的交互设计应以体验舒适为前提，若忽视这一原则，容易使体验者感到不适，比如晕动症、眼疲劳等。同时，各平台之间最大的区别在于输入设备的不同，我们要结合 VR 平台的硬件特性，充分考虑到体验者在现实世界中的行为模式，以及与 VR 环境的互动方式，从而设计出符合用户使用习惯的交互体验。本章我们将介绍部分值得推荐的 VR 交互设计原则。

5.1 设计必要的新手引导

虽然开发者对 VR 硬件设备已经了如指掌，但是对于目前的用户来说，VR 仍然是一个新生事物，需要帮助用户上手熟悉设备的使用方式和应用程序的操作规则。

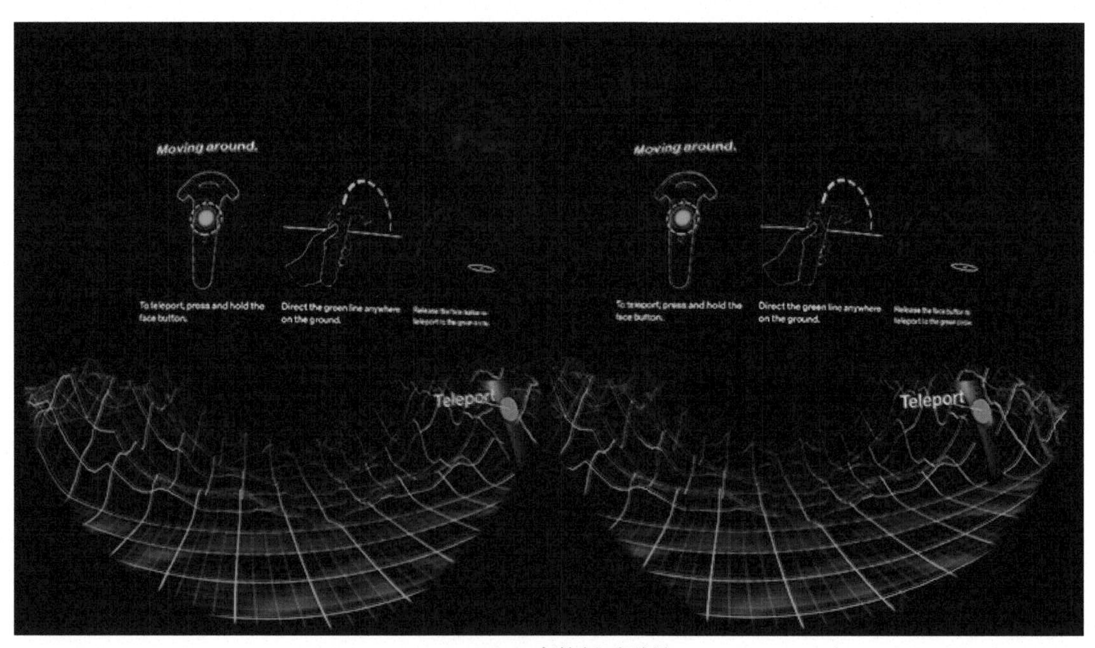

Everest VR 中的新手引导

5.2 使用十字线（准星）

十字线是一种 UI 形式，放在人眼前方的位置，随着头部的移动而移动，当十字线准星悬停于物体上时，可对当前物体设置悬停处理方法，比如高亮、缩放等，或者对 UI 进行状态切换，如短时间内凝视放大等，用以标识可操作状态。在 Gear VR 或 Cardboard 移动平台，这种方式应用较多，同时结合外部控制器，如触摸板等进行目标的选择。

在智能手机平台，屏幕触手可及，用户只需用手指点选内容即可；在PC平台，要选定内容，需要使用鼠标指针或键盘快捷键；而在VR平台，尤其是在移动VR平台，缺少足够的控制器辅助用户进行选择，在这种情况下，借助十字线的形式不失为一种高效的辅助手段。同时，在PC端VR平台，当涉及远距离精确控制时，也可借助十字线进行辅助操作。

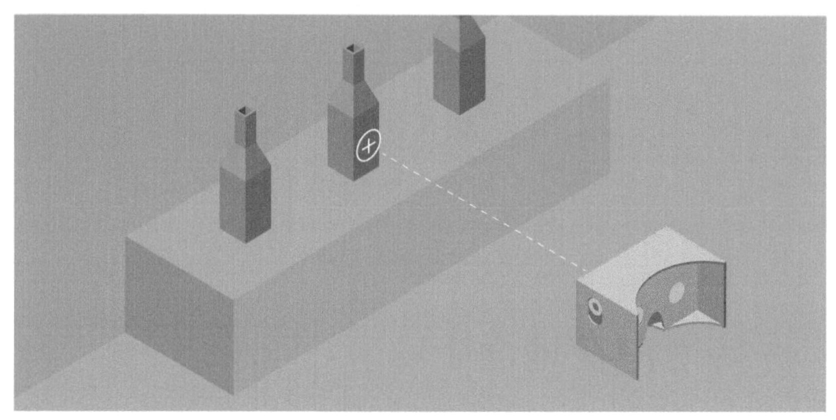

在VR中使用十字线

5.3 避免界面深度引起的疲劳感

VR中的UI是有纵深属性的，在场景中，若体验者距离UI内容太近，比如0.5米，需要转动头部进行查看，容易引起疲劳感；如果距离太远，体验者会看不清呈现的内容，尤其是文字。Google认为在3米到5米之间是一个比较舒适的距离。在文本界面的呈现场景中，也要注意文本字号对体验者的影响，太小的文字同样对体验带来不便。

另外，由于在VR场景中，体验者可以更加近距离查看UI内容，所以为了能够更加清晰地进行展示，可在Unity中通过Canvas Scaler组件设置UI元素的缩放，更多详细内容，可参7.1节。

5.4 使用恒定的速度

在VR中突然加速或者突然减速会给体验者一种不适的感觉，这是由人的生理结构所决定的：人眼获取视觉信息，反馈给前庭系统，当眼睛与前庭系统感受不一致时，体验者会感到不舒服。比如当体验VR过山车游戏时，人的眼睛知道哪里在加速、减速、坠落，但是人的前庭系统并没有相应的感受，于是容易引起不适感，这与晕车晕船是一样的道理。所以，以目前的VR硬件水平，尽量避免在体验过程中进行非匀速运动。

可通过一些手段避免在移动过程中给体验者带来不适感。瞬移是VR应用中常用的手段——体验者使用控制器指针选择移动的目标点，当确认选中时，头显内出现短暂的闪屏效果，大约持续0.3秒左右，体验者在此过程中体验不到位置传送的过程，当闪屏结束后，体验者位置已经设置为选定的目标点。我们将在后续章节中介绍如何使用开发工具包实现这一功能。

另外一种方式是使用遮罩，在移动过程中将注视点以外的场景遮挡，当移动结束后再将其显示，Google Earth VR应用程序中给出了这种体验的典型示范。

Google Earth VR 中的移动

5.5 保持用户在地面上

除非有特定的情景需求，否则需要让用户看到的场景符合其身高，否则容易让用户感到迷惑，从而影响沉浸感。在体验过程中，除非叙事要求爬升或坠落，否则尽量避免突然提升或降低体验者的位置高度，因为当人眼看到的运动与前庭系统不匹配时，容易引起晕动症的发生，当快速离开当前的平面时，会给用户带来不适感。

为了能够实现用户高度的匹配，在进行设备校准时，建议以地面为高度原点，下图为使用 Steam VR 客户端校准地面。

使用 SteamVR 客户端校准地面

 5.6 保持头部的跟踪

在 VR 环境中，摄像机需要由用户完全控制，不要通过程序代码控制代表头显的摄像机，即试图控制用户的视野。在虚拟环境中，任何与用户实际动作有偏差的改变，都会破坏沉浸感。

另外，对于使用 Inside-out 技术进行位置追踪的 VR 设备平台，比如 HTC VIVE 或 Oculus Rift，在交互设计中，尽量避免让用户下蹲或弯腰拾取物体，因为这样容易使用户身体遮挡用于追踪传感器的基站，从而使信号丢失，体现在头显中便是位置漂移或黑屏。

5.7 用光来引导用户的注意力

我们到一个陌生的环境里，如果出现光线的变化，注意力就容易被光线引导，就会本能地跟随光线。所以，在你的 VR 内容中，如果有叙事的需求，可以尝试使用这种手段。

使用光源能够引导体验者的注意力

5.8 借助比例

场景的缩放能够传达强大或脆弱的情绪，当场景变大以后，人容易产生一种渺小的感觉。类似电影《蚁人》，当主角变小时，玩具火车也成了其难以逾越的障碍，当他变大时，房间就像是玩具模型。

电影《蚁人》中主角缩小以后的世界

5.9 使用空间音频

VR 中的音频不只是近处音量大，远处声音小，更主要的是在相同的音量下，你能知道声音在什么位置，即让体验者通过声音知道什么在他前面，什么在他身后。空间音频是容易被忽略的加强 VR 沉浸感的手段。

使用空间音频

用户经常会从周围的虚拟环境中加载可视信息，可以考虑加载简短的音频摘要，以便为用户提供说明。空间音频能够使体验者清晰辨认声音的来源方向和距离远近。

5.10 充分使用反馈

反馈包括触觉反馈、高亮反馈、空间音频反馈等。用户经常会从周围的虚拟环境中加载可视信息，可以考虑加载简短的音频或者视频摘要，以便为用户提供说明。如果你没有语音和视频资源，请考虑使用文本向用户介绍应用程序。不要仅依靠长音频来传达教学信息（如果用户无法访问它），还可以通过简短、热情的短音频提示来丰富现有的教学信息，与文字说明相似，简单很重要。

对于触觉反馈，除单独配置特定外设（如触觉反馈手套等）外，多数 VR 硬件标配的手柄控制器具有振动功能，在体验者与虚拟环境交互的过程中，当用户触摸对象或与 UI 控件交互时，可充分利用此特点加强沉浸式体验。比较优秀的范例是 *The Lab* 中关于射箭体验的设计，体验者在拉弓过程中，振动反馈会随着拉开距离的增加而加强。

第 6 章　HTC VIVE 硬件

6.1 简介

HTC VIVE 是由 HTC 与 Valve 联合推出的一款设备，由 Valve 提供技术，HTC 获得其授权，于 2015 年 3 月在 MWC2015 上发布。由于有 Valve 的 SteamVR 提供技术支持，因此在 Steam 平台上已经可以体验利用 VIVE 功能的虚拟现实游戏。在 2016 年 6 月，HTC 推出了面向企业用户的 VIVE 虚拟现实头显套装——VIVE BE（即商业版），硬件规格没有区别，包括专门的客户支持服务。

个人用户

VIVE

- 包含VIVE头戴式设备，VIVE操控手柄和定位器（第一代）。
- 使用SteamVR™追踪技术(1.0)来支持无论是坐着、站着，或是空间规模的移动体验。
- 最大支持4米*3米的空间定位追踪。

专业用户

VIVE Pro加价购

- 包含VIVE Pro专业版头戴式设备，VIVE操控手柄和定位器（第一代）。
- 超高清画质，高解析度音场，带来更长时间的舒适体验。
- 最大支持4米*3米的空间定位追踪。

企业用户

VIVE Pro专业版套装

- 包含VIVE Pro专业版头戴式设备，VIVE Pro操控手柄 (2018)和SteamVR定位器2.0。
- 使用SteamVR™追踪技术(2.0)。
- 最大支持10米*10米的空间定位追踪（需配合4个SteamVR定位器2.0使用）。

HTC VIVE 产品线（图片来源：vive.com）

6.2 产品特点

HTC VIVE 硬件主要包括以下三个部分：一个头显、两个单手持控制器、一个能在空间内同时追踪显示器与控制器的定位系统（Lighthouse）。

硬件

VIVE头戴式设备

- 可调节的头带和可替换的面部衬垫和鼻部衬垫
- 前置摄像头
- 双眼舒压设计
- 适合大多数眼镜

HTC VIVE 头显

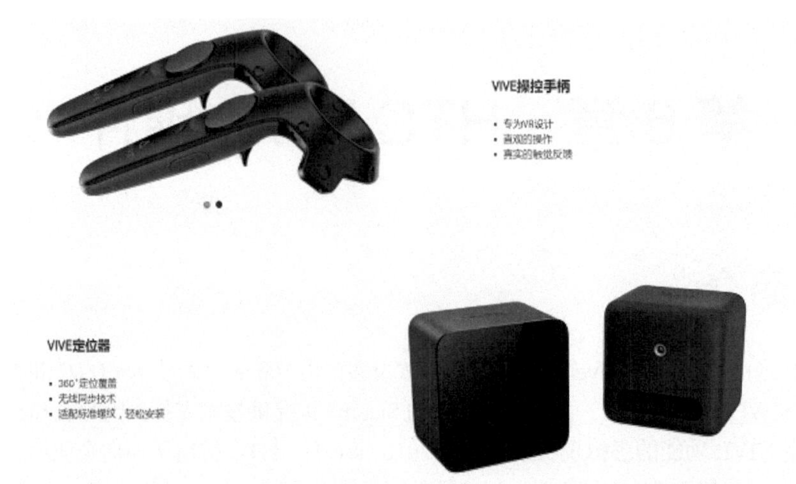

HTC VIVE 控制器和 Lighthouse 基站

在头显上，HTC VIVE 开发者版采用了一块 OLED 屏幕，单眼有效分辨率为 1200 像素×1080 像素，双眼合并分辨率为 2160 像素×1200 像素。2K 分辨率大大降低了画面的颗粒感，用户几乎感觉不到纱窗效应。并且能在佩戴眼镜的同时戴上头显，即使没有佩戴眼镜，近视 400 度左右的人依然能清楚看到画面的细节。画面刷新率为 90Hz。控制器定位系统 Lighthouse 采用的是 Valve 的 Outside-In 位置追踪技术，靠激光和光敏传感器来确定运动物体的位置，即 HTC VIVE 允许用户在一定范围内走动。

HTC VIVE 设备需要搭载相对高性能的电脑为其提供计算能力，下表列出了 VIVE 和 VIVE PRO 推荐的电脑配置。

VIVE 和 VIVE Pro 推荐的电脑配置

	VIVE	VIVE PRO
CPU	Intel Core i5-4590、AMD FX 8350 同等或更高配置	Intel Core i5-4590、AMD FX 8350 同等或更高配置
GPU	NVIDIA GeForce GTX 1060、AMD Radeon RX 480 同等或更高配置	NVIDIA GeForce GTX 1060、AMD Radeon RX 480 同等或更高配置
内存	4 GB 或以上	4 GB 或以上
视频输出	HDMI 1.4 or DisplayPort 1.2 或更高版本	DisplayPort 1.2 或更高版本
USB 端口	1×USB 2.0 或更高版本的端口	1×USB 3.0 或更高版本的端口
操作系统	Windows 7 SP1、Windows 8.1 或更高版本、Windows 10	Windows 8.1 或更高版本、Windows 10

另外，VIVE 设备还可搭配无线升级套件，摆脱线缆束缚。该套件采用 Intel WiGig 无线技术，支持 6 米×6 米的游戏空间，体验者可以在游戏区域内自由移动，甚至能够实现多人互联协同完成任务。

搭载了无线头显升级套件的 VIVE 头显

6.3 VIVE PRO

2018 年 1 月 9 日，HTC 在美国拉斯维加斯市举办的 CES 展会上推出使用了 3K 分辨率的新款头显 VIVE PRO，将产品体验进一步提高。VIVE PRO 支持 SteamVR 追踪技术 2.0。

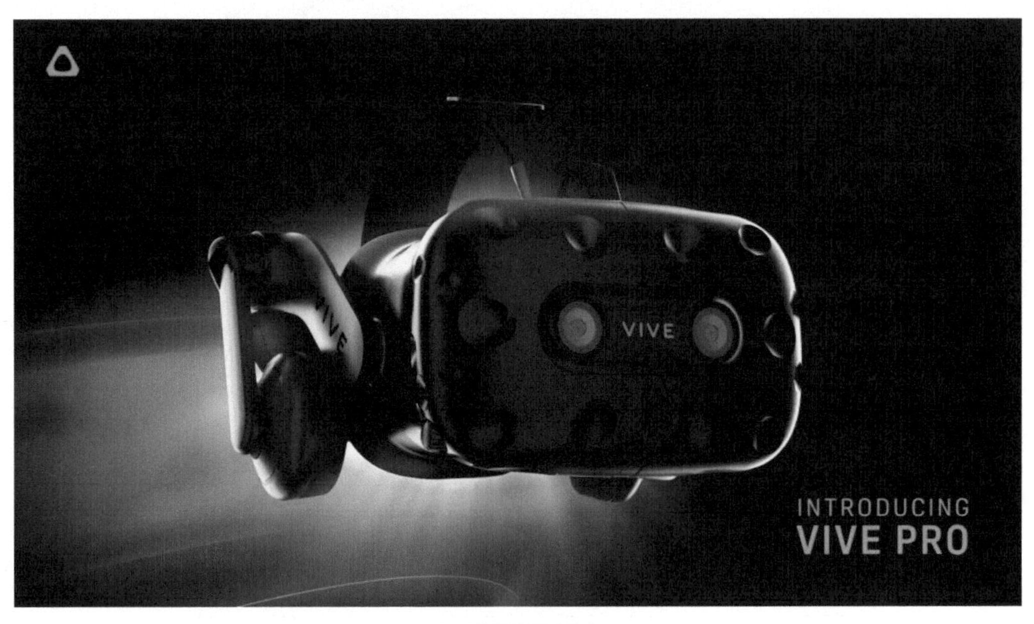

HTC VIVE PRO

VIVE PRO 硬件参数如下表所示。

VIVE Pro 硬件参数

屏幕：	2 个 3.5 英寸 AMOLED
分辨率：	单眼分辨率为 1440 像素×1600 像素，双眼分辨率为 3K（2880 像素×1600 像素）
刷新率：	90 Hz
视场角：	110 度
音频输出：	Hi-Res Audio 认证头戴式设备 Hi-Res Audio 耳机（可拆卸式），支持高阻抗耳机
音频输入：	内置麦克风
连接口：	USB-C 3.0、DP 1.2、蓝牙
传感器：	SteamVR 追踪技术、G-sensor 校正、gyroscope 陀螺仪、proximity 距离感测器、瞳距感测器
人体工学设计：	可调整镜头距离（适配佩戴眼镜用户），可调整瞳距，可调式耳机，可调式头带

6.4 HTC VIVE 硬件拆解结构

6.4.1 头显

头显前端面板遍布大量传感器，用于配合 Lighthouse 实现头显的位置追踪。前端顶部盖板可打开，内部连接用于数据传输的线缆，另外空余一个 USB 接口，用户可外接其他设备，如外接 Leap Motion，实现手势输入。

HTC VIVE 头显拆解结构

头显具体硬件参数如下表所示。

VIVE 头显参数

屏幕：	双 AMOLED 屏幕，对角直径为 3.6 英寸
分辨率：	单眼分辨率为 1080 像素×1200 像素（组合分辨率为 2160 像素×1200 像素）
刷新率：	90 Hz
视场角：	110°

续表

安全性特色：	VIVE 陪护人引导系统和前置摄像头
传感器：	SteamVR 追踪技术、G-sensor 校正、gyroscope 陀螺仪、proximity 距离感测器
连接口：	HDMI、USB 2.0、3.5 mm 立体耳机插座、电源插座、蓝牙支持
输入：	内建麦克风
双眼舒压设计：	瞳距和镜头距离调整

头显内部提供两枚透镜，可通过头显右侧的螺杆调节它们的距离，以符合不同体验者的瞳距。屏幕部分使用了两块三星提供的 OLED 屏幕，分辨率为 1080 像素×1200 像素，每个显示器对角线尺寸约为 91.8 mm，像素密度为 447 ppi。

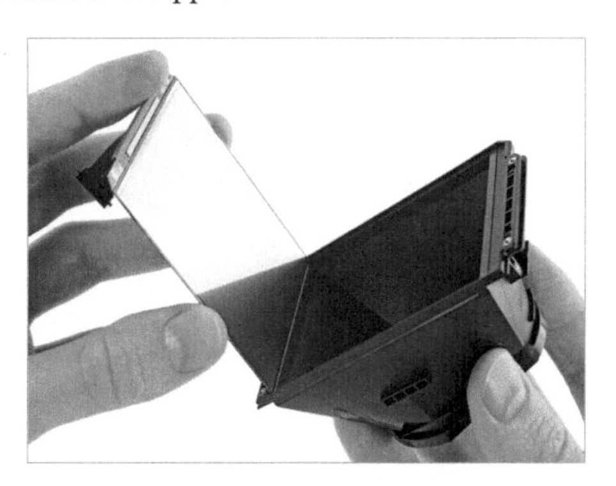

HTC VIVE 头显屏幕拆解

6.4.2　控制器

控制器内部集成了 24 个传感器，同样是配合 Lighthouse 基站实现控制器的位置追踪。每个控制器搭载一块 960mAh 锂聚合物电池，可通过底部的 Micro-USB 接口为其充电。

HTC VIVE 手柄控制器拆解结构

VIVE 控制器硬件详细参数如下表所示。

VIVE 控制器参数

传感器	SteamVR 追踪技术
输入	多功能触摸面板、抓握键、双阶段扳机键、系统键、菜单键
单次充电使用量	约 6 小时
连接口	Micro-USB

6.5 HTC VIVE 控制器按键名称

控制器作为 VIVE 主要的交互部件，其提供了几个实体按键供用户使用，这些按键符合 OpenVR 的按键输入标准。

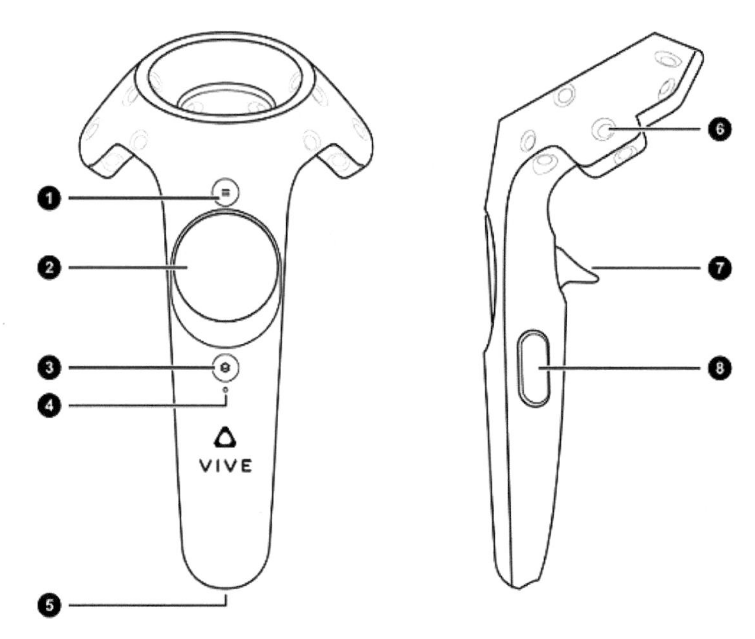

HTC VIVE 按键示意图

控制器按键和部件名称介绍如下：

1. Menu/Application Button：菜单/应用键，用于弹出相关菜单。
2. Trackpad/Touchpad：触控板，可用手指进行触摸，也接收手指点击动作。
3. System Button：系统键，唯一不可编程的按键。
4. Status light：状态指示灯，用于指示控制器状态。当呈现绿色闪烁时，表示工作正常；当呈现蓝色闪烁时，表示等待配对；当呈现红色闪烁时，表示电量过低。
5. Micro-USB port：Micro-USB 接口。
6. Tracking sensor：追踪传感器。
7. Trigger Button：扳机键。
8. Grip Button：抓取键。

我们将在第 9 章介绍在开发过程中各按键对应的输入映射。

6.6 HTC VIVE 定位原理

HTC VIVE 基于 Valve 公司的 SteamVR 技术，SteamVR 定位由 Valve 自主研发，SteamVR 定位器（即 Lighthouse）使用多重同步脉冲与激光线扫描房间，覆盖大约 5 米的范围。SteamVR 使用简单的三角学找到每个感应器的精确到毫米以内的位置，借助组合多个感应器、2 个定位器，以及添加高速 IMU（惯性测量单元）。SteamVR 也以 1000Hz 的刷新率计算被定位物品的方向、速度、角速度。

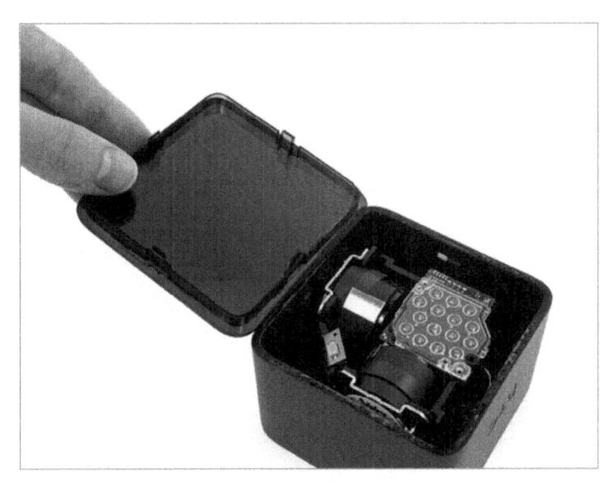

Lighthouse 基站内部拆解结构

Lighthouse 空间定位追踪设置如下表所示。

Lighthouse 空间定位追踪设置

站姿/坐姿：	无最小空间限制
房间尺度（Room-scale）：	最小为 2 米×1.5 米，最大为两个定位器对角线距离 5 米

需要注意的是，被追踪的设备位置是设备与基站之间的相对位置。

6.7 Inside-Out 与 Out-Inside 位置跟踪技术

VR 技术中比较重要的技术是获取到头显、手柄等设备的位置信息，即位置追踪技术，目前存在两种实现方式，分别为由内而外的位置追踪（Inside-Out）和由外而内（Outside-In）的位置追踪。

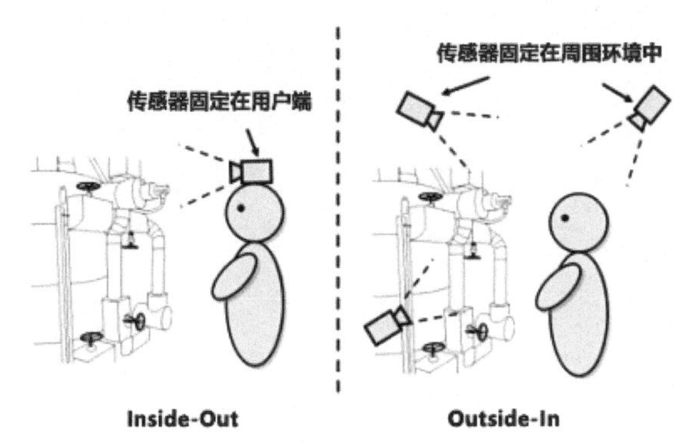

两种跟踪技术的区别

6.7.1 Outside-In 跟踪技术

Outside-In 跟踪技术借助外部设备（比如 HTC VIVE 中的 Lighthouse 基站）实现对头显、控制器等设备在场景中的位置跟踪。外部设备通常为摄像机、红外传感器等，它们被放在静止位置，朝向被跟踪物体。在外部设备所能感应的范围内，系统获得被跟踪设备的位置和朝向信息。使用这种跟踪技术的 VR 平台以 Oculus Rift、HTC VIVE、PS VR 为代表，通过外部跟踪器实现硬件设备的位置追踪，其优势是跟踪精度较高，适合小范围跟踪；其劣势是需要使用外部设备进行跟踪，用户移动范围有限。

Oculus Rift（左）和 HTC VIVE（右）用于位置跟踪的传感器

6.7.2 Inside-Out 跟踪技术

Inside-Out 位置跟踪技术采用额外摄像机，通过光学或者计算机视觉的方法实现空间定位功能，可以实现较大空间内的定位。该定位技术中比较重要的是 SLAM（Simultaneous Localization and Mapping）算法，此算法也多应用在 AR 技术中。这种跟踪技术的优势是不受空间约束，能够显著提高 VR 设备的移动性，越来越被广泛应用在提供 6 自由度运动跟踪的 VR 一体机中；其劣势是该技术受光照因素影响较大，在光照强烈的室外场景、光照较暗的室内场景，以及缺少足够特征（比如几乎没有任何特征的地面）的场景中，跟踪精度会降低，容易出现画面漂移的现象。

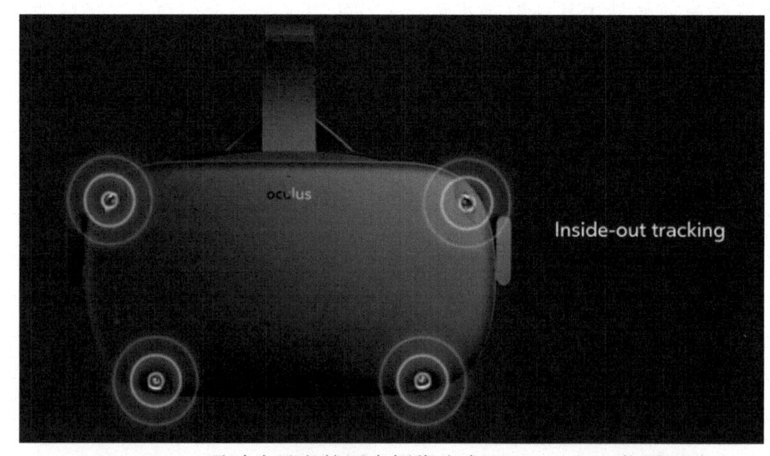

Oculus Quest 通过头显上的四个摄像头实现 Inside-Out 位置跟踪

6.8 HTC VIVE 的安装

用户可访问官网下载相应 VIVE 版本的安装程序，在程序的引导下完成 VIVE 硬件和软件的安装，包括硬件的安装，以及必要的驱动程序和 SteamVR 客户端。在安装过程中需要登录 VIVE 账户。

VIVE 安装引导程序

初始安装完毕后，首先需要对控制器进行配对。打开 SteamVR 客户端，执行设备→配对控制器命令，打开配对程序。同时按下应用键和系统键，直到发出配对成功提示音，即可完成控制器的配对。

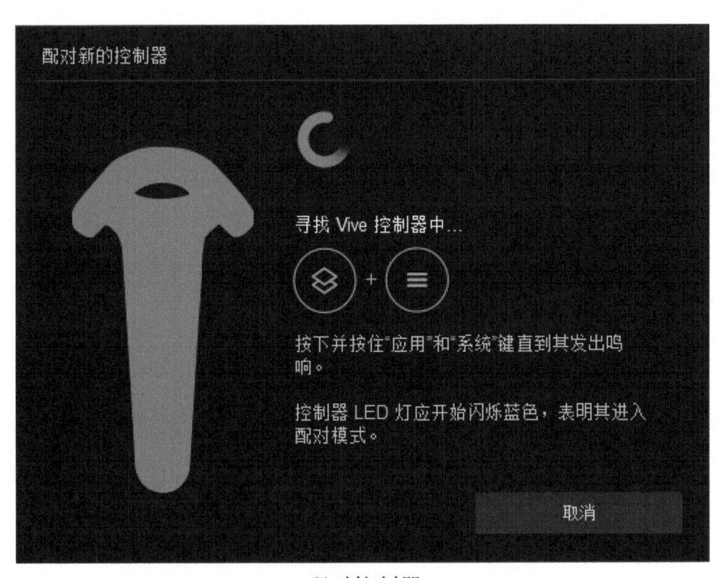

配对控制器

然后需要对 VIVE 硬件进行房型设置，打开 SteamVR 客户端，右击或单击窗口左上角按钮，选择运行房间设置命令。

运行房间设置

VIVE 提供两种体验模式——房间规模和仅站立。对于房间规模模式，可以给定一个可移动的区域，体验者可在该区域内自由移动，当即将超出该范围时，体验者能够在头显中看到提示网格，从而避免体验者被障碍物阻挡；对于仅站立模式，体验者可采取站立或坐姿进行 VR 体验。

第 7 章　VR 中的 UI

7.1 概述

在非 VR 项目中，UI 覆盖在用户设备的屏幕上，用于显示生命值、分数等信息。而在 VR 项目中，屏幕的概念便不存在了，并且基于 VR 交互的特性，UI 应该像其他 3D 物体一样出现在体验者所能看到的位置，比如在控制器某个按键上引导用户使用，在道具上方展示对象信息，在用户移动到的位置点附近提供线索等。

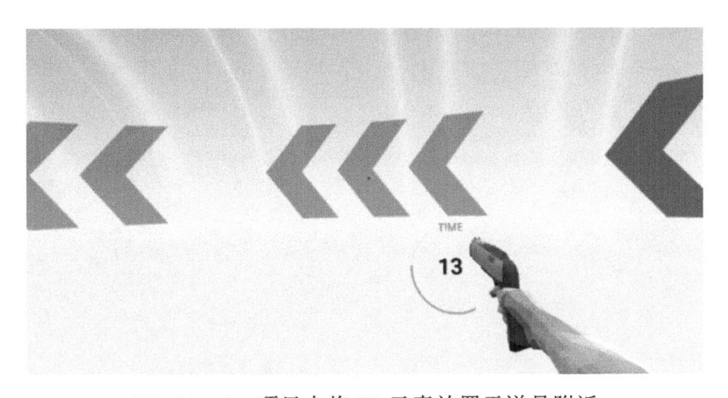

VR Samples 项目中将 UI 元素放置于道具附近

在 Unity 中，Canvas 游戏对象是 UI 元素（如 Button、Image 等）的容器，挂载其上的 Canvas 组件提供了三种渲染模式。基于屏幕的渲染模式在 VR 中将不再适用，通常需要将渲染模式改为世界空间坐标，即 World Space。

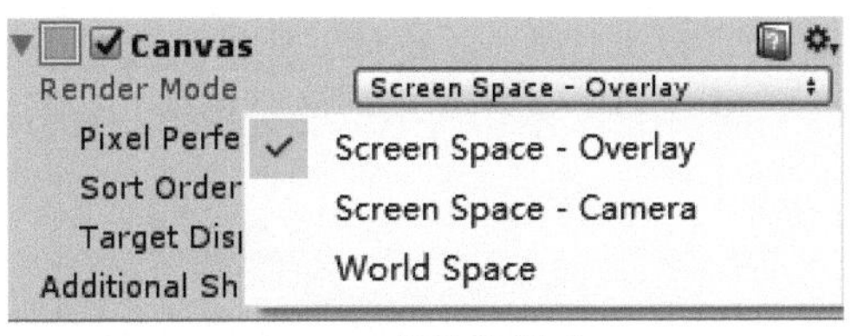

Canvas 的渲染模式

同时，在 VR 环境中，对于 UI 的清晰度也有较高要求，太低的分辨率容易导致模糊而不易阅读。Canvas Scaler 组件提供了 UI 的缩放模式，可供调节 UI 大小，其中，Scale Factor 属性用于设置 UI 的缩放系数，该数值越高，文字边缘越清晰，一般将此值设置在 3~5 之间即可。

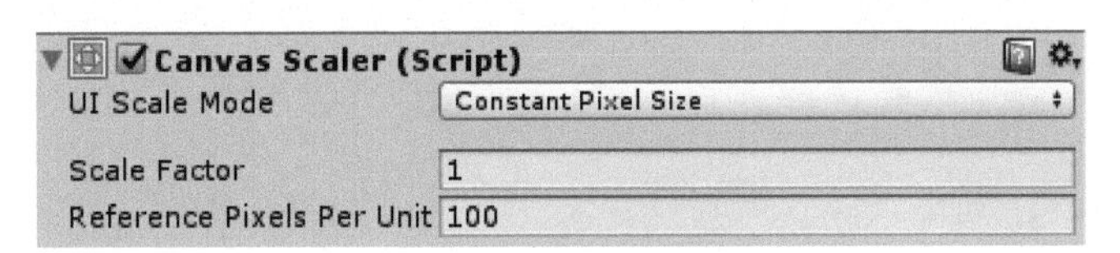

Canvas Scaler 组件

7.2 将 UI 容器转换为世界空间坐标

要将 Unity 中的 UI 元素转换为在 VR 场景中使用的 3D 空间 UI 可执行以下步骤。

1. 新建一个 Canvas 游戏对象，在其 Canvas 组件中，将 Render Mode 属性修改为 World Space。
2. 此时 Canvas 便具有了世界空间坐标，Rect Trasform 组件为可修改状态，可以像 3D 物体一样在场景中设置位置、旋转、缩放等参数。我们一般需要根据 VR 场景的大小，修改 Canvas 容器的外观，使其适应场景比例。有两种方式实现：一种方式是修改 Rect Transform 组件的缩放 Scale 值，比如将其修改为 0.001；另外一种方式是保持缩放不变，修改 Rect Transform 的 Width 和 Height 属性。需要注意的是，对于修改比例的操作，尽量在 Canvas（即 UI 元素的容器）上完成，而不要修改容器的子物体。
3. 为了能够在 VR 场景中比较清晰地观看 UI 元素，需要修改 Canvas 容器上 Canvas Scaler 组件的 Dynamic Pixels Per Unit 属性值，一般为 2~5 之间的数值。下图左右侧文字分别在不同的 Canvas 中，左侧文字是 Dynamic Pixels Per Unit 属性值为默认时的表现，右侧文字是该值为 3 时的表现。

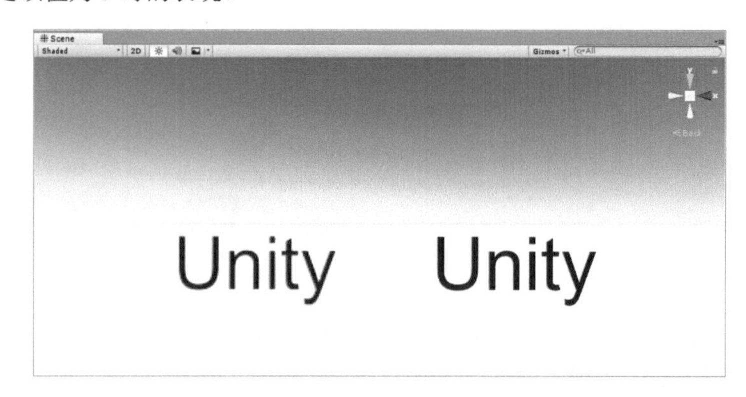

设置了不同 Dynamic Pixels Per Unit 属性值的 Canvas 的 UI 元素表现

转换为空间坐标的 UI 元素可以像其他 3D 物体一样被放置在场景中的任意位置，并且可以作为它们的子物体随之移动。下图中的文本作为小球的子物体，当小球被控制器抓取以后，跟随小球运动，指示抓取相关信息。

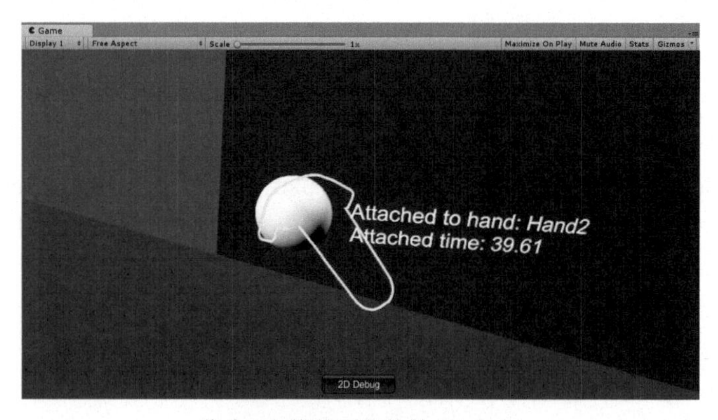

作为 3D 物体子物体的 UI 文本

7.3 VR 中的 UI 交互

Unity 的 UI 系统主要由以下部分组成，它们互相配合，实现了从用户输入（例如点击、悬停等）到事件发送的过程。

- Event System：事件系统。
- Input Module：输入模块。
- Raycaster：射线投射器。
- Graphic Components：图形组件，如按钮、列表等。

其中，Event System 是 Unity UI 交互事件流程的核心，负责管理其他组件，如 Input Modules、Ray Casters 等。

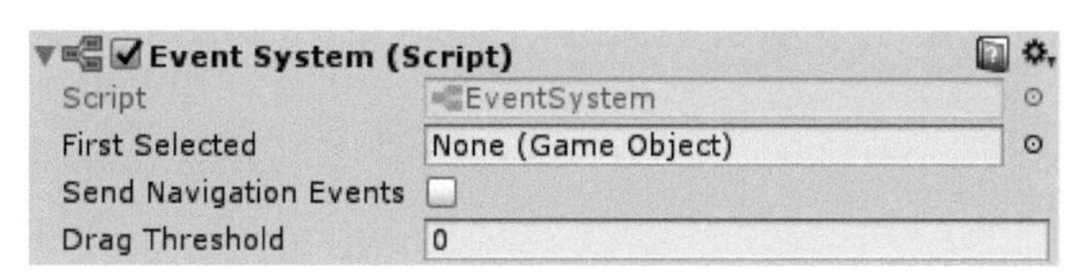

Event System

Input Module 负责处理外部输入、管理事件状态、向指定对象发送事件。在 Unity UI 系统中，一次只有一个 Input Module 在场景中处于活动状态。

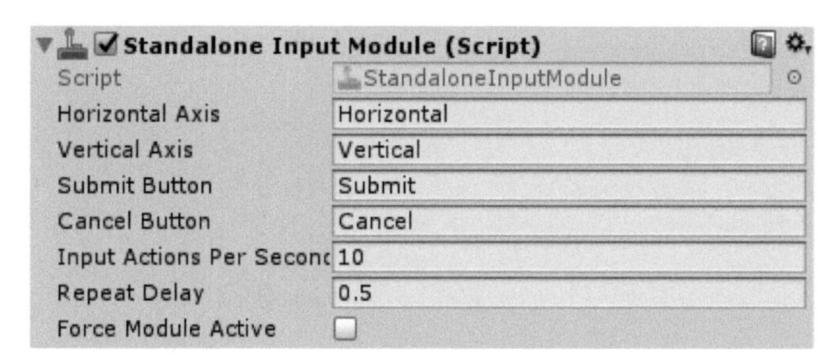

Input Module

Raycaster 负责确定指针指向哪个交互组件，在 Unity 中存在三种类型的 Raycaster，分别是 Graphic Raycaster、Physics 2D Raycaster、Physics Raycaster。

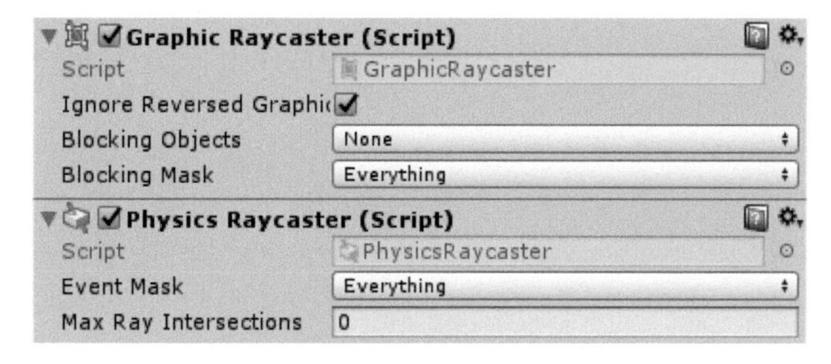

Graphic Raycaster 和 Physics Raycaster

在 VR 环境中与 UI 进行交互，不再像其他平台一样使用比如鼠标、键盘等设备，取而代之的是手柄控制器、激光指针、手势识别等。不同的 VR 硬件平台和 SDK，与 UI 交互的实现机制不同，但它们都基于 Unity UI 的事件系统流程，或者继承前文介绍的组件，或者模拟相关的事件，例如在 Oculus Utilities 中，使用 OVR Physics Raycaster 类通过继承 Unity 的 BaseRaycaster 类来实现 Physics Raycaster 的角色。

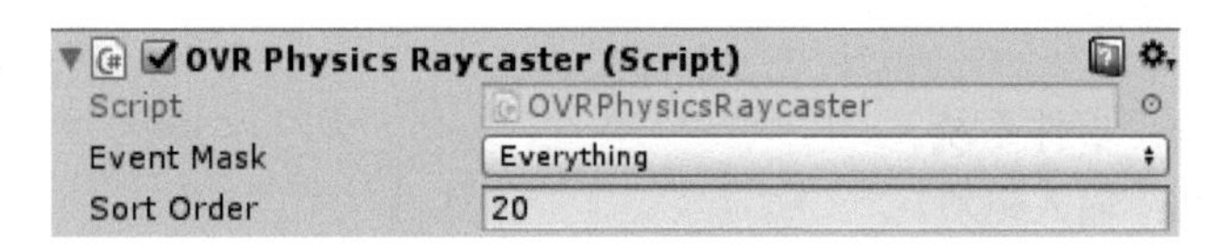

OVR Physics Raycaster

我们将在后续章节介绍使用不同的 SDK 如何实现与 VR 的交互。

第 8 章　Unity VR 写实材质

8.1 Unity 材质基础

Unity 默认使用 Standard Shader 对材质进行着色，另外还有 Standard(Specular setup)Shader，均是基于物理的材质着色器（PBS）。这两种着色器分别对应 PBR 的两种不同的工作流程，关于 PBR 理论我们将在 8.2 节进行介绍。

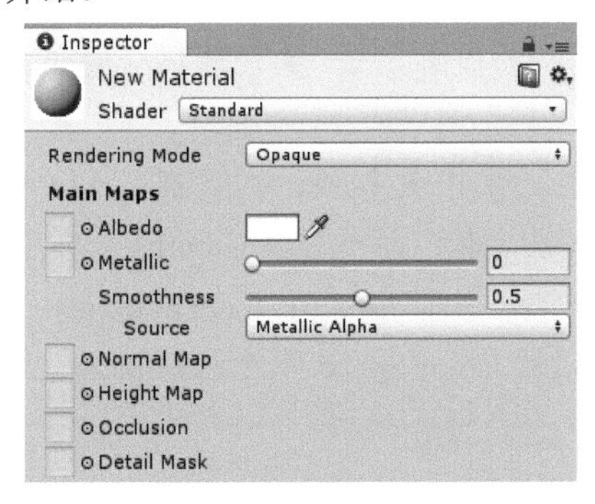

Unity 标准材质（Standard Shader）

Unity 标准材质提供了四种不同的渲染模式（Renderring Mode），分别为默认的 Opaque 模式，以及 Cutout、Fade、Transparent 模式。其中，Opaque 模式为不透明模式，即材质不会呈现任何透明区域，适用于没有透明区域的普通实体对象；Cutout 模式将透明区域理解为完全透明，透明与不透明区域会呈现明显的边界，可通过设置该渲染模式下的 Alpha Cutoff 数值调节边界大小，适合呈现树叶花草等类型材质；Fade 模式和 Transparent 模式会考虑透明通道提供的数值，将其体现在材质透明区域的透明度上，所不同的是，Fade 模式将透明度信息影响到材质的所有物理属性上，包括反射和高光，所以 Fade 模式适合呈现物体逐渐消失的过程，而 Transparent 模式不会影响材质的高光和反射，所以适合呈现玻璃等材质。下图从左往右为使用了四种不同渲染模式的材质表现。

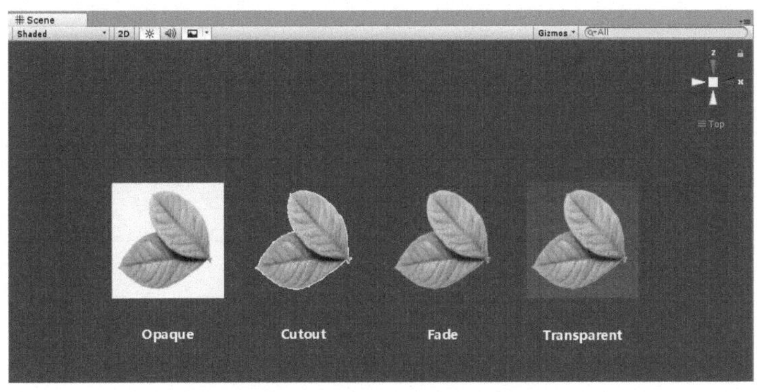

分别使用不同渲染模式的材质表现

8.2 基于物理的渲染理论

PBR 全称为基于物理的渲染（Physically Based Rendering），是一套先进的材质渲染方案，能使物体对光线做出准确的反应。以下摘自 *Allegorithmic PBR Guide*：“基于物理的渲染（PBR）是一种着色和渲染的方式，能更精准地体现光线和介质表面的交互方式，因此称作基于物理的渲染（PBR）或者基于物理的着色（PBS）。从正在讨论的工作流程角度而言，PBS 通常针对着色概念，PBR 针对渲染和光线的概念，但 PBS 和 PBR 都是从物理的精确角度呈现物体的过程。”

Unity 在 5.x 版本中引入 PBR 材质作为默认材质（Standard），PBR 理论是制作 VR 写实级别材质的理论支撑，在制作 PBR 材质的过程中，都是在这个理论的指导下进行材质构建的。

基于物理的渲染理论遵循能量守恒定律，从物体表面发出的光线总量小于从该表面接收到的光线总量，不同的材质会吸收不同程度的光线。着色器算法根据这一定律，控制材质表面的反射和高光表现。

为了能够在 Unity 中更好地呈现 PBR 材质，一般需要将色彩空间设置为线性，因为在线性空间渲染模式下，光线能够呈线性衰减，而不会像 Gamma 一样出现色彩的大幅度变亮或变暗。在 Unity 编辑器中开启线性色彩空间，执行 Edit→Project Settings→Player 命令，打开 Player Settings 面板，在 Other Settings 栏中，设置 Color Space 属性为 Linear。

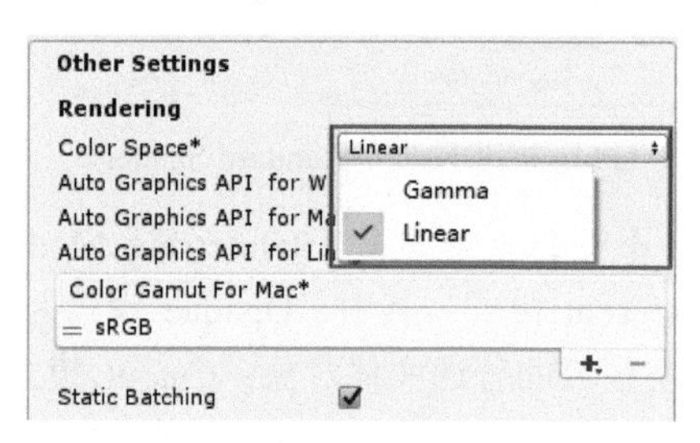

在 Unity 编辑器中设置线性色彩空间

制作 PBR 材质常见的两种工作流程为 Metal-Roughness 和 Specular-Glossiness，Unity 的标准材质也有两种工作流程的着色器，分别对应 Standard 和 Standard（Specular setup）。

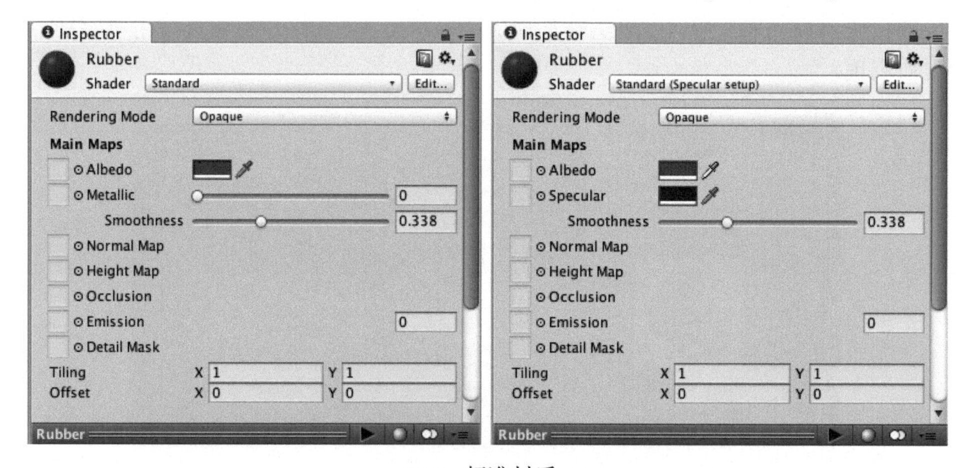

Unity 标准材质

在 Metal-Roughness 工作流程中，需要提供 Metallic 贴图，用于标记物体表面区域是否为金属，Standard Shader 则根据此数据控制材质的反射表现；在 Specular-Glossiness 工作流程中，反射值由 Specular 贴图提供。需要注意的是，Roughness 与 Glossiness 都是描述物体表面粗糙程度的物理指标，仅是数值互为相反数。

两种工作流程分别从不同的角度描述了材质的物理属性，其最终的呈现效果并没有区别（在数据准确的情况下）。下图分别展示了两种工作流程所需要提供的物理维度数据贴图，以及最终的材质表现效果。

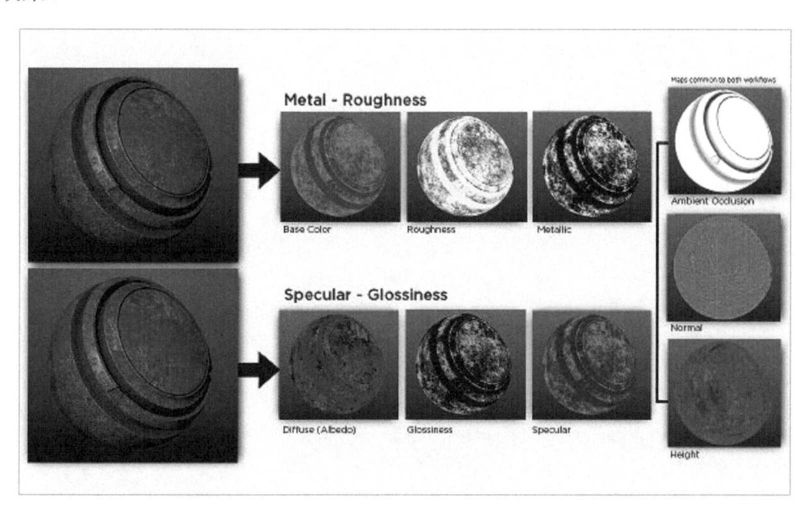

两种工作流程所需要提供的物理维度数据贴图

8.3 PBR 材质的优势

PBR 理论是基于物体的物理属性，通过特定的物理维度，描述物体材质对于光的准确反应。使用 PBR 材质，可以通过一次制作，适应多种不同的光照环境。在使用了 PBR 工作流程进行材质制作以后，物体可以在四种完全不同的光照环境下呈现出它应有的物理表现。

同一套 PBR 贴图在不同光照环境下的表现

8.3.1 高品质写实级别材质表现

一个高品质且具备细节的场景往往决定了一个内容的第一印象，而模型是组成场景的基本元素。一个高品质模型，尤其是面向行业的 VR 内容中的模型，需要更加真实的材质表现。

基于物理的渲染（PBR）理论以及在这套理论下产生的 Substance 系列软件逐渐成为工业标准，Unity 也在 5.x 版本开始引入了 PBR 材质（Standard Shader）系统。

使用 Unity 制作的汽车行业案例

8.3.2 为实时渲染而生

在传统的制作材质贴图流程中，需要预先烘焙出当时的光照环境，必要时，还需要烘焙环境中的阴影，当物体移动或者光线方向发生改变时，那么必然会发生错误。而 PBR 材质不会考虑光照因素，只是描述物体本来的物理属性，所以在实时渲染环境下，无论光线的强度、角度、色调如何变化，物体都能够很好地根据这些变化做出正确的表现。

在 Unity 实时渲染环境下使用 PBR 材质的表现

8.3.3　标准的材质制作流程

基于 PBR 理论的材质制作流程，是按照物理基本原则进行创作的。这使得设计师不必对材质表现进行估计，只需要在不同的物理维度上对材质进行描述即可。对于团队来说，也可据此进行分工。另外，基于 PBR 理论的材质制作软件（例如 Substance Designer/Painter），也提供了良好的工作流程引导，使得材质制作流程更加简单、高效。

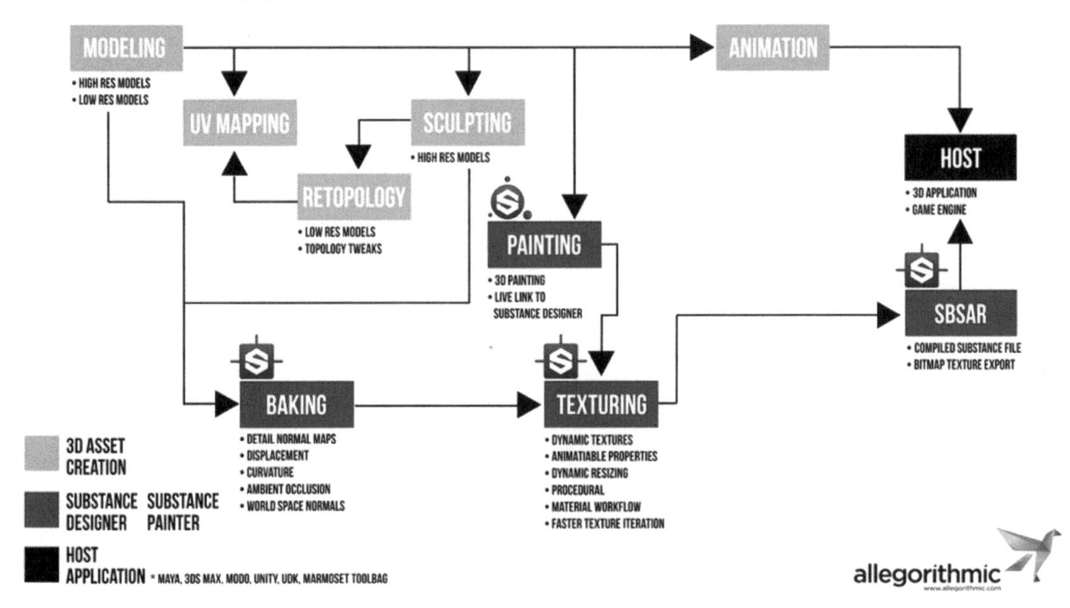

Substance 系列软件的材质制作流程

8.4　PBR 材质主要贴图类型

8.4.1　颜色贴图（Albedo/Basecolor Map）

颜色贴图用于提供物体表面的基础颜色，即在不受任何光照条件影响下物体本来的颜色，在 Albedo 贴图中需要确保没有阴影、高光、反射等形式。

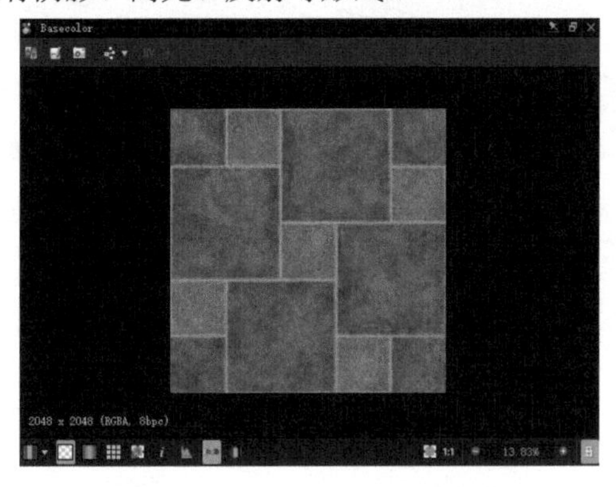

Substance Designer 制作的颜色贴图

颜色贴图对应提供给 Unity 标准材质的 Albedo 参数。

8.4.2 金属贴图（Metallic Map）

金属贴图用于定义材质的哪些区域是金属的，哪些区域是非金属的，该贴图提供非 0 即 1 的数据，以灰度图形式提供给 PBR 材质。下面右图为材质的 Metallic 通道视图，左图为材质的综合表现，由图中可见，材质绝大多数区域为金属，只有在 Logo 区域使用了喷漆材质。

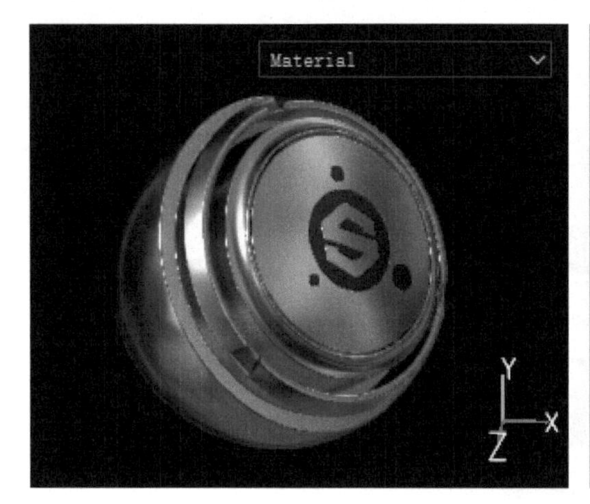

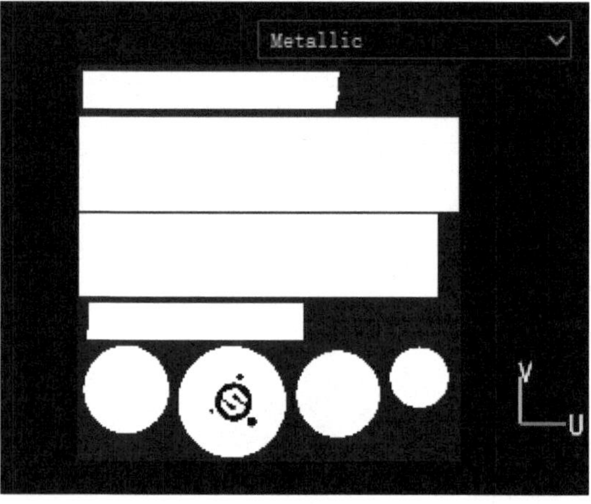

金属贴图及其影响的材质效果

8.4.3 光滑度贴图（Roughness Map）

光滑度贴图用于描述材质表面粗糙程度。PBR 理论引入了微表面理论。比较形象地理解为，任何物体在被放大观察时，表面均呈现不规则的凹凸感，这就决定了光线在物体表面反射的随机程度——微表面细节越单一，光线反射就越规则；微表面细节越丰富，光线反射越随机。

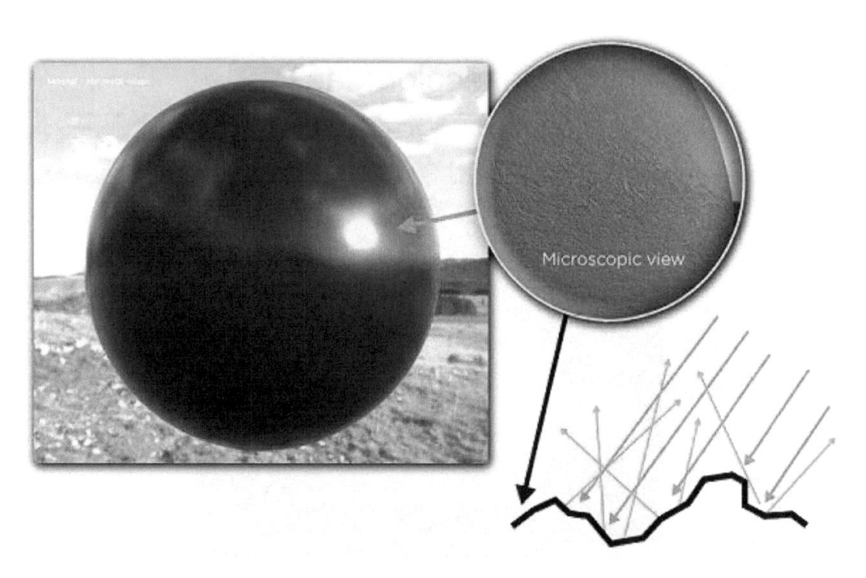

微表面决定物体表面的粗糙程度

光滑度贴图为灰度图，贴图中亮度越高的地方，表示该处数据值越高，表面越粗糙；相对亮度较低的地方，表示该处数据值越低，表面越光滑，物体表面的污渍由光滑度贴图塑造。

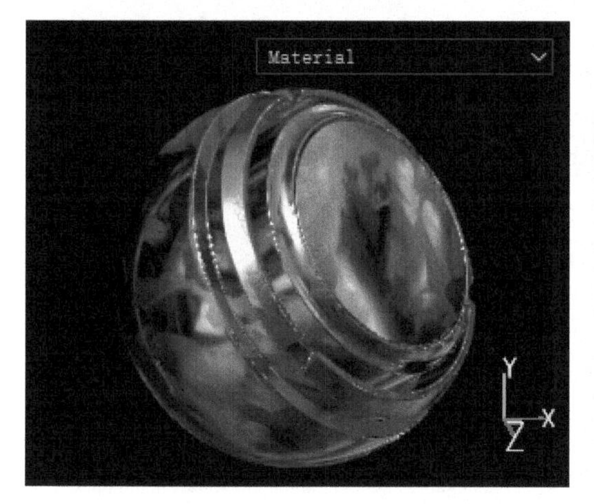

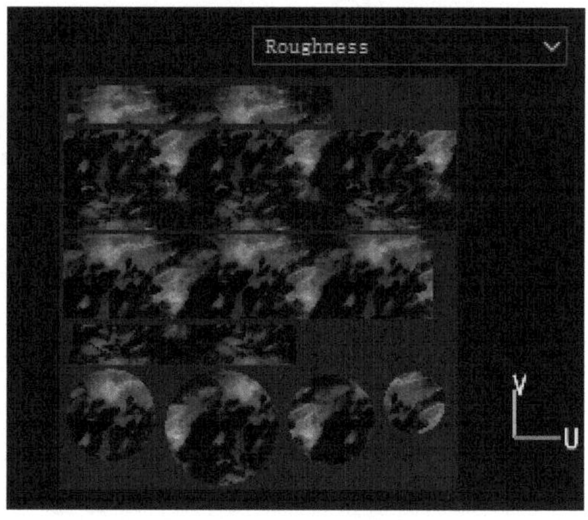

光滑度贴图及其影响的材质效果

光滑度贴图是塑造真实材质表现的关键，在现实世界中，几乎不存在表面粗糙程度一致的材质，金属表面的划痕、镜面的指纹、地面的污渍，都是粗糙程度不同所呈现出来的。

作为导出到 Unity 中的光滑度贴图，一般附着在色彩或金属贴图中，以 Alpha 通道的形式提供信息，在标准材质中可选择该数据的来源。

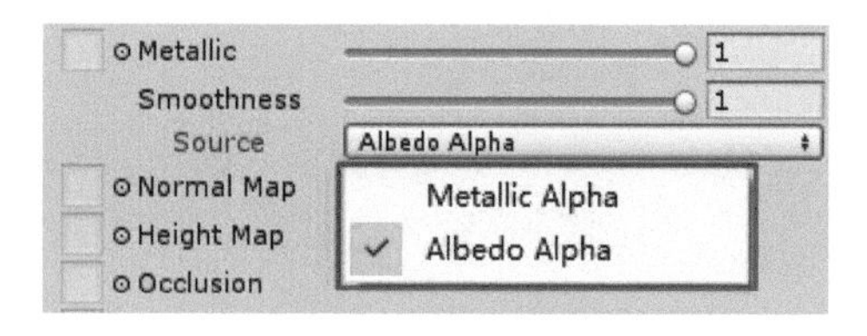

在 Unity 中选择光滑度信息来源

8.5 PBR 材质制作软件

8.5.1 Substance Designer

Substance Designer 是一款基于节点进行 PBR 材质构建的工具，相较于传统线性材质工作流程，Substance Designer 基于非线性的材质工作流程，设计师可以随时修改节点属性并快速得到修改后的材质表现。Substance Designer 内置先进的烘焙工具，可以快速从模型中获取相应的物理通道贴图，如法线贴图（Normal Map）、环境光遮蔽贴图（Ambient Occlusion Map）、高度贴图（Height Map）等。借助 Substance Designer 先进的工作流程，设计师可以非常快速地制作出真实且灵活的 PBR 材质。

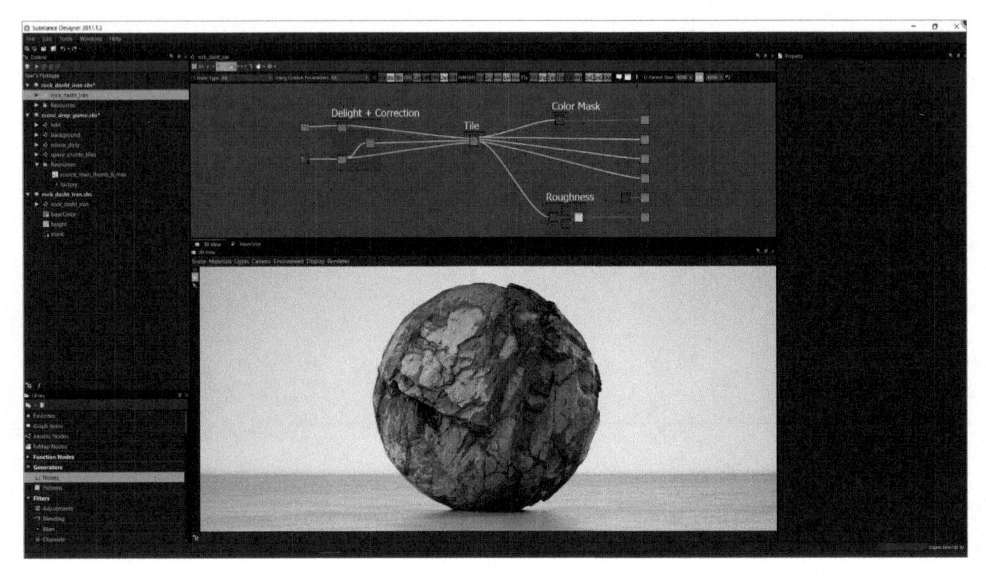

Substance Designer 2018 主界面

使用 Substance Designer 制作的程序材质可以导入到目前主流的渲染器、游戏引擎、3D 建模软件中。

可支持 Substance 材质的引擎或软件

其中，Unity 2017 及其之前的版本，内建了对 Substance 材质的支持，可以直接导入 Substance Designer 制作的材质（.SBSAR）文件。在 Unity 中，会将其识别为材质资源，从而可以像内置材质一样赋予模型。

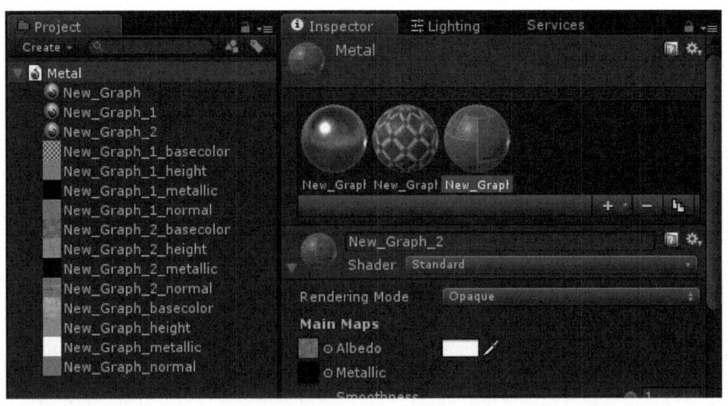

在 Unity 中的 Substance 材质

使用 Substance Designer 可以制作程序材质，其优势是相对于传统材质，导出的文件（.SBSAR）极小。得益于其暴露参数（Expose Parameters）的功能，设计师可以将节点参数暴露给引擎，从而制作出符合 VR 内容逻辑的属性，游戏引擎会将其属性显示在 Inspector 面板中，方便在引擎中进行修改而不用返工。下图为通过调节 Wood Age 参数来展现木地板经过时间推移而逐渐变旧的效果。

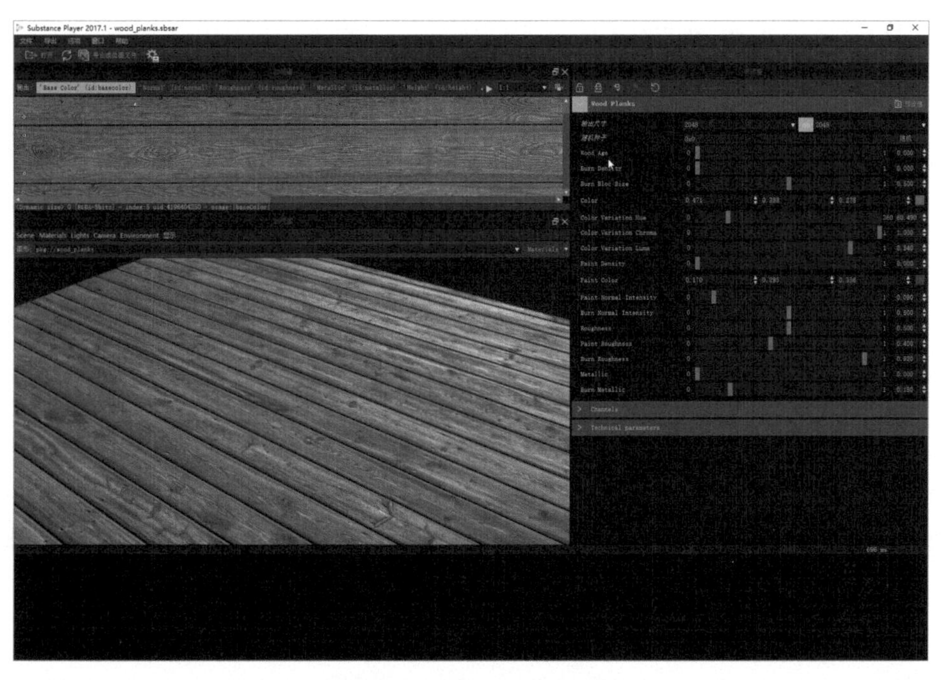

Wood Age 参数为 0 时的表现

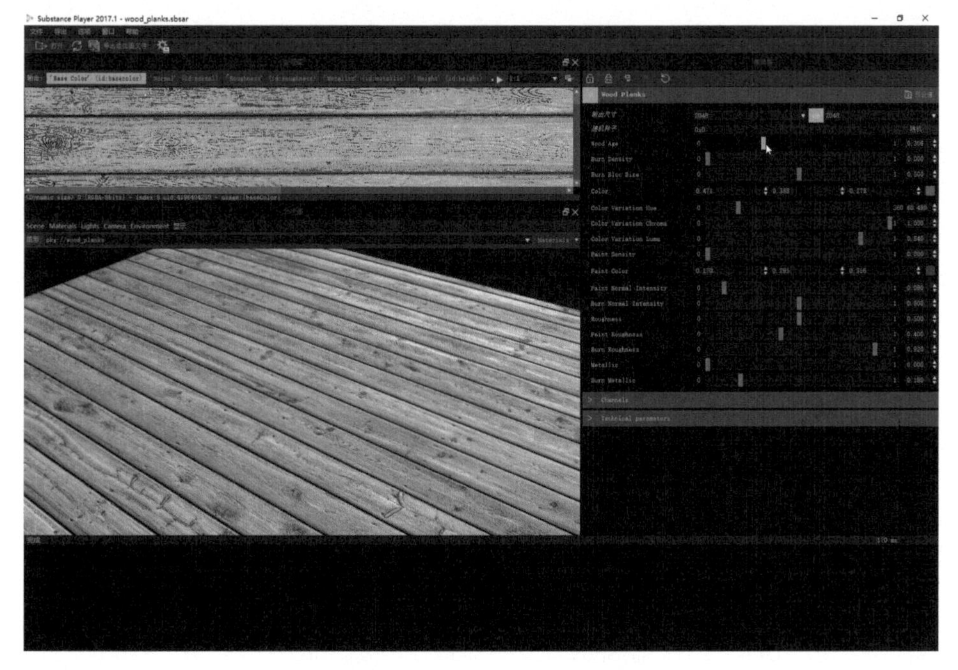

Wood Age 参数为 0.306 时的表现

可以看到，随着时间的推移，木地板相对应地呈现了变旧的效果，并且这个过程是实时改变的。而在传统材质制作流程中，要实现这样精确控制的效果，需要通过替换多张相应的贴图来实现，这样无疑增加了程序的臃肿程度，如果是基于网络贴图的下载，这样高品质的材质贴图，需要用户相对长时间的等待过程，不利于用户体验。

同时，Substance Designer 具有强大的函数功能，可以结合暴露参数功能和用户改变的参数值编写函数逻辑，从而制作出更加灵活的程序材质。

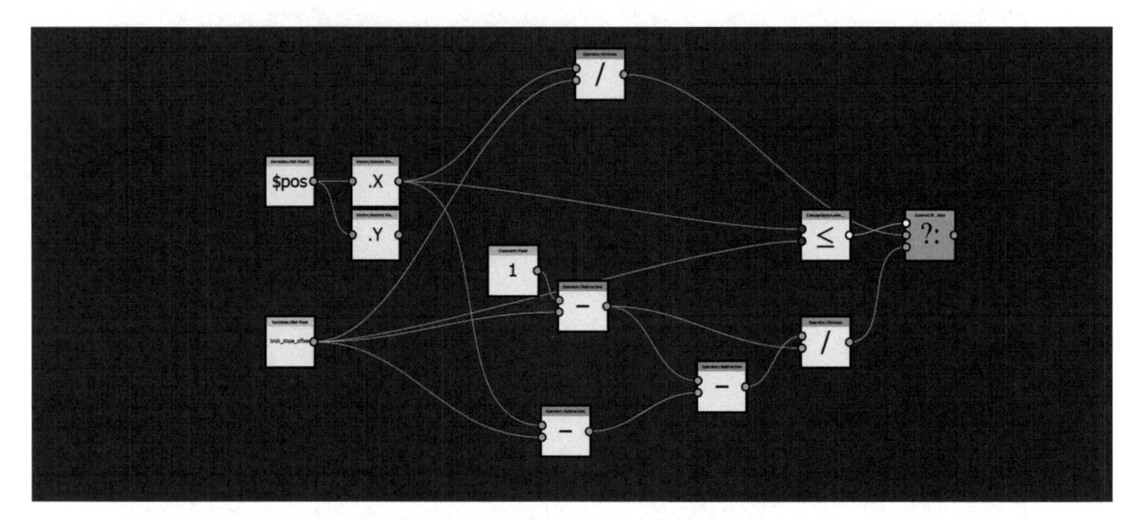

Substance Designer 可视化函数编写视图

甚至可以在程序运行时通过如下代码进行修改。

```
using UnityEngine;
using System.Collections;

public class ExampleClass : MonoBehaviour {
    public string floatRangeProperty = "Saturation";
    public float cycleTime = 10;
    public Renderer rend;
    void Start() {
        rend = GetComponent<Renderer>();
    }
    void Update() {
        //得到程序材质对象
        ProceduralMaterial substance = rend.sharedMaterial as ProceduralMaterial;
        if (substance) {
            //在给定周期内往返一个 0 到 1 的值
            float lerp = Mathf.PingPong(Time.time * 2 / cycleTime, 1);
            //修改 Saturation 属性
            substance.SetProceduralFloat(floatRangeProperty, lerp);
            //异步重建材质
            substance.RebuildTextures();
        }
    }
}
```

从 Unity 2018 开始，移除了对 Substance 材质的内置支持，转而用 Substance in Unity 插件的方案实现，如果使用 Unity 2018 对 Substance 材质进行修改，可参见 8.7 节“Substance in Unity 的使用”。

8.5.2 Substance Painter

相较于 Substance Designer 的节点材质构建方式，Substance Painter 可以更加直观地在 3D 模型上进行 PBR 贴图的绘制，借助粒子笔刷工具、智能遮罩、智能材质，以及同样内置的烘焙工具，可以非常快速地制作出逼真的 PBR 材质贴图。Substance Painter 同样能够导出到多种引擎中，不同的是，Substance Painter 导出的文件格式为各种基于 PBR 通道的贴图，如 Albedo、Normal、Roughness 等。

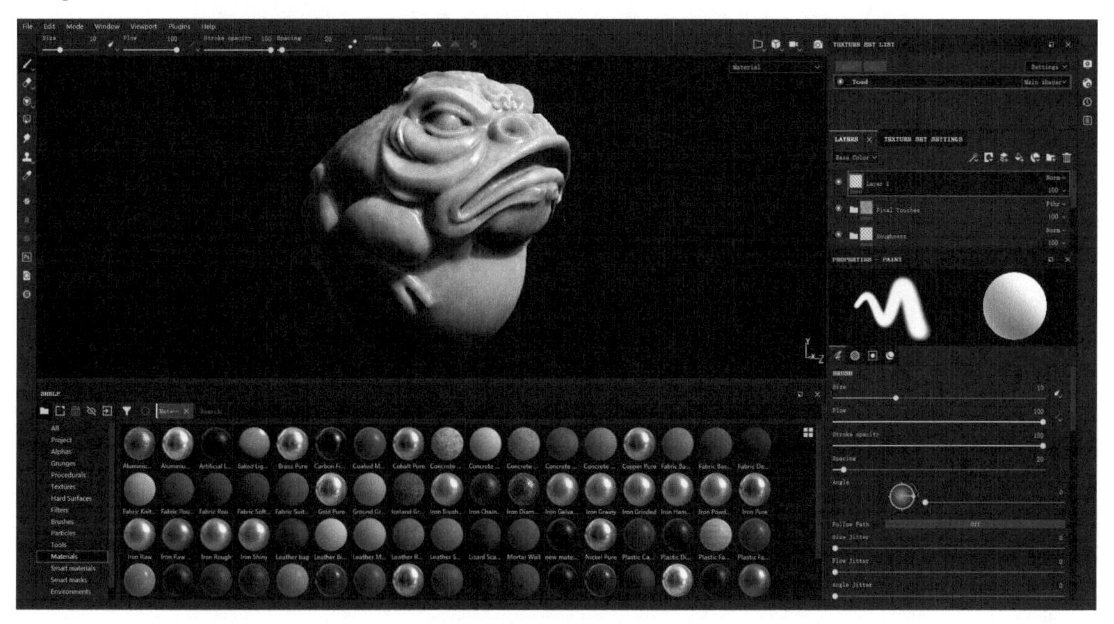

Substance Painter 2018 主界面

Substance Painter 确切地说是一款 PBR 贴图绘制工具，区别于 Substance Designer，其导出的产品是一系列的贴图。这两款软件处处体现了 PBR 的思想。

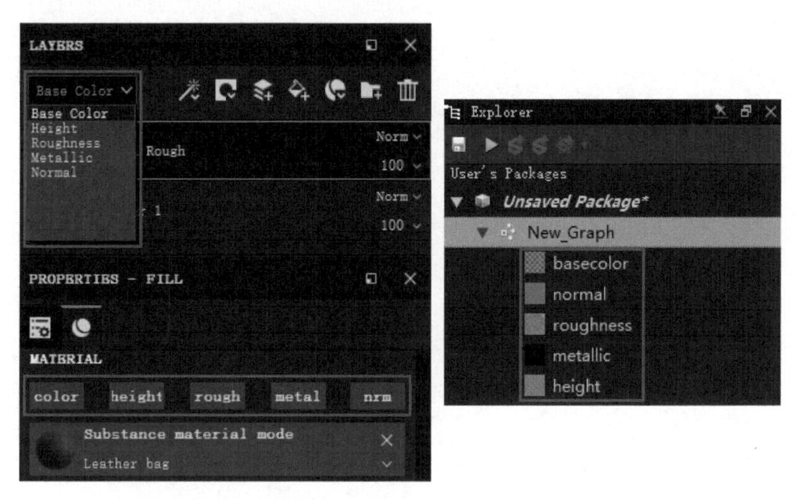

Substance Painter/Designer 无处不在的 PBR 思维

8.5.3 Quixel Suite

Quixel Suite 是一款基于 Photoshop 的 PBR 材质构建工具，以插件的形式存在。Quixel 旗下的扫描材质库——Quixel Megascans，被应用在 Unity 2018 演示项目 Book of the Death 中。

Quixel Megascans

8.5.4 Marmoset Toolbag

Marmoset Toolbag 是一款功能齐全的实时渲染和材质制作软件，拥有简单易用的功能，使设计师能够实时查看制作的 3D 模型。Marmoset Toolbag 可与其他 CG 软件无缝协作，如 Substance Painter、Quixel、MARI、3D-Coat 和 Unity 等。

Marmoset Toolbag 软件界面

8.6 制作 PBR 椅子材质

8.6.1　在 Substance Painter 中制作贴图

家具是 VR 房地产项目中的基本元素，本节我们将以一个皮质沙发椅为例，使用 Substance Painter 制作该模型的 PBR 材质。模型最终在场景中的呈现效果如下图所示，读者可以在随书资源中找到本节使用的素材。

模型和材质在 Unity 中的效果

在本实例中，已经通过重拓扑操作得到了一个低面数模型，并且结合高模烘焙出了法线贴图，我们将使用低模结合法线贴图的方式来制作椅子各部位的材质。

本实例使用 Substance Painter 制作，操作步骤如下。

1. 打开 Substance Painter，新建项目，单击 Select...按钮，选择资源中的 Chair.fbx 文件，单击 Add 按钮，将资源中的法线贴图导入，单击 OK 按钮，完成新建项目。

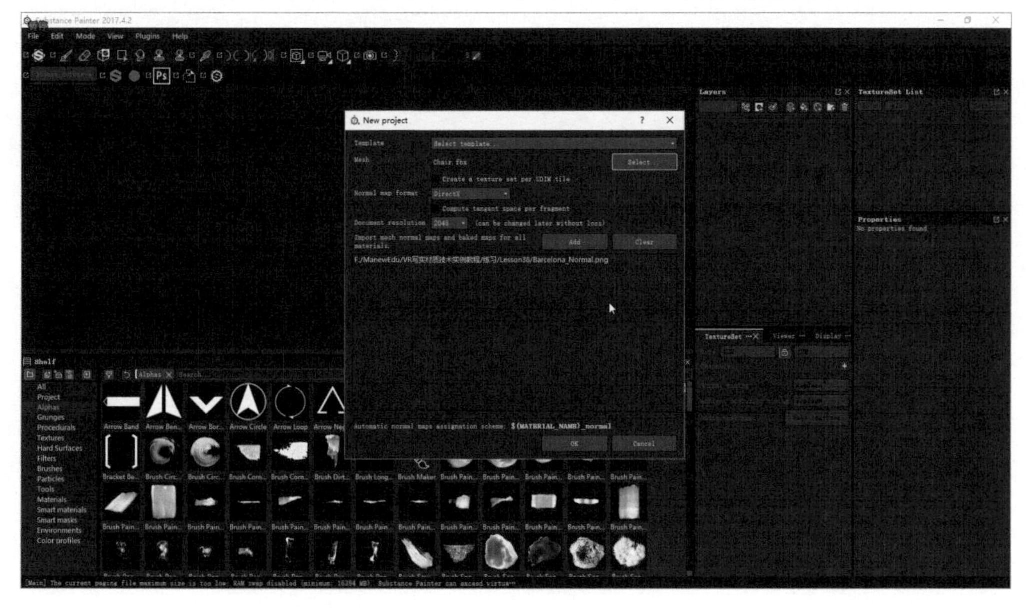

新建项目

2. 在 TextureSet Setting 面板中，单击 Select Normal map 按钮，在弹出的列表中，选择之前导入的法线贴图。

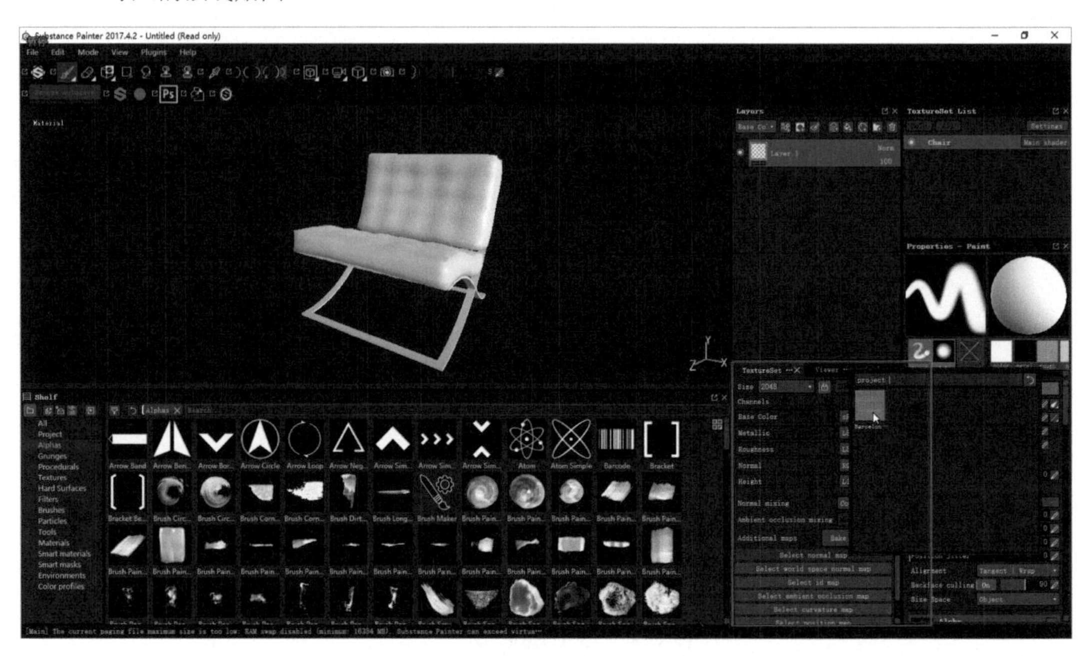

选择法线贴图

3. 在材质的制作过程中，有时会用到一些依赖附加贴图（Additional Map）进行构建智能材质(Smart Material)或智能遮罩(Smart Mask)，所以需要进行附加贴图的烘焙。在 TextureSet Setting 面板中，单击 Bake textures 按钮。在烘焙对话框中，取消 Normal 和 ID 的勾选，因为之前已经准备好了法线贴图，此处便没有必要再次进行制作。

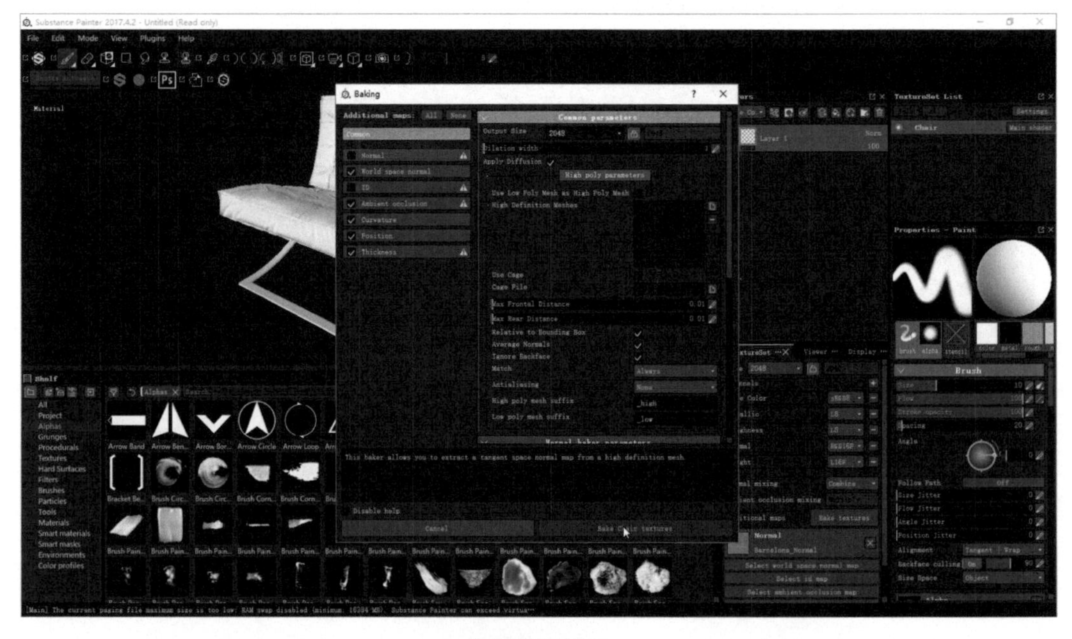

烘焙附加贴图

4. 通过观察，模型有三处不同的材质表现，分别是皮质材质、金属材质、布料材质。考虑到性能，在模型制作过程中，只给定了一个 TextureSet，即模型只有一个逻辑上的区域划分。在这种情况下，一般使用遮罩来划分不同的材质区域。在图层（Layer）面板上，单击文件夹按钮，新建三个文件夹，由上到下分别命名为 Body、Base、Back，其中 Body 为沙发椅的主体，使用皮质材质；Base 为沙发椅的支撑架，使用金属材质；Back 为模型背面的绷带，使用布料材质。

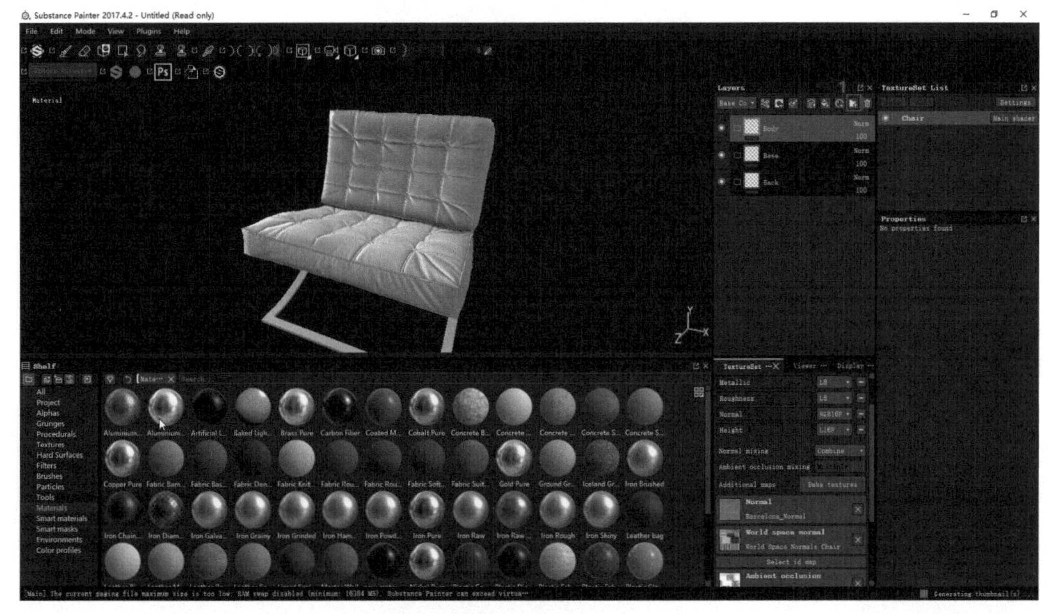

新建文件夹并命名

5. 以 Body 文件夹为例，在 Shelf 面板中，任意选择一个材质，拖动到 Body 文件夹下（此处选择 Concrete Clean），在材质的属性面板上，设置一个相对明显的材质颜色，方便进行识别。

设置材质颜色

6. 右击 Body 文件夹，在弹出菜单中执行 Add black mask 命令，添加一个纯黑遮罩。

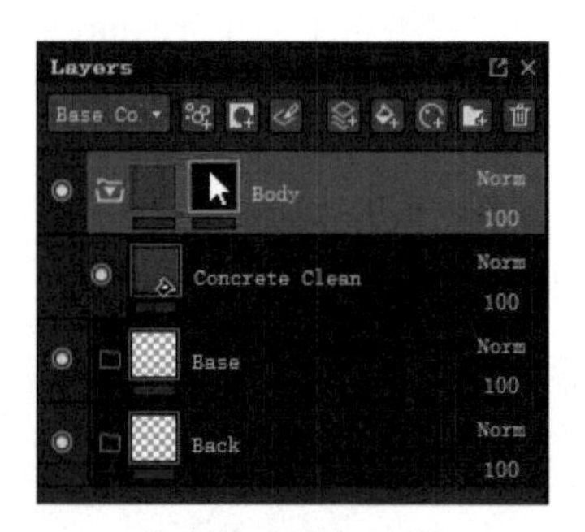

为文件夹添加遮罩

7. 选择添加的遮罩，在工具面板上，选择 Polygon Fill 工具，进行显示区域的选择，如下图中 1 处所示。然后在其属性面板中选择 UV，以 UV 为单位进行区域的选择，如下图中 2 处所示。同时保证 Color 属性的颜色为白色，即选中的区域为显示内容的区域，黑色则相反。

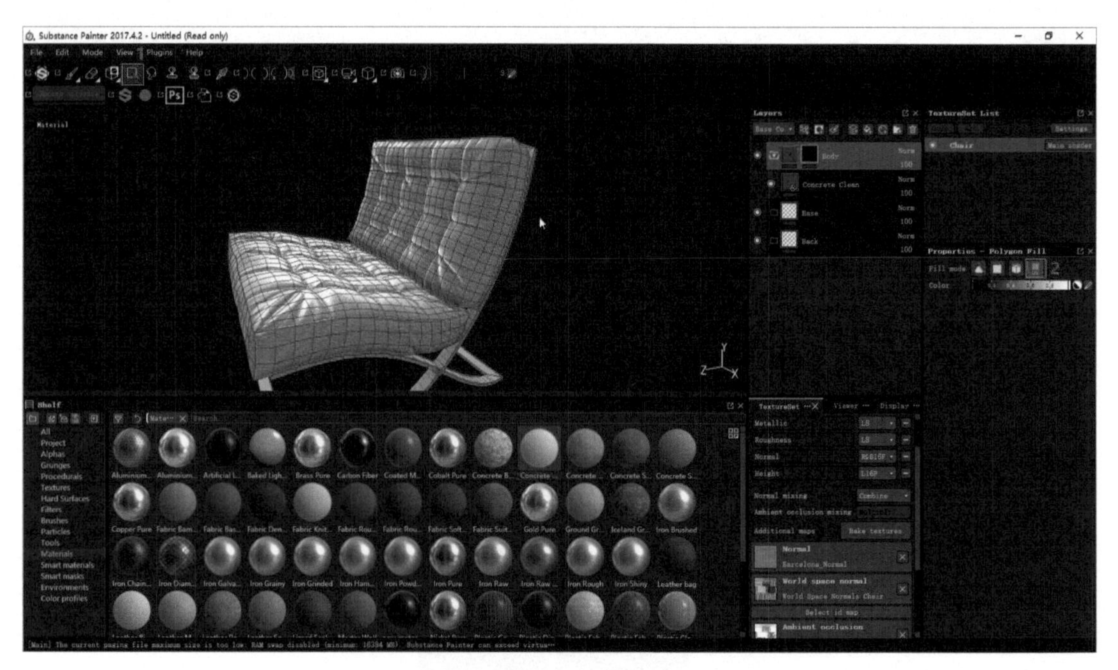

使用 Polygon 工具

8. 此时在场景中，对于要应用皮质材质的 Body 区域进行选择，单击模型上相应的区域，在 Body 文件夹下的材质会逐渐以 UV 为单位显示出来。选择区域的过程便是构建遮罩的过程，构建遮罩完毕之后，将 Body 文件夹下的 Concrete Clean 材质删除。
9. 使用相同的操作构建 Base 和 Back 的遮罩。

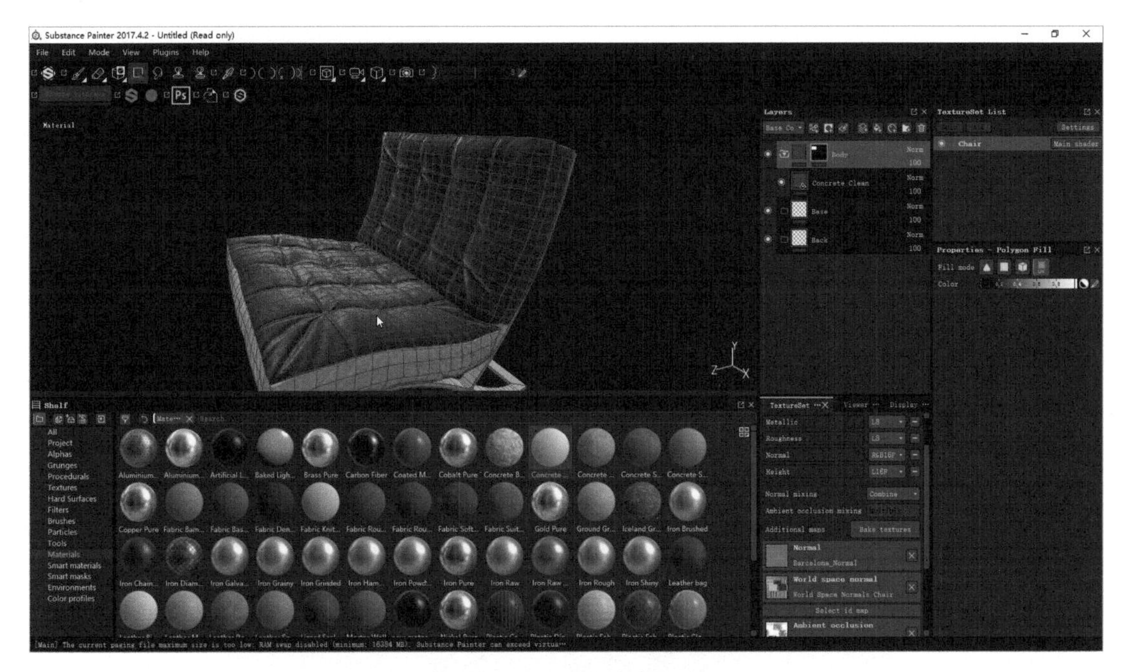

使用 Polygon Fill 构建遮罩

10. 构建遮罩完毕之后，即可分别在划定的区域内进行材质的制作。首先对沙发主体赋予一个皮质材质。在 Shelf 面板的 Smart Material 分类下，找到 Leather Sofa 智能材质，将其拖动到 Body 文件夹下。在 Viewer Setting 面板中，调节环境贴图的参数，以便在场景中进行材质的查看。

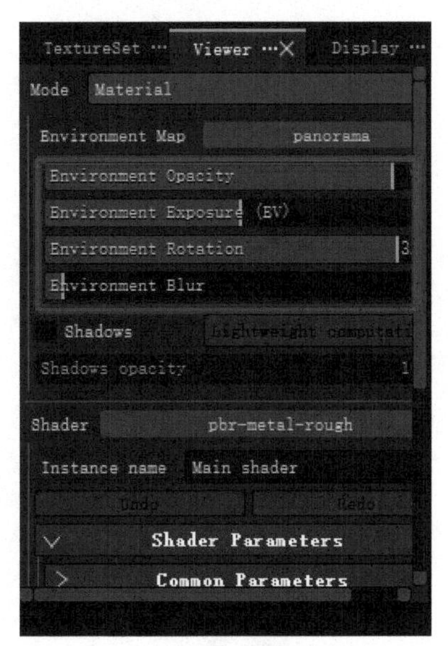

调节视口参数

11. 单击 Leather Sofa 智能材质图层左侧的箭头，将材质图层展开并查看。智能材质是一系列材质图层的堆叠，其中包含填充图层（File Layer）、绘制图层（Paint Layer）以及应用于这些图层的遮罩。不同的图层完成不同的材质表现，可以通过单击各图层左侧的按

智能材质 Leather Sofa 的材质组织结构

钮开启/关闭该图层，以及查看图层属性面板的参数设置，即可得知该图层在整个材质表现中的角色。

12. 在 Leather Sofa 材质图层列表选择 Leather 图层，调整法线强度，如下图中 1 处所示；调整 Roughness 强度，如下图中 2 处所示；同时取消 color 通道（颜色由 Leather Color 提供），如下图中 3 处所示。

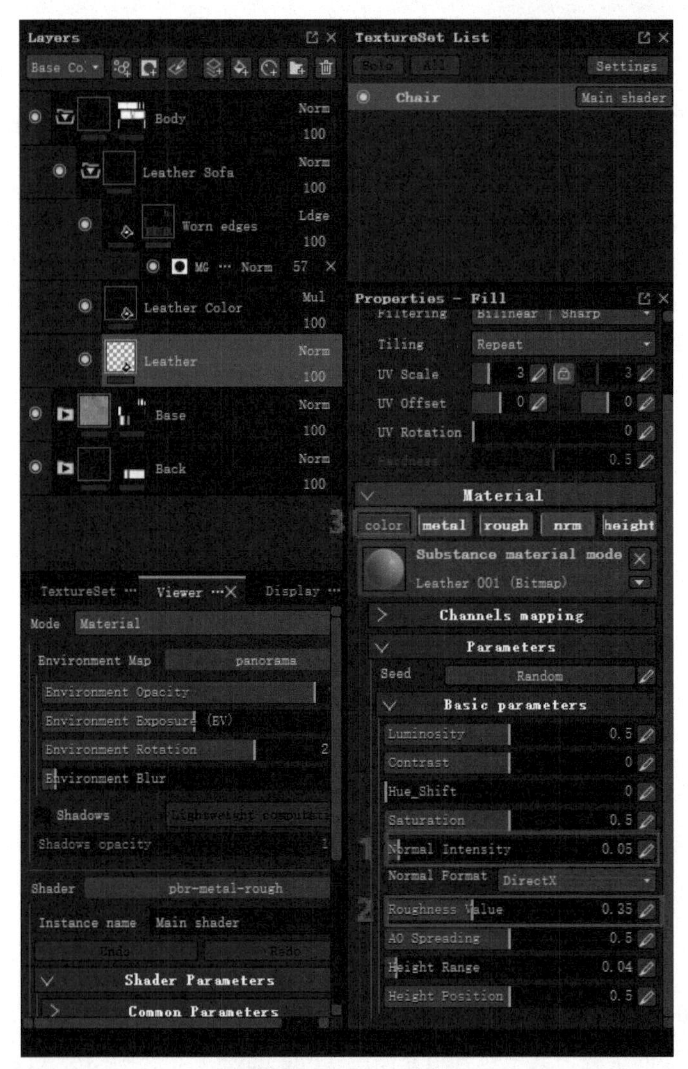

调整 Leather 图层参数

选择 Leather Color 图层，在属性面板中的 Material 栏中选择咖啡色，作为该材质的主色调。

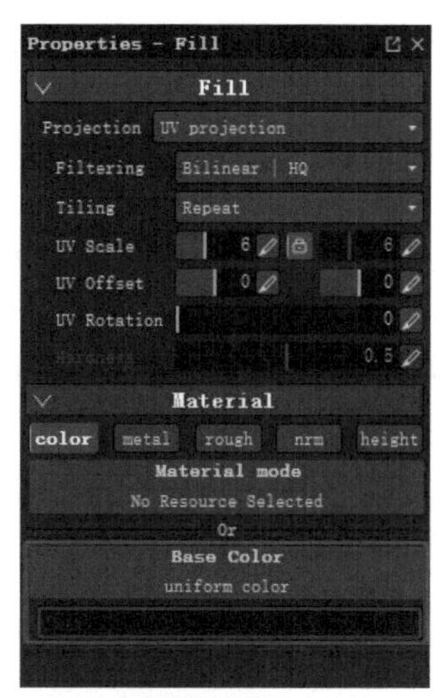

设定皮质材质的主色调

13. 接下来制作金属支架的材质。在 Shelf 面板中的 Smart Material 分类下，选择 Silver Armor 智能材质，将其拖动到 Base 文件夹下。同样可以对该智能材质下的材质图层进行调整，这里我们使用默认参数设置即可。
14. 最后制作沙发椅背面的绷带材质。还是在 Shelf 面板中选择一个智能材质——Fabric Burlap，将其拖动到 Back 文件夹下。调整材质的主色调，使其颜色更深一些。

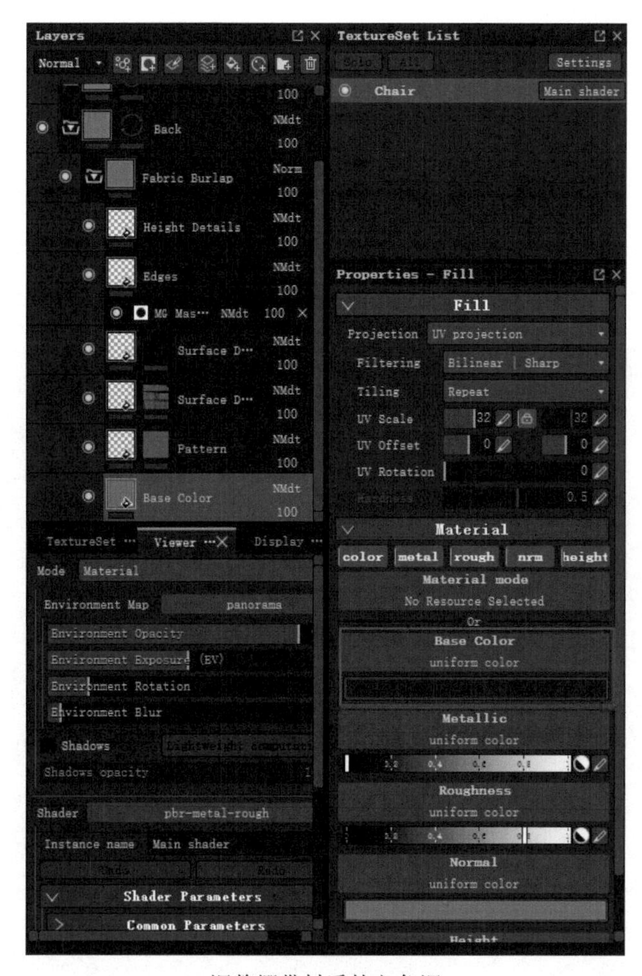

调整绷带材质的主色调

至此，在 Substance Painter 中关于沙发椅的材质便制作完毕，最终效果如下图所示。

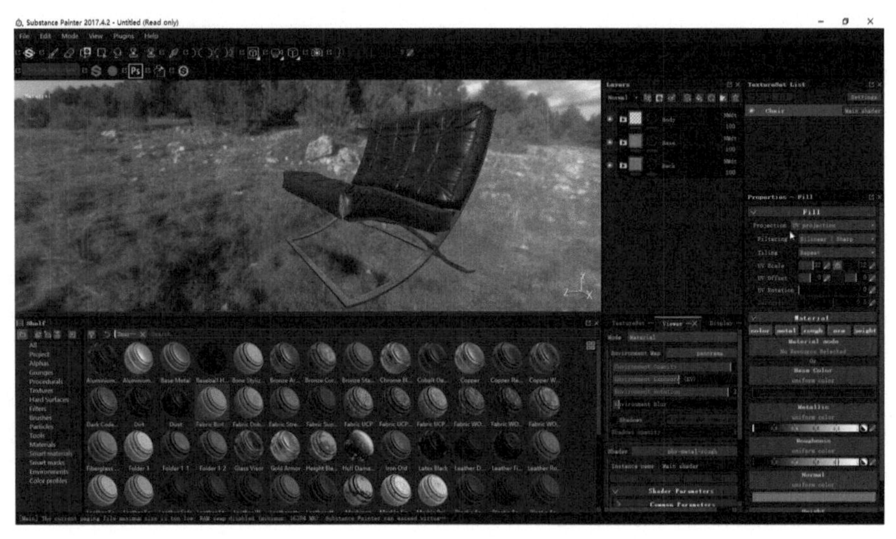

材质最终效果

8.6.2 导出贴图到 Unity

制作完毕的材质，需要将材质贴图导出，然后导入到 Unity 中，赋予场景中的模型，操作步骤如下。

1. 在 Substance Painter 中，执行 File→Export Textures...命令，打开导出贴图对话框。选择导出贴图的位置，在 Config 栏中选择 Unity 5（Standard Metallic）预设。

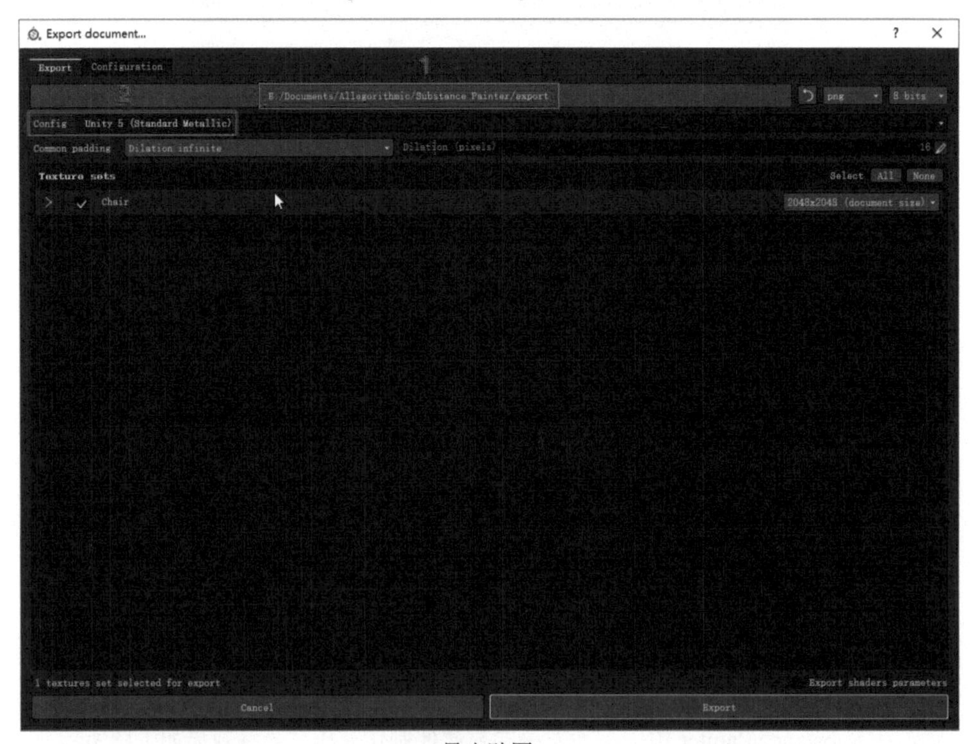

导出贴图

2. 单击 Configuration 标签页，选择 Unity 5（Standard Metallic）预设，确保在$textureSet_MetallicSmoothness 一栏中包含转换的 Glossiness 信息，因为 Unity 的 Standard Shader 使用 Glossiness 信息来表现物体表面光滑度信息。

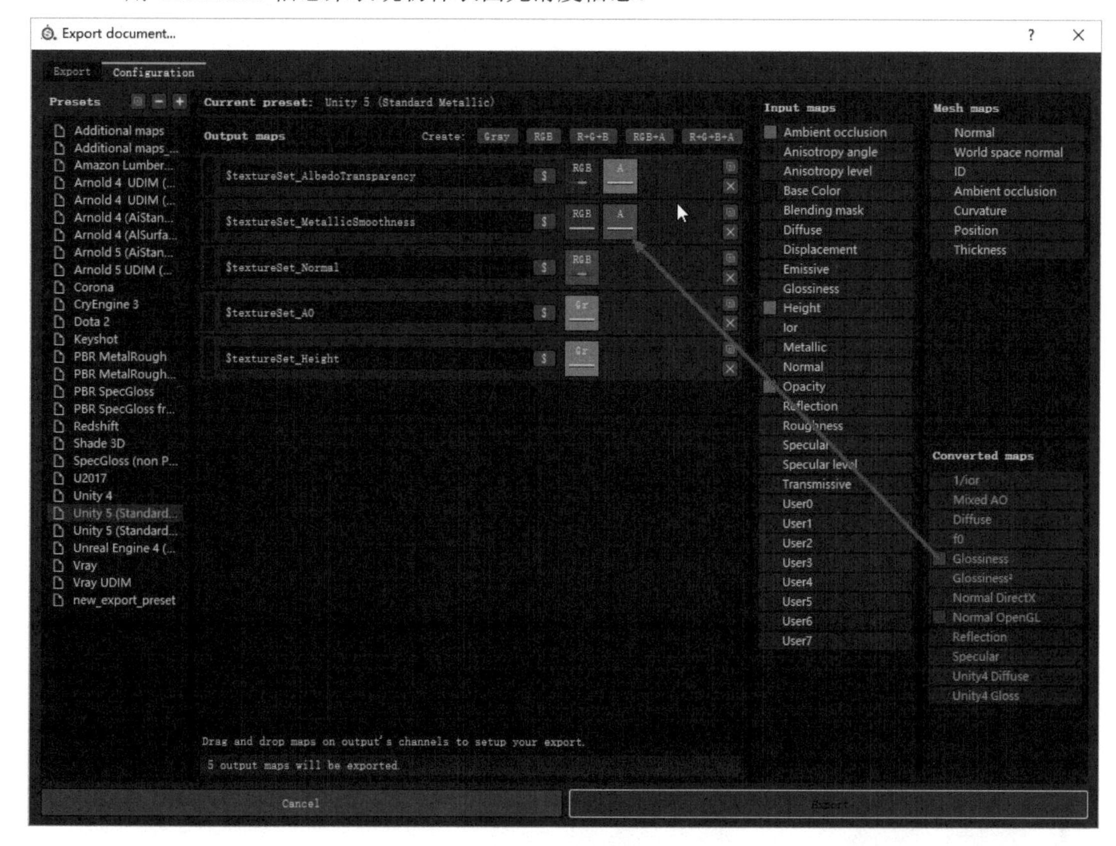

配置导出的预设

3. 配置完毕以后，返回 Export 标签页，单击 Export 按钮，制作的贴图即被导出到指定的存储位置。

4. 返回 Unity，将模型 Chair.fbx 拖入场景中，调整其位置和旋转角度。在 Project 面板中新建一个材质球，命名为 Chair，赋予模型。

5. 将导出的贴图拖动到 Unity 编辑器的 Project 面板中，选择 Chair 材质，将贴图分别赋予材质所对应的物理通道。需要注意的是，法线贴图在导入后默认是普通贴图，需要在其属性面板中手动转换为法线贴图格式，或者在赋予材质的法线贴图通道后，在弹出的提示信息中单击 Fixed Now 按钮进行转换。

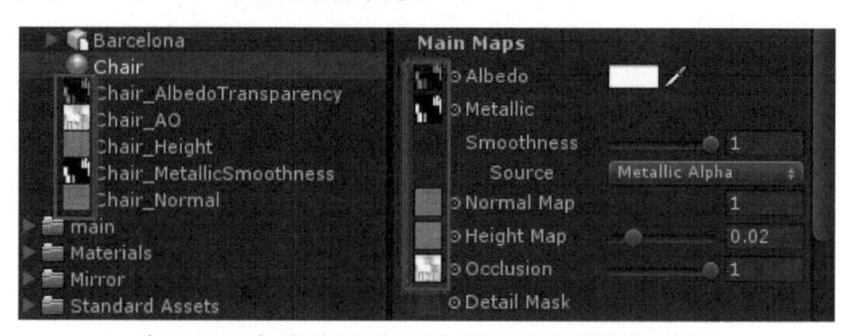

在 Unity 中将贴图赋予材质所对应的物理通道

8.7 Substance in Unity 的使用

对于使用 Substance Designer 制作的程序材质，即 Substance 材质，在 Unity 2017 版本中尚能被内置支持，但是当导入材质以后，会展示一条警告信息。在 Unity 2018 及其以后的版本中，将不再内置支持 Substance 材质，用户需要借助插件来使其正常呈现。

在 Unity 2017 中关于 Substance 材质的警告信息

Substance in Unity 是 ALLEGORITHMIC 官方推出的针对在 Unity 中使用其产品的插件，不仅能够使 Unity 支持 Substance 材质，还集成了另外两个关于产品和服务的功能，包括在 Unity 中直接使用 Substance Source 材质库，以及实现 Unity 与 Substance Painter 工作流程无缝衔接的 Live Link 功能。

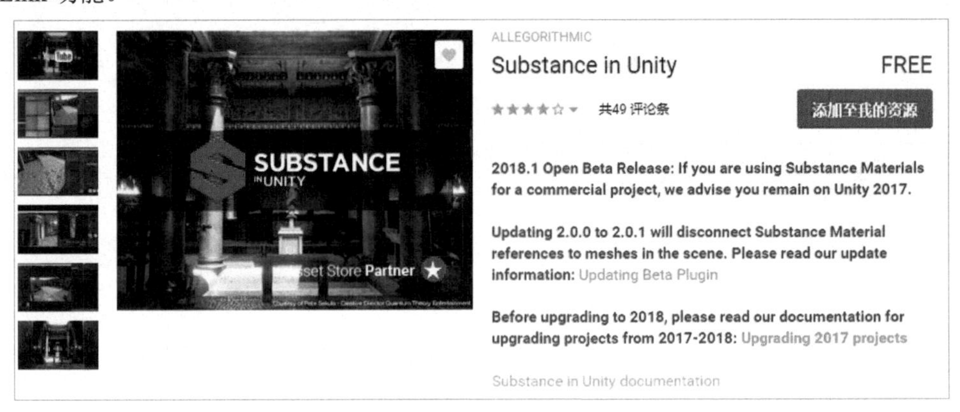

Substance in Unity

在 Unity Asset Store 搜索 Substance in Unity 即可找到该插件。本节我们以 Unity 2018 为例，将插件导入项目以后，Substance 材质便能正常显示，若之前导入的材质不能显示，可尝试使用 Reimport 命令将材质重新导入。导入的材质文件在 Project 面板中以下图所示的结构显示。

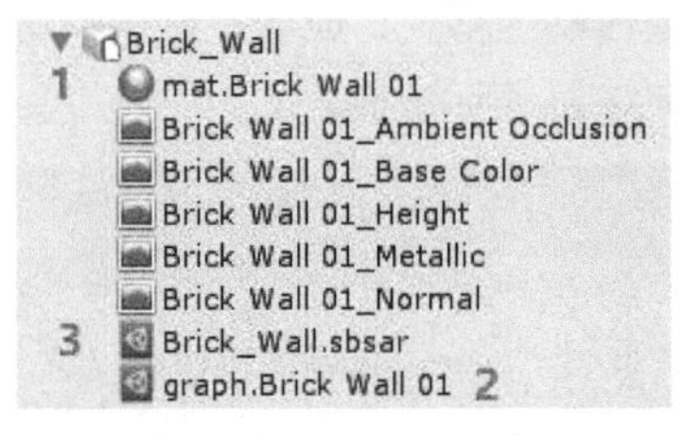

Substance 材质在 Project 面板中的结构

在文件的主节点下，主要包含三个关于材质的对象：上图中 1 处所示，通常为一个或多个材质球，可直接应用到场景中的游戏对象上，参数为选定 Shader 对应的属性；在上图中 2 处，是一个以 graph 为前缀的对象，用于对 Substance 材质相关的参数进行调节；在上图中 3 处，是一个以“sbsar”为后缀的对象，用于对材质球进行管理，每新建一个材质副本，都会对应生成一个材质球、一个 graph 对象，以及一套由 Substance 引擎生成的通道纹理，用户可根据 Substance 材质暴露的参数在不同的 graph 对象中调节出不同的材质表现，如下图所示。由此可见，与早期内置支持的材质结构相比，插件对材质文件进行了拆分管理。

使用了同一个材质文件而不同 graph 参数的两个游戏对象

Substance in Unity 插件集成了 Substance Source 服务，该服务是一个在线的 Substance 材质库，提供了 1000 多种高品质的 PBR 材质，用户可在 Unity 中选择订阅服务提供的材质，直接应用于自己的项目。

插件导入以后，会在菜单栏上出现 Substance 菜单，目前版本只有一个 Substance Source 菜单项，选择该命令，打开 Source 窗口。

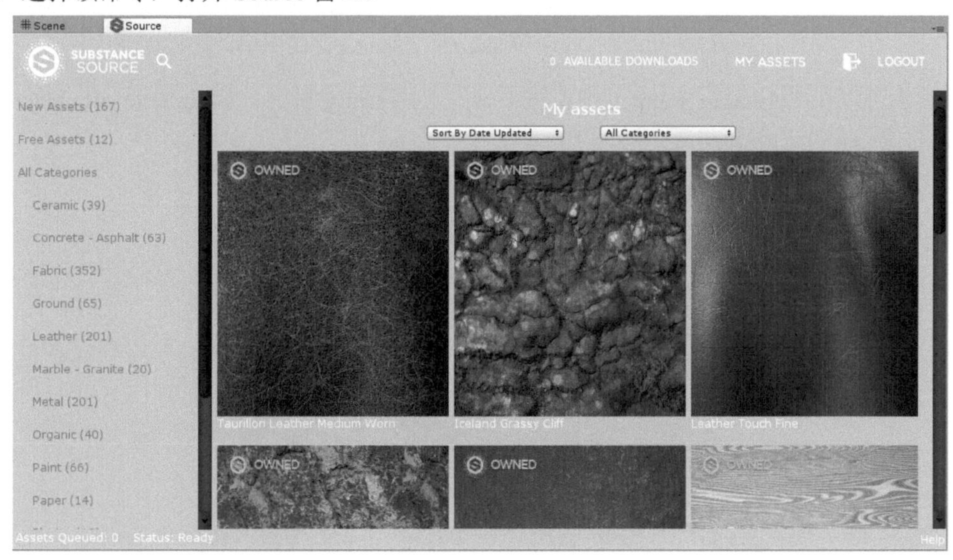

Source 窗口

由于 Source 服务基于订阅模式，所以需要使用 Allegorithmic 账户登录，对于已经购买的材质或免费材质，可直接选择下载，插件将在 Project 面板中新建一个 Materials 目录，用于存放下载的 Substance 材质，用户可直接将材质拖动到场景中，应用到相应的模型上。

对于 Substance Painter，Substance in Unity 提供了 Live Link 功能，使两个工具之间的工作流程更加高效。

在使用 Live Link 功能之前，需要保证 Substance Painter 为打开状态。在 Unity 中选择场景中的模型，在菜单栏执行 GameObject→Send to Substance Painter 命令，此时在 Substance Painter 中会新建一个关于当前模型的项目。

在 Substance Painter 中对材质纹理做的每一次修改都会自动更新到 Unity 编辑器中，由于两个软件中的光照环境不同，所以材质表现略有不同。

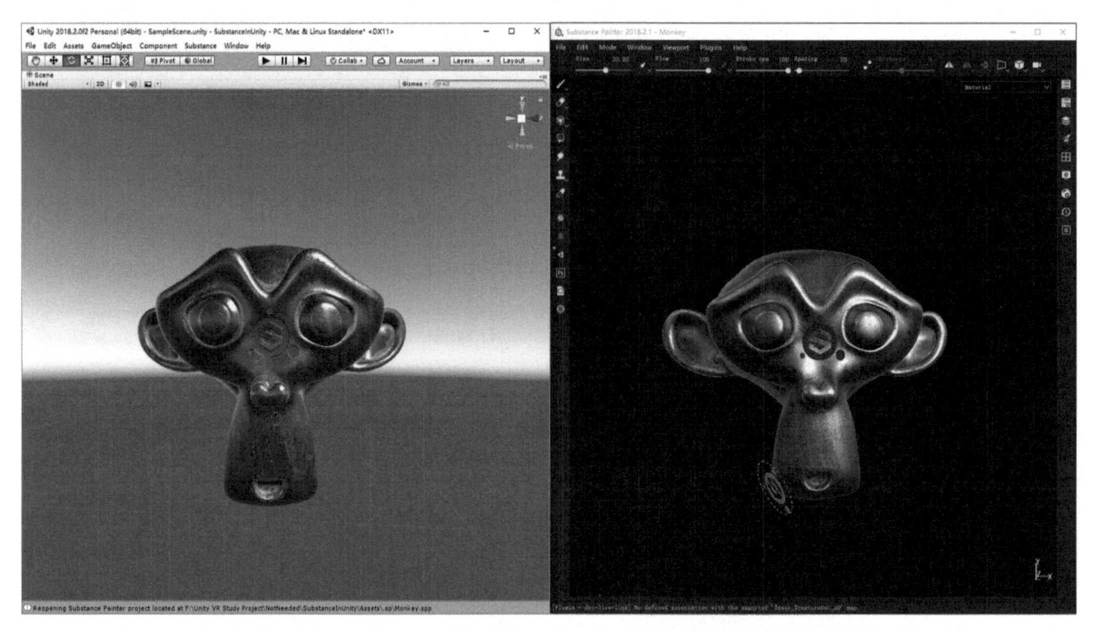

使用 Live Link 功能在 Unity 和 Substance Painter 之间制作材质纹理

用户也可以在 Substance Painter 中单击工具栏上的 Unity 按钮，执行 Send all materials to Integration 命令，手动更新材质。

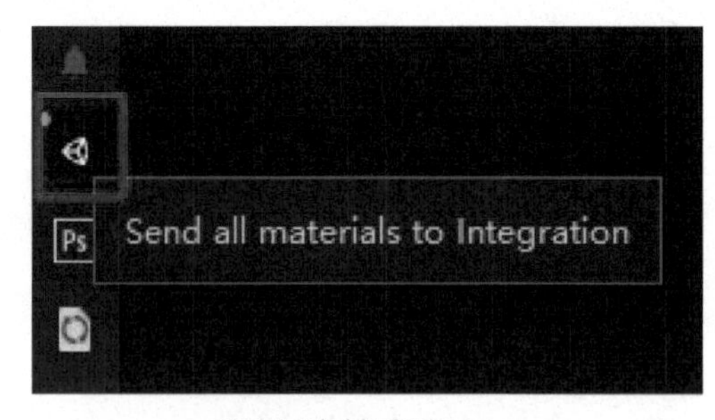

手动同步材质到 Unity

另外，Unity 编辑器内置了 PBR 材质查看工具——Look Dev，在菜单栏执行 Window→Experimental→Look Dev 命令，打开 Look Dev 窗口，将待查看的预制体拖动到窗口中。

Look Dev 工具

要在 Unity 2018 中使用 Substance API，需要引用命名空间 Substance.Game，然后获得 Substance Graph 对象的引用，根据要修改参数的类型，选择相应的方法，最后将 Substance Graph 对象添加到渲染队列，代码如下所示。

```
using UnityEngine;
using Substance.Game;

public class SubstanceExample : MonoBehaviour
{
    public Substance.Game.SubstanceGraph mySubstance;

    void Start()
    {
        UpdateSubstane();
    }

    private void UpdateSubstane()
    {
        // 修改数值类型为 Int 的变量 Planks X Amount
        mySubstance.SetInputInt("Planks X Amount", 5);
        // 修改数值类型为 Float 的变量 Color
        mySubstance.SetInputFloat("Color", 0.3f);
        // 添加到渲染队列
        mySubstance.QueueForRender();
    }
}
```

需要注意的是，在 Unity 2018 中，Substance API 目前只支持 x86_64 架构，可在 Build Settings 中设置。

选择目标平台应用 x86_64 架构

第 9 章　SteamVR

9.1 SteamVR 简介

SteamVR 是由 Valve 公司推出的一套 VR 软硬件解决方案，由 Valve 提供软件支持和硬件标准，授权技术给硬件生产伙伴，其中包括 HTC VIVE、OSVR、微软 Windows MR 等。

我们谈到 SteamVR，在不同的情境下，所指代的对象不同。当运行一个 VR 程序时，需要打开 SteamVR。进行房型设置、硬件配对时，这里指的是 SteamVR Runtime（SteamVR 运行时）；如果在使用 Unity 进行 VR 内容开发时，需要导入 SteamVR，这里所指的是 SteamVR Plugin。

9.1.1 SteamVR Runtime

SteamVR Runtime（即 SteamVR 运行时）也称作 SteamVR 客户端，用于管理连接到系统的 VR 设备。

SteamVR Runtime

SteamVR 运行时主要提供如房型设置、配对控制器、性能检测、显示器映射等功能，右击软件界面空白处或单击左上角的下拉按钮即可显示这些命令。SteamVR 运行时还提供设备的状态指示，在运行时窗口底部显示当前连接到系统的设备，通过不同的图标状态，指示相应设备的连接状态。其中，灰色为该设备尚未开启；绿色为该设备运行正常。若图标右下角带有叹号，表明该设备需要更新固件，此时使用 USB 线缆连接至电脑，右击该图标，选择更新固件命令，按照提示信息进行升级即可。

9.1.2 SteamVR Plugin

SteamVR Plugin 是针对 Unity 的 SteamVR 开发工具包，以插件的形式存在，可以从 Unity Asset Store 中进行下载，导入到 Unity 项目中。该插件是开发基于 SteamVR 应用程序的必备工具，包括附带的交互开发工具 Interaction System，以及第三方开发的 VRTK，都是基于该工具包延伸而来的。

将 SteamVR Plugin 导入项目后，会弹出下图所示的窗口，列出了当前编辑器的项目设置，以及 SteamVR 推荐的配置，包括将色彩空间设置为 Linear、设置应用程序窗体等。在一般情况下，选择使用推荐配置即可，然后单击 Accept All 按钮。

SteamVR 设置

SteamVR Plugin 中最为核心的模块是预制体[CameraRig]，在 Project 面板中的 SteamVR/Prefabs 路径下，将它拖动到 Hierarchy 面板中。

在顶层节点上，即[CameraRig]本身，挂载了 SteamVR_Controller Manager 控制器管理组件，用于管理所有控制器。若系统包含其他控制器，比如 VIVE Tracker，可扩展该组件的 Objects 数组进行管理。

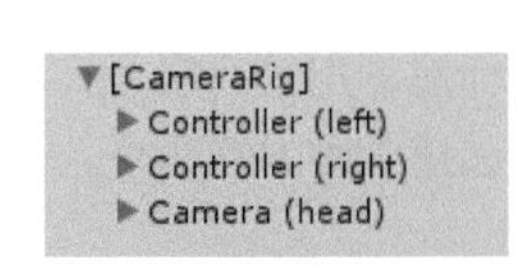

预制体结构

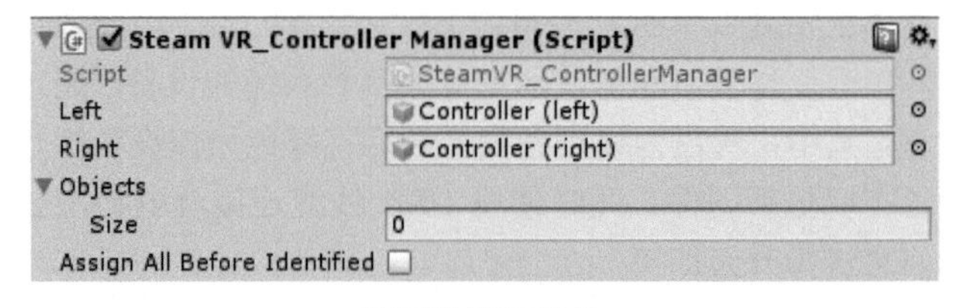

控制器管理组件

另外还挂载了 SteamVR_Play Area 组件，在场景编辑状态下，以蓝色边框显示，用于标识游玩区域，确定玩家的初始位置。

在[CameraRig]下，Controller（left）和 Controller（right）是两个实现相同功能的子物体，分别对应 VR 设备的左右控制器。在程序运行时，若控制器被打开或跟踪到，两者的子物体 Model 将渲染出控制器的模型，并且位置与现实世界中的控制器实时对应。

Camera（head）对应头显，其下包含两个子物体——Camera（eye）和 Camera（ears），用于呈现 VR 场景中的内容和声音。在该游戏对象中包含了 Unity 组件 Camera 和 Audio Listener，所以在一般情况下，在 VR 项目中，需要删除新建场景时的游戏对象 Main Camera。

9.1.3 获取控制器引用及按键输入

我们以 HTC VIVE 控制器为例，其按键如下图所示。

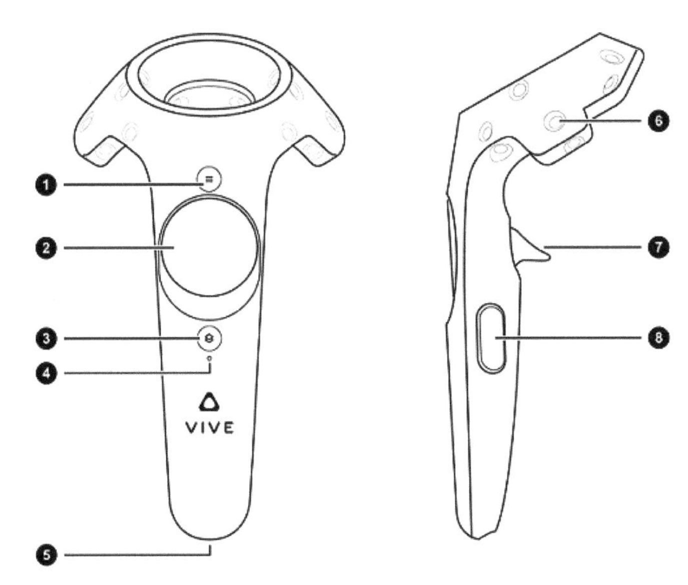

HTC VIVE 控制器按键

在 SteamVR Plugin 架构中，所有可被跟踪的物体均被标为 SteamVR_TrackedObject，包括头显、控制器，以及跟踪器 VIVE Tracker。在程序运行时被动态分配一个索引号，其中头显分配的索引为 HMD，其他设备均被分配为 Device *n*。

右手控制器被分配 Index 为 Device 1

要获取控制器的引用，需要根据此序号使用 `SteamVR_Controller.Input()` 方法进行转换，返回类型为 `SteamVR_Controller.Device`，然后根据该类提供的方法，获取各按键的不同事件，如按下、松开等。

按键的键值通过 `SteamVR_Controller.ButtonMask` 类进行访问，若不使用其他开发工具包，在 SteamVR Plugin 中，一般在 `Update()` 方法中持续监测控制器的按键状态，类似于在 PC 平台获取鼠标事件。以下代码演示了如何获取控制器，以及按下和松开控制器 Trigger 键的处理方法。

```
using UnityEngine;
```

```
public class GetControllerInput : MonoBehaviour
{
    SteamVR_TrackedObject trackedObject;

    void Start()
    {
        trackedObject = GetComponent<SteamVR_TrackedObject>();
    }

    void Update()
    {
        if (trackedObject == null)
            return;

        int index = (int)trackedObject.index;
        SteamVR_Controller.Device device = SteamVR_Controller.Input(index);

        if (device.GetPressDown(SteamVR_Controller.ButtonMask.Trigger))
        {
            Debug.Log("Trigger 键按下");
        }
        else if (device.GetPressUp(SteamVR_Controller.ButtonMask.Trigger))
        {
            Debug.Log("Trigger 键松开");
        }
    }
}
```

保存脚本，返回 Unity 编辑器，将脚本挂载到[CameraRig]下的两个子物体 Controller（right）和 Controller（left）上即可获取相应的按键事件。

9.2 使用 SteamVR Plugin 实现与物体的交互

在 VR 中，与物体常见的交互方式为接触和抓取，本节我们将使用 SteamVR Plugin 实现这些交互方式。

1. 新建项目，命名为 InteractWithObject，删除场景中的 Main Camera，保存场景，命名为 Main。
2. 导入 SteamVR Plugin，在 Project 面板中的 SteamVR/Prefabs 路径下，将预制体[CameraRig]拖动到场景中，重置位置。
3. 新建一个 Plane，命名为 Floor，作为地面。
4. 在随书资源中，将素材包 InteractableObject.unitypackage 导入项目中，在 Model 目录下，将预制体 PreviewSphere 拖动到场景中。
5. 所有的交互都基于碰撞，所以对于从外部导入的模型资源，首先需要为它们添加合适的碰撞体。选择的碰撞体类型尽量符合模型外观，避免出现不必要的感应区域。对于比较复杂的模型，考虑到性能，尽量不要使用 Mesh Collider，可在游戏对象上添加多个简易 Collider，如 Box Collider，勾勒出物体轮廓即可。此处为 PreviewSphere 添加 Sphere Collider 组件，调整碰撞体半径，参考值 Radius 设为 0.21。按下 Ctrl+D 组合键，创建 PreviewSphere 的副本，命名为 PreviewSphere2。
6. 同时选择 PreviewSphere 和 PreviewSphere2，为其添加 Rigidbody 组件，当它们被释放后，受重力影响自由下落。

7. 对于控制器，也添加相应的碰撞器。选择[CameraRig]下的两个子物体 Controller（left）和 Controller（right），添加 Sphere Collider 组件，勾选 Is Trigger 属性，用于发送 OnTriggerEnter 和 OnTriggerExit 事件。设置碰撞体半径 Radius 为 0.04，位置 Center 为（0,-0.03,0.015），基本覆盖传感器范围。

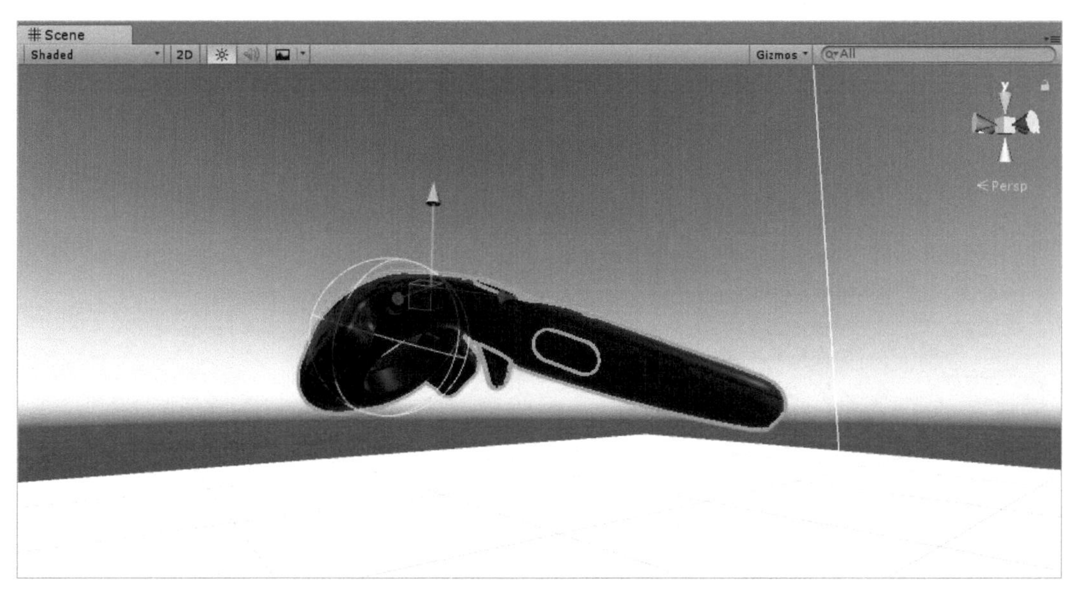

控制器碰撞体感应范围

8. 新建 C#脚本，命名为 InteractWithObject.cs，编写代码如下。

```
using UnityEngine;

public class InteractWithObject : MonoBehaviour
{
    // 定义 Tag 字符串以进行比对
    private string tagStr = "InteractableObject";
    // Trigger 键的键值
    private ulong triggerButton = SteamVR_Controller.ButtonMask.Trigger;
    // 被追踪的对象
    private SteamVR_TrackedObject trackedObject;
    // SteamVR 中的控制器
    private SteamVR_Controller.Device device;
    // 当前交互的游戏对象
    private GameObject currentGO;
    // 高亮材质
    private Color highlightColor = Color.red;
    // 是否精确抓取
    public bool precisionPick = false;

    private void Awake()
    {
        trackedObject = GetComponent<SteamVR_TrackedObject>();
    }
```

```
private void FixedUpdate()
{
    // 确保获取到 trackedObject
    if (trackedObject == null)
        return;

    // 根据被追踪对象的序号，将其转换为控制器
    device = SteamVR_Controller.Input((int)trackedObject.index);

    // 确定控制器可用，即开启，否则不进行下面的操作
    if (device == null)
        return;

    if (device.GetPressDown(triggerButton))
    {
        // 如果按下 Trigger 键，则执行抓取物体函数
        pickUpObject();
    }
    if (device.GetPressUp(triggerButton))
    {
        // 如果松开 Trigger 键，则执行释放物体函数
        dropObject();
    }
}

// 抓取物体函数
private void pickUpObject()
{
    if (currentGO != null)
    {
        // 将交互对象作为控制器的子物体
        currentGO.transform.parent = transform;

        Material mat = currentGO.GetComponentInChildren<MeshRenderer>().material;
        // 被抓取物体取消高亮
        mat.color = Color.white;

        Rigidbody rig = currentGO.GetComponent<Rigidbody>();
        // 由于被抓取的物体此时需要跟随控制器移动，
        // 故不使用重力，同时自身刚体将不受外力影响
        rig.useGravity = false;
        rig.isKinematic = true;
        // 如果不是精确位置抓取，则交互对象位置与控制器坐标对齐，即相对距离为 0
        if (!precisionPick)
            currentGO.transform.localPosition = Vector3.zero;
    }
}

// 释放物体
```

```
        private void dropObject()
        {
            if (currentGO != null)
            {
                // 交互对象不再是控制器的子物体
                currentGO.transform.parent = null;
                Rigidbody rig = currentGO.GetComponent<Rigidbody>();
                // 刚体恢复使用重力，自然下落，同时恢复动力学，
    // 使刚体受外力影响
                rig.useGravity = true;
                rig.isKinematic = false;
            }
        }

        // 处理物体进入碰撞器事件
        private void OnTriggerEnter(Collider collision)
        {
            // 比对游戏对象的 Tag，若符合逻辑则对该游戏对象进行设置
            if (collision.gameObject.tag == tagStr)
            {
                Material mat = collision.gameObject.GetComponentInChildren
<MeshRenderer>().material;
                // 给当前物体以高亮颜色
                mat.color = highlightColor;
                currentGO = collision.gameObject;
                // 触发手柄控制器振动一次
                device.TriggerHapticPulse(5000);
            }
        }

        // 处理物体离开碰撞器事件
        private void OnTriggerExit(Collider collision)
        {
            if (currentGO != null)
            {
                // 取消高亮
                Material mat = collision.gameObject.GetComponentInChildren
<MeshRenderer>().material;
                mat.color = Color.white;
                // 释放对游戏对象的引用
                currentGO = null;
            }
        }
    }
```

保存脚本，返回 Unity 编辑器。基于以上代码，只有 Tag 为 InteractableObject 的物体时才能响应控制器的交互。在 Unity 编辑器中新建 Tag，命名为 InteractableObject，并将 PreviewSphere 和 PreviewSphere2 分别指定为此 Tag。

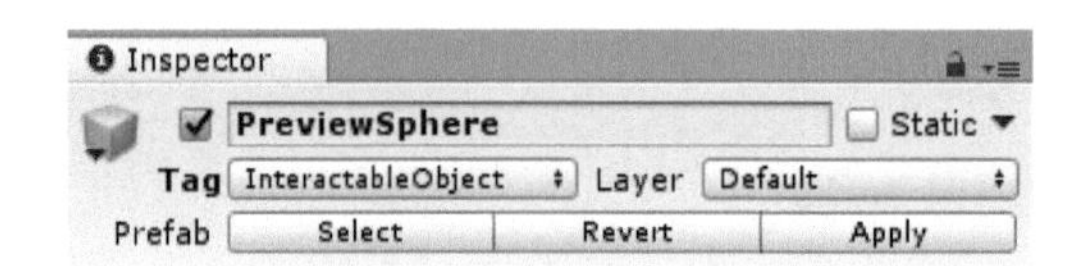

为交互对象指定 Tag

保存场景，运行程序，当任一控制器与交互对象发生接触时，被交互物体高亮显示，当不再接触时，取消高亮。需要注意的是，高亮的对象需要视模型组织结构而定，在当前实例中，材质被赋予在对象的子物体上，所以使用 `GetComponentInChildren()`方法设置材质颜色。

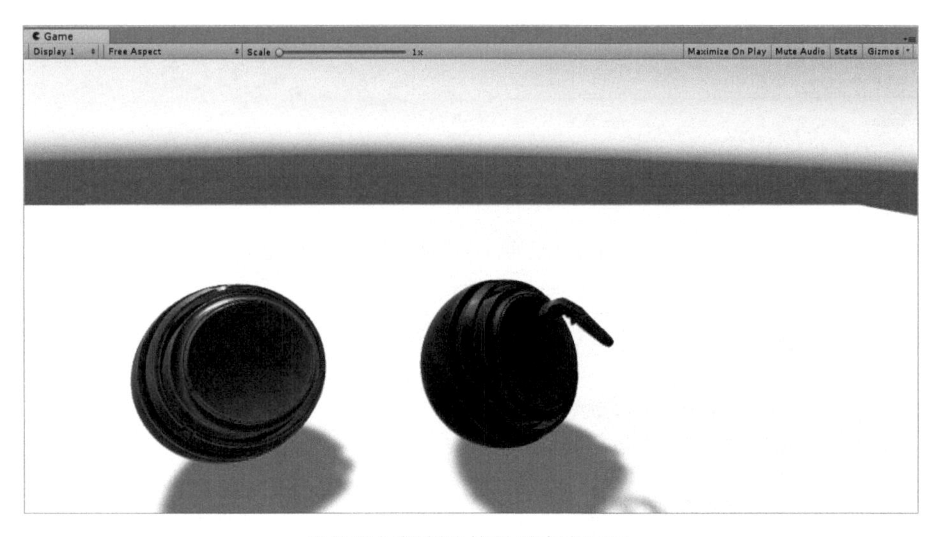

当物体与控制器接触时高亮显示

当用户按下 Trigger 键时，物体作为控制器的子物体跟随移动，实现抓取效果，当松开 Trigger 键时，物体被释放，读者可通过设置 precisionPick 属性来确定是否使用自动吸附方式抓取物体。此时 precisionPick 为 false，即控制器与物体在抓取点保持相对静止状态。

物体被控制器抓取

9.3 InteractionSystem

InteractionSystem 脱胎于 The Lab，抽取了这个应用中关于交互的关键部分，包括一系列的脚本、预制体和一些游戏资源，InteractionSystem 内置于 SteamVR Unity Plugin 中，将 SteamVR Plugin 导入 Unity 后，即可在 SteamVR 目录下找到 InteractionSystem。

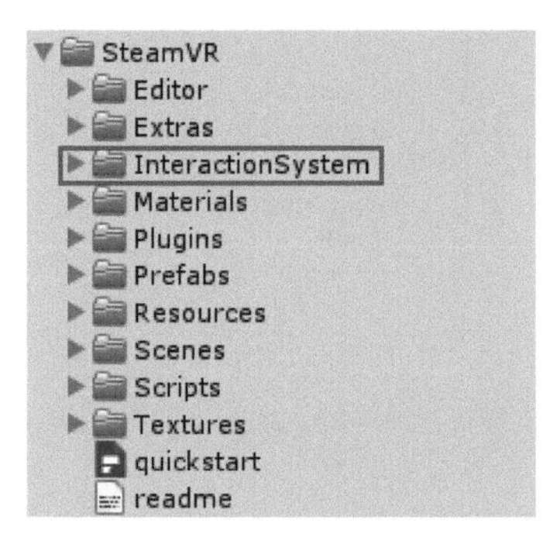

InteractionSystem 所在目录

在 SteamVR Plugin 工具包的目录 InteractionSystem/Samples/Scenes 下，提供了一个查看 InteractionSystem 各功能的示例场景 Interactions_Example，双击打开即可体验其包含的交互实例。

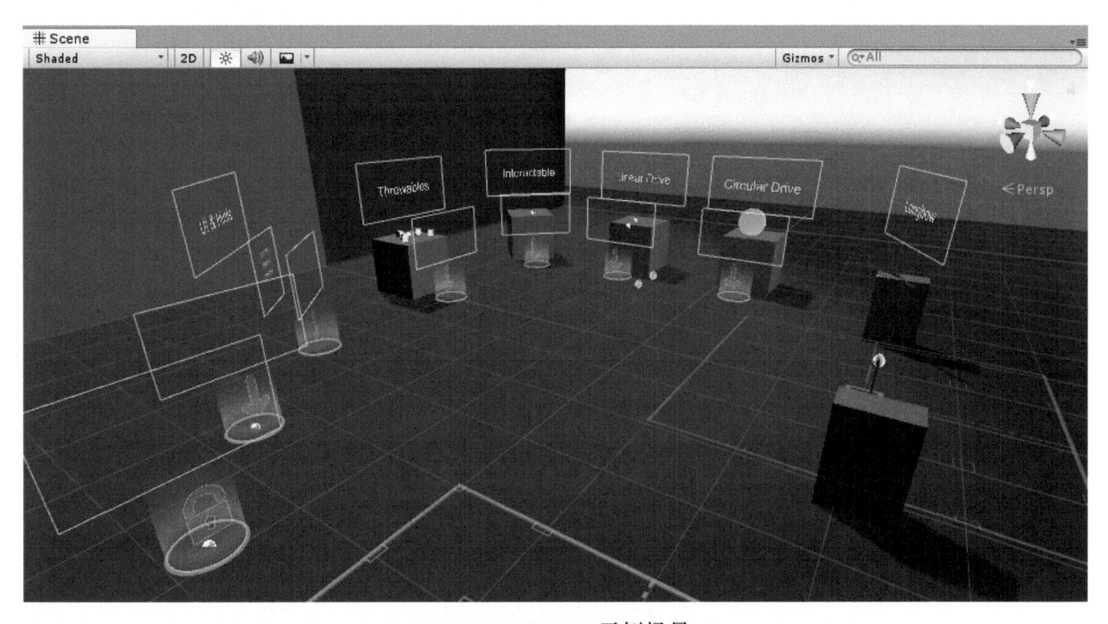

InteractionSystem 示例场景

使用 InteractionSystem 进行交互开发，需要先引入其所在的命名空间 Valve.VR.InteractionSystem。

9.3.1 InteractionSystem 核心模块

InteractionSystem 包含多个交互模块，使用这些模块可以帮助开发者快速实现 VR 应用中常见的交互方式。

Player 是 InteractionSystem 中的核心模块，以预制体的形式存在于开发包中，使用时需要将其拖动到场景中。

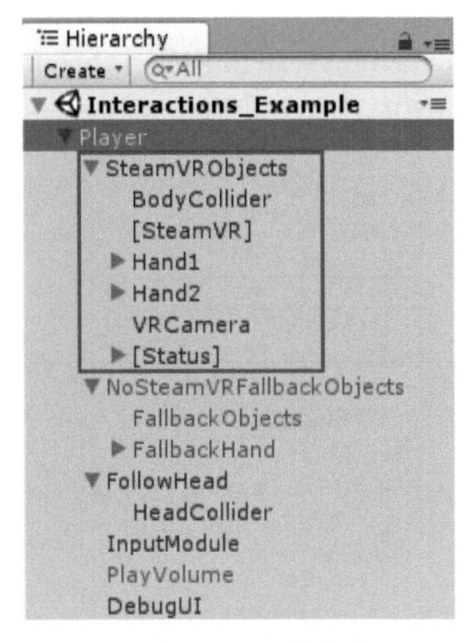

预制体 Player 的实例

该部件封装了基本的 SteamVR 对象，能够实现查看场景、发送控制器事件等功能，所以在使用 Interaction System 进行交互开发时，将不再使用 SteamVR Plugin 的[CameraRig]预制体。

Player 预制体上挂载了 Player 组件，如下图所示。

Player 组件

Hand 是实现交互的主要模块，在交互过程中检测是否与交互对象发生接触，并根据当前的接触状态向它们发送消息。在预制体 Player 下，存在 Hand1 和 Hand2，分别对应左右两个控制器，其上挂载 Hand 组件。

Interactable 类用于将物体标记为可交互对象，只有挂载了此组件的物体才可接收 Hand 发送的消息，继而根据这些消息进行相关交互逻辑的开发，比如高亮显示、缩放等。

Throwable 类用于实现 VR 交互中常见的操作，实现物体被抓取和释放的效果。该组件被挂载到交互对象以后，当控制器与交互对象发生接触时，按下 Trigger 键，当前物体可以被抓取；

松开 Trigger 键，该物体可以被释放。如果控制器以一定速度将其释放，其能够受重力影响，实现抛出的效果。

Hand (Script)	
Script	Hand
Other Hand	Hand2 (Hand)
Starting Hand Type	Any
Hover Sphere Transform	None (Transform)
Hover Sphere Radius	0.05
Hover Layer Mask	Everything
Hover Update Interval	0.1
No Steam VR Fallback Cam	None (Camera)
No Steam VR Fallback Max	10
No Steam VR Fallback Max	0.5
Controller Prefab	BlankController
Show Debug Text	
Spew Debug Text	

Hand 组件

Teleport 模块实现了传送的逻辑，在 InteractionSystem 中提供了基于区域的传送和基于位置点的传送，它们分别由 TeleportArea 和 TeleportPoint 类实现。

9.3.2 使用 InteractionSystem 实现传送

使用 InteractionSystem 可以实现与 The Lab 中相同的传送方式，传送方式分为两种，一种是在限定区域内的传送，另一种是在特定的位置点之间的传送。实现传送功能的模块存在于 InteractionSystem 工具集下的 Teleport 目录下，包括三个核心类：Teleporting、TeleportPoint、TeleportArea。其中，Teleporting 类为用户处理所有传送逻辑，包括传送点的选择、传送选择曲线的外观、传送声音的播放等；TeleportPoint 是单独的传送点，体验者只能被传送到该位置点；TeleportArea 定义了一个传送区域，体验者可以被传送至挂载了该组件的游戏对象上的任意位置。需要注意的是，传送机制基于碰撞体碰撞，所以需要确保设定为传送区域的游戏对象上具有相应形式的 Collider 组件。

我们将通过实例来看一下如何使用 InteractionSystem 实现传送功能，操作步骤如下。

1. 新建项目，命名为 InteractionSystemExample，导入 SteamVR Plugin，删除默认场景中的 MainCamera，保存场景为 Main。
2. 新建一个游戏对象 Plane，命名为 Floor，为其指定材质为 Grey。
3. 将预制体 Player 拖动到场景中，重置其 Transform 组件。
4. 将 InteractionSystem/Teleport/Prefabs 下的 Teleporting 预制体拖动到场景中。
5. 选择游戏对象 Floor，按下 Ctrl+D 组合键，创建其副本，命名为 Teleport Area，设置其 Transform 组件的缩放值 Scale 为（0.5,0.5,0.5），为其挂载 Teleport Area 组件。

Teleport Area 组件

在该组件中，Locked 属性用于确定该区域是否为锁定状态，若勾选此项，则该区域显示为不可传送状态，当体验者选定该区域时不能实现传送；Marker Active 属性用于确定传送标识是否保持显示，若不勾选此项，则只有在体验者选择传送目标（即按下 Touchpad 键）时，传送区域标识才显示。

6. 创建传送点 A。将 InteractionSystem/Teleport/Prefabs 下的预制体 TeleportPoint_拖动到场景中，命名为 TeleportPoint_Unlocked，在其 Teleport Point 组件中，设置 Title 属性值为“传送点 A”。
7. 创建一个被锁定的传送点。选择 TeleportPoint_Unlocked，按下 Ctrl+D 组合键，创建其副本，重命名为 TeleportPoint_Locked。在其 Teleport Point 组件中，勾选 Locked 属性，设置 Title 属性值为“被锁定”。
8. 创建一个可跳转场景的传送点。选择 TeleportPoint_Unlocked，按下 Ctrl+D 组合键，创建其副本，重命名为 TeleportPoint_SwitchToScene，在其 Teleport Point 组件中，设置 Title 属性值为“跳转场景”，设置 Teleport Type 为 Switch To New Scene；设置 Switch To Scene 属性值为 Interactions_Example，即 InteractionSystem 的示例场景。打开 Build Settings 面板，将当前场景和 Interactions_Example 场景添加到场景列表中。

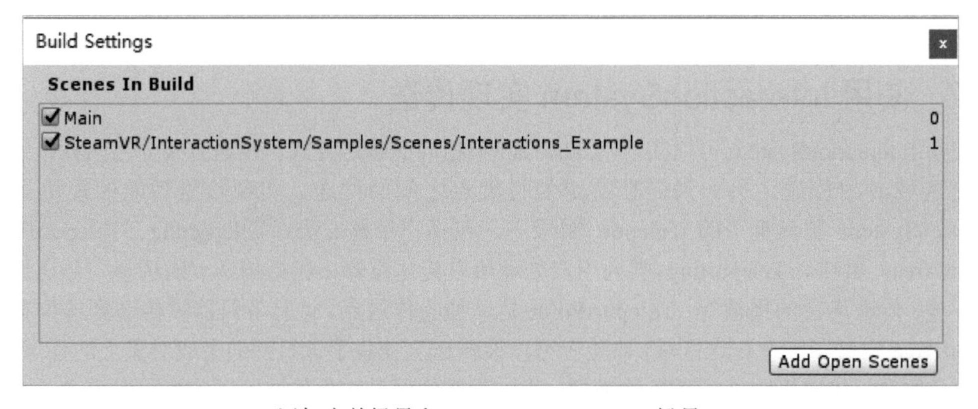

添加当前场景和 Interactions_Example 场景

双击打开 TeleportPoint.cs 脚本，添加代码实现场景跳转，首先引入场景管理命名空间，代码如下。

```
using UnityEngine.SceneManagement;
```

在 TeleportToScene()方法中添加代码，使用传递的参数进行场景跳转，代码如下。

```
public void TeleportToScene()
{
    if (!string.IsNullOrEmpty(switchToScene))
    {
        SceneManager.LoadScene(switchToScene);
    }
    else
    {
        Debug.LogError("TeleportPoint: Invalid scene name to switch to: " +
switchToScene);
    }
}
```

9. 保存脚本，返回 Unity 编辑器。保存项目，运行程序，运行效果如下图所示。体验者可以在 TeleportArea 范围内的任意位置传送，当选择不在传送区域的传送点 A 后，传送至该点；当选择被锁定的传送点时，不能传送至该点；当选择跳转场景传送点后，当前场景跳转到 InteractionSystem 的示例场景。

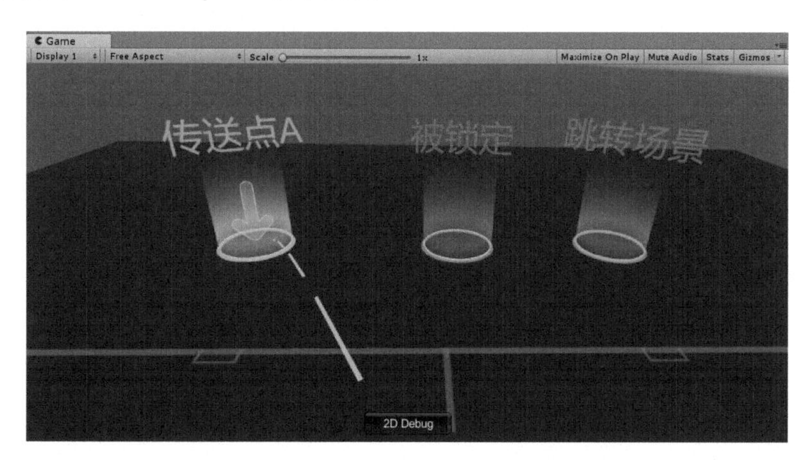

运行效果

9.3.3 使用 InteractionSystem 实现与物体的交互

在 InteractionSystem 中的基本交互方式是 Hover 和 Attach，即接触和抓取，对于可交互物体，需要挂载 Interactable 组件，将其标记为可交互物体，可接收控制器传送的相关事件消息。InteractionSystem 提供了 Interactable Hover Events 组件，针对接触和抓取两个动作进行事件处理方法的指定。该组件包含四种事件，分别为 On Hand Hover Begin()、On Hand Hover End()、On Attached To Hand()、On Detached From Hand()，对应的事件阶段分别为控制器开始接触物体、控制器离开物体、物体被抓取到控制器上、物体被控制器释放。

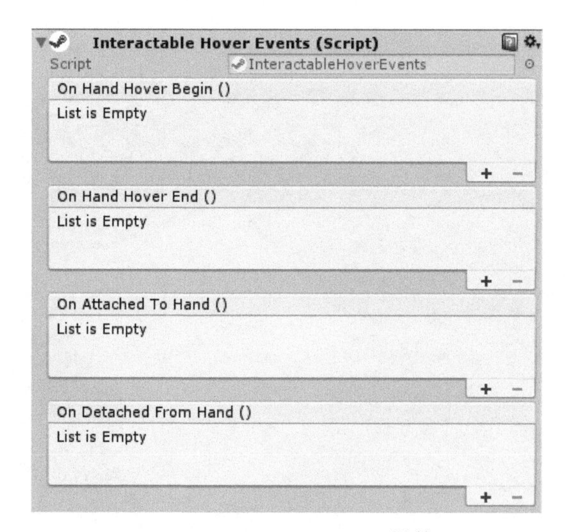

Interactable Hover Events 组件

实现抓取效果的组件为 Throwable，该类通过控制器发送的抓取和释放事件实现对物体的抓取和释放效果。本节我们将使用 InteractionSystem 实现与物体最基本的交互效果——抓取和释放，执行以下步骤。

1. 继续使用上节创建的项目和场景，新建一个游戏对象 Cube，设置其 Transform 组件的 Scale 值为（0.5,0.5,0.5）。
2. 为 Cube 添加 Interactable 组件。
3. 为 Cube 添加 Throwable 组件。添加该组件的同时，会自动在游戏对象上添加 Velocity 和 Rigidbody 组件。这两个组件会使物体在被释放以后计算控制器的瞬时速度，在重力影响下，物体以此速度实现抛出的效果。同时，该组件提供了两个交互事件——On Pick Up()和 On Detach From Hand()事件，分别对应物体被控制器抓取以后的事件和物体被控制器释放以后的事件，开发者可为这两个事件编写相应的事件处理方法，在此属性面板中进行配置。

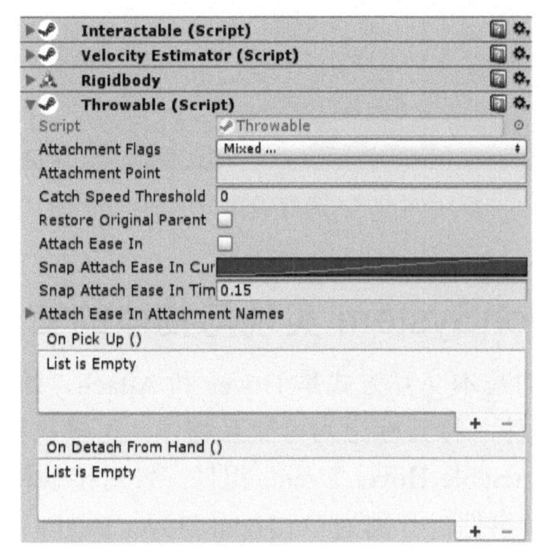

Throwable 组件

4. 保存场景，运行程序。当控制器接触物体时，控制器模型自动实现边缘轮廓高亮效果，此时按下 Trigger 键，物体被控制器抓取。在一定速度下松开 Trigger 键，物体被抛出。

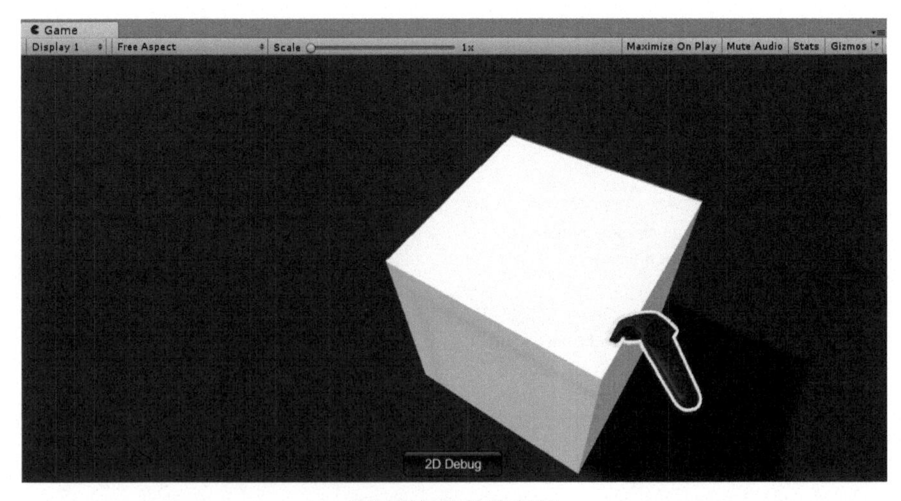

控制器与物体的交互

9.3.4 使用 InteractionSystem 实现与 UI 的交互

在 InteractionSystem 中与 UI 的交互方式是基于 Hand 与 UI 的接触进行交互的。与 Hand 交互的 UI 元素除需要挂载必需的 Interactable 组件外，还需要挂载 UI Element 组件。当直接挂载 UI Element 组件时，Interactable 组件也会自动挂载。

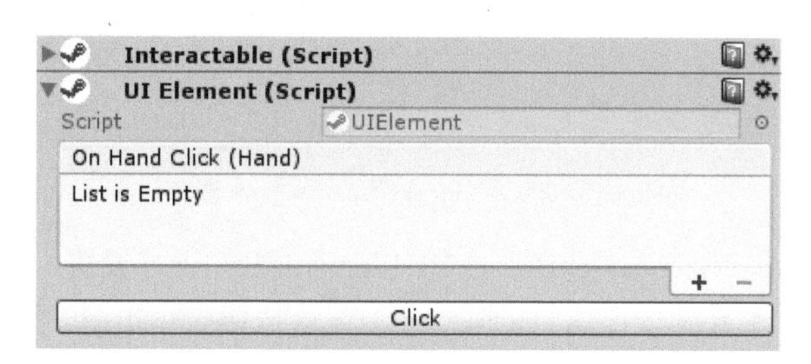

为 UI 元素挂载 UI Element 组件

在 InteractionSystem 中的 UI 交互基于碰撞体，所以还需要保证参与交互的 UI 元素挂载了 Collider 组件，如 Box Collider。其中，Collider 的范围决定了 UI 元素的响应范围。

下面我们将通过实例演示如何实现控制器与 UI 的交互。继续使用上节的场景，操作步骤如下。

1. 新建一个 Canvas，按照第 7 章介绍的方法将其转换为世界坐标系。
2. 新建一个 Button 元素，命名为 ShowBoxBtn，设置其子物体 Text 的内容为“显示”。
3. 为 ShowBoxBtn 添加 UI Element 组件。
4. 为 ShowBoxBtn 添加 Box Collider 组件，并调整组件的大小 Size 属性，使其完全覆盖按钮的显示范围。
5. 选择游戏对象 ShowBoxBtn，按下 Ctrl+D 组合键，创建其副本，命名为 HideBoxBtn，设置其子物体 Text 的内容为“隐藏”。
6. 调整 Canvas 的位置到场景中立方体的上方。

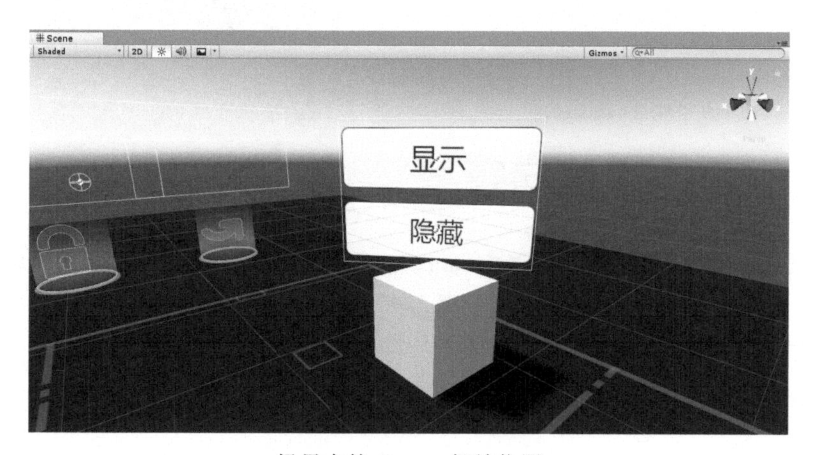

场景中的 Canvas 摆放位置

7. 为两个按钮指定事件处理方法。选择 ShowBoxBtn，在 UI Element 组件中，单击 On Hand Click 栏右下角的“+”按钮，添加一个事件处理配置，将游戏对象 Cube 拖动到对象选择卡槽中，在右侧更新的方法列表中选择 GameObject, SetActive 方法，保持该方法下方的复选框不被勾选，即该按钮被单击时，游戏对象 Cube 消失。

为按钮添加 On Hand Click 事件处理方法

8. 使用相同的方法，对 HideBoxBtn 的 UI Element 组件进行设置，所不同的是，需要勾选 GameObject, SetActive 方法下方的复选框，即该按钮被单击时，游戏对象 Cube 保持显示状态。
9. 保存项目，运行程序。体验者传送到场景中的立方体前，控制器与按钮发生接触时自动高亮轮廓，此时在“隐藏”按钮上按下 Trigger 键，立方体消失。当与“显示”按钮接触并按下 Trigger 键时，立方体显示。

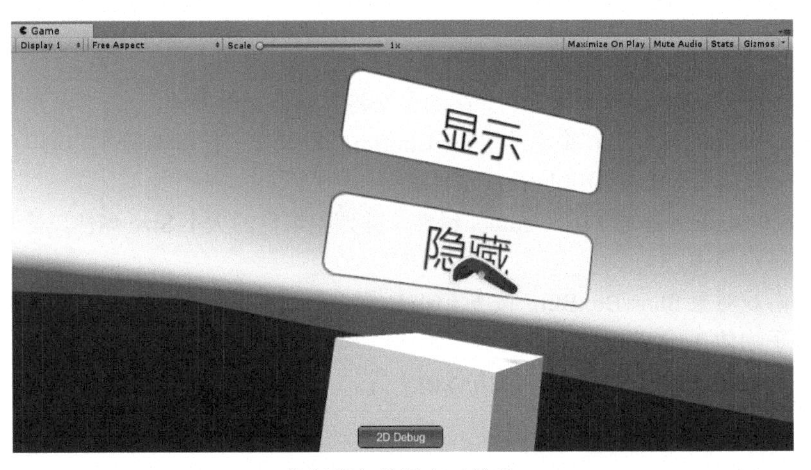

控制器与按钮交互效果

9.4 需要注意的问题

在使用 SteamVR 进行开发时，随着 SteamVR Plugin 的更新以及 Runtime 的更新，有时会因为版本不匹配引起报错。表现为即使是一个空的场景，仅导入了 SteamVR Plugin，单击运行按钮依然报错，这就需要读者检查一下这两者版本是否一致。

检查 SteamVR Plugin 版本及其支持的 SteamVR Runtime 版本

在 Unity Asset Store 的 SteamVR Plugin 介绍页面，列出了当前插件的版本号。关于其所支持的 SteamVR Runtime 版本，可以通过如下方式获知：在 Unity 编辑器的 Project 面板下，找到 SteamVR 目录下的名为 readme 的文本文件，在其属性面板中可以查看该版本所支持的 Runtime。

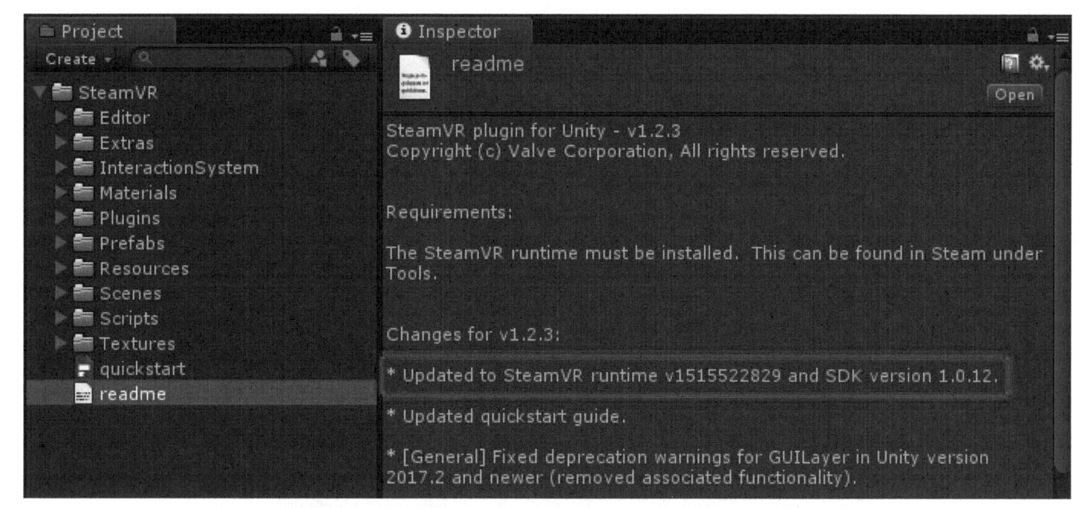

检查 SteamVR Plugin 支持的 SteamVR Runtime 版本

更新 SteamVR Plugin

与其他任何 Unity Asset Store 上的资源更新方式相同，SteamVR Plugin 的更新也在 Unity 编辑器中完成。执行 Window→Asset Store 命令，打开 Asset Store 窗口，如果该资源有新版本，则该资源右侧显示 Update 按钮，单击该按钮即可进行更新；如没有新版本，则显示 Import 按钮。

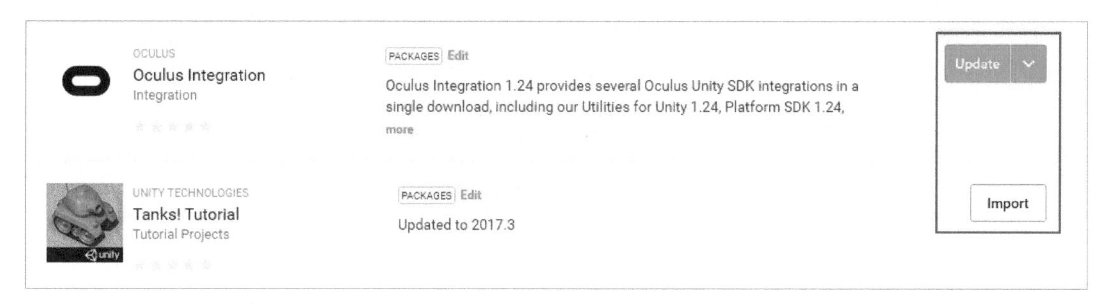

有无新版本更新的资源对比

查看 Runtime 版本

右击 Runtime 窗口，执行帮助→关于 SteamVR 命令，在弹出窗口中即可查看当前 Runtime 版本。

查看 Runtime 版本

更新 Runtime 版本

一般通过 Steam 平台完成 Runtime 的更新。具体步骤为：在 Steam 客户端的库中，找到 SteamVR，右击选择属性，在弹出的设置窗口中，单击更新标签页，在自动更新一栏中，选择“始终保持此工具为最新”，单击关闭按钮完成设置。当每次打开 Steam 客户端时，SteamVR Runtime 开始更新。

更新 SteamVR Runtime

同时，可以单击该面板上的“查看 SteamVR 更新记录”，查看当前最新的 Runtime 版本号。

若导入第三方插件报错提示“XR 命名空间不存在”，这是因为 Unity 在更新的版本中已经将 UnityEngine.VR 命名空间修改为 UnityEngine.XR。对于这种情况，若第三方插件为开源项目，可在 Console 面板中双击该错误，定位到出错代码处，将对应命名空间修改为 XR 即可。

如果正确初始化场景后，运行示例场景依然报错，可检查 SteamVR Runtime 是否开启，或重启电脑。

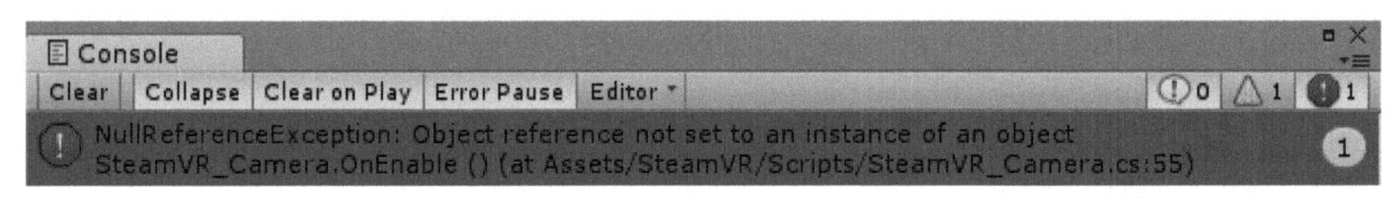

报错信息

第 10 章　使用 VRTK 进行交互开发

10.1 VRTK 简介

10.1.1　什么是 VRTK

VRTK 全称为 Virtual Reality Toolkit，前身是 SteamVR Toolkit，由于后续版本开始支持其他 VR 平台的 SDK，如 Oculus、Daydream、GearVR 等，所以改名为 VRTK。它是使用 Unity 进行 VR 交互开发的利器，以二八原则来看，开发者可以使用 20%的时间完成 80%的 VR 交互开发内容，从这个工具在 Github 上的项目简介中就能印证。

A productive VR Toolkit for rapidly building VR solutions in Unity3d.

unity3d　vrtk　steamvr-plugin　steamvr　virtual-reality　vr　oculus-rift

VRTK 在 Github 上的项目简介

下图是 VRTK 的作者在社交媒体上分享的一张图片，作者使用黄金思考圈的方式介绍了 VRTK 项目：为什么开发 VRTK？采用什么方式？VRTK 是什么？

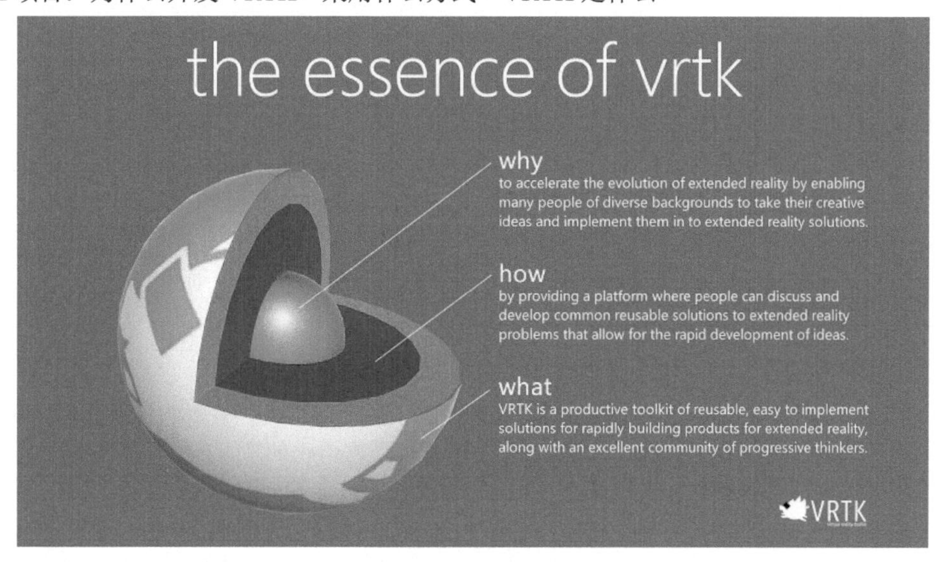

VRTK 方案黄金思考圈

10.1.2　VRTK 能做什么

VRTK 能实现 VR 开发中大部分交互效果，开发者只需要挂载几个脚本，然后设置相关的属性，就能实现想要的功能。下面列出笔者总结的一部分能实现的 VR 功能。

- 支持 SteamVR、Oculus、Daydream 等 SDK
- VR 模拟器，不需要 VR 硬件即可调试
- 基于头显和手柄的激光指针
- 基于头显和手柄的曲线指针
- 游玩区域光标
- 指针交互
- 可以为物体设置拖放区域
- 多种移动方式：瞬移、Dash Movement、Touchpad Movement、Move in place/Run in place Movement
- 攀登
- 物体交互：Touching、Grabbing、Using
- 双手联动操作物体：缩放、冲锋枪等需要双手持握的物体
- 物体高亮
- 手柄振动反馈
- 手柄效果：高亮、透明、隐藏
- 预制常见物体的交互方式：按钮、杠杆、门、抽屉、滑动条、把手
- 面板菜单、环形菜单
- 使用指针与 UGUI 进行交互
- 对 UI 元素进行拖动

VRTK 是基于 SteamVR、Daydream、Oculus 等 SDK 之上的一套开发框架，对常用的 VR 交互功能进行了有效封装，并通过事件驱动进行相应的交互开发。对于手柄发送的各种事件，使用 VRTK_Controller Event 类实现，这是在配置过程中首先要挂载到手柄控制器对象上的脚本。另外，对于其他的交互事件，VRTK 均提供了事件供开发者注册、监听并编写相应的事件处理函数，同时也提供了部分 Unity 事件处理组件，比如 VRTK_BasicTeleport_UnityEvents（传送事件处理）、VRTK_InteractGrab_UnityEvents（抓取事件处理）、VRTK_InteractTouchUnityEvents（触摸事件处理），开发者也可通过属性面板进行事件处理方法的配置。

10.1.3 为什么选择 VRTK

免费开源

由于 VRTK 的开源性质，一方面，开发者可以深入到代码中去，查看它如何与原生 SDK 进行交互，是一个很好的学习工具；另一方面，开发者可以根据自己的项目需求，修改其中的代码，快速开发符合自己需要的功能。VRTK 源代码托管于 Github，在 Unity Asset Store 中以插件包的形式提供免费下载。

以下是使用两种版本的优缺点：Github 版，优点是能够比较早地接触到新版本的新功能；缺点是新功能由于缺少足够的测试，会存在不稳定的问题。Asset Store 版，优点是稳定，经过了足够的测试才会上架；缺点是由于商店审核周期的原因，版本更新会有一定的滞后性，多数情况是有了大版本更新以后才会考虑上架。

丰富的文档支持

相对于 SteamVR Plugin 的说明文档，VRTK 的文档多达二百多页，细化到每个函数和参数

的作用及使用方法。

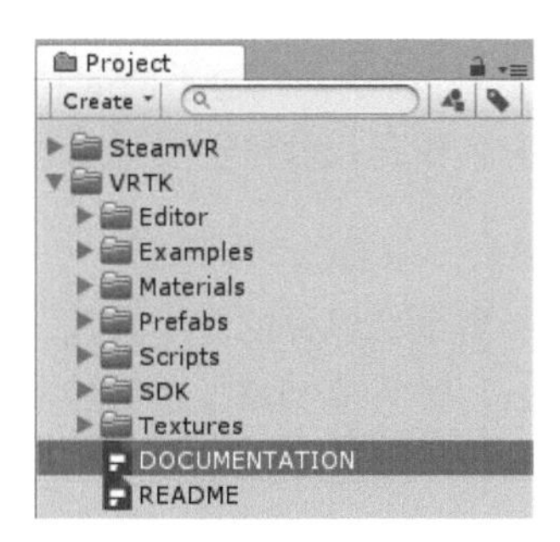

VRTK 文档位置

在挂载了脚本的属性面板中，悬停鼠标光标即可显示当前属性的说明，通过这些文档的支持，使得开发者能够在开发过程中比较顺利地使用这个工具集提供的各项功能。

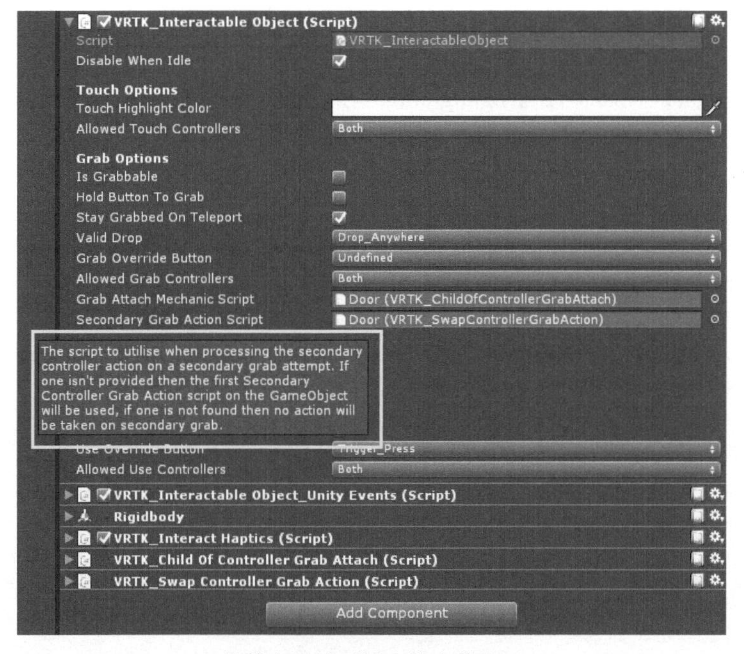

组件在属性面板中的参数提示

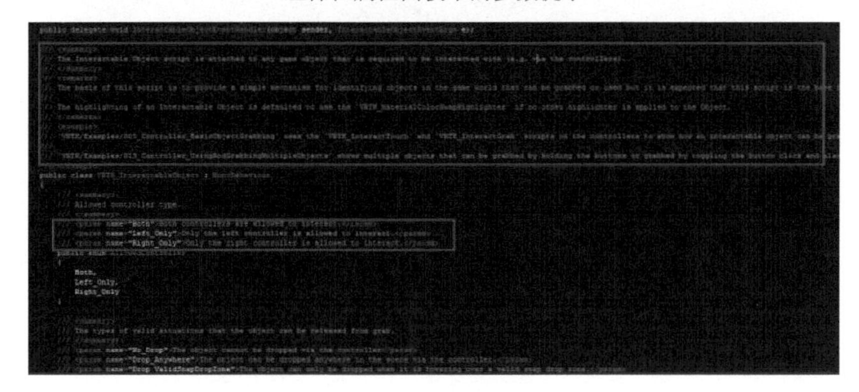

VRTK 源码中的注释

40 多个示例场景

作者在文件包中提供了 40 多个示例场景，针对不同的功能分别进行展示，保证开发者在极短时间内上手使用这套工具集。其中比较有代表性的场景介绍如下。

- 001_CameraRig_VR_PlayArea：VRTK 基本配置
- 002_Controller_Events：控制器事件组件的基本使用
- 003_Controller_SimplePointer：设置控制器发送射线的功能
- 004_CameraRig_BasicTeleport：传送的基本配置
- 008_Controller_UsingAGrabbedObject：按下 Trigger 键和 Grip 键分别抓取可交互对象
- 011_Camera_HeadSetCollisionFading：在头显中进入物体后的黑屏效果，提升用户体验
- 014_Controller_SnappingObjectsOnGrab：吸附抓取机制
- 015_Controller_TouchpadAxisControl：通过控制器 Touchpad 控制物体运动
- 019_Controller_InteractingWithPointer：使用指针与物体交互
- 034_Controls_InteractingWithUnityUI：与 UI 的交互
- 035_Controller_OpacityAndHighlighting：控制器透明和高亮
- 037_CameraRig_ClimbingFalling：攀爬和坠落效果
- 040_Controls_PanelMenu：面板菜单的使用
- 043_Controller_SecondaryControllerActions：次级控制器抓取机制

其他场景同样具有学习价值，限于篇幅，不再赘述，读者可在实际开发工作中根据功能需求进行查看。

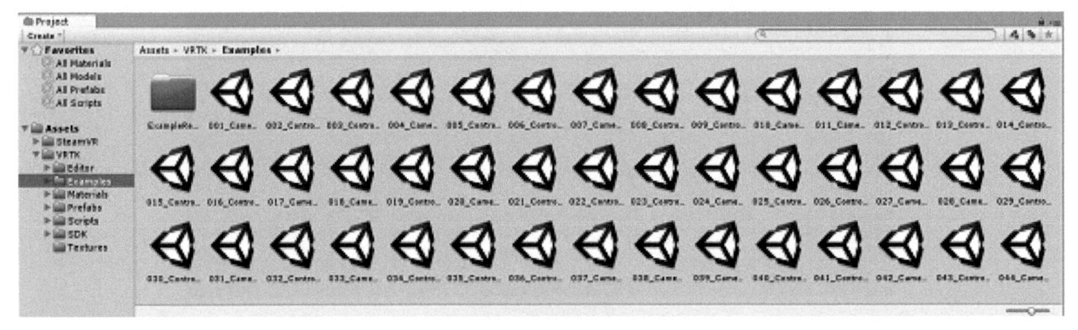

VRTK 示例场景

活跃的社区

截至本书完成时，VRTK 在 Github 上的 Star 数为 2043 个，每天都有提交，保持了一个非常活跃的状态。同时还有 Slack 小组方便开发者进行交流，作者也通过社交媒体将比较重要的动态进行发布。

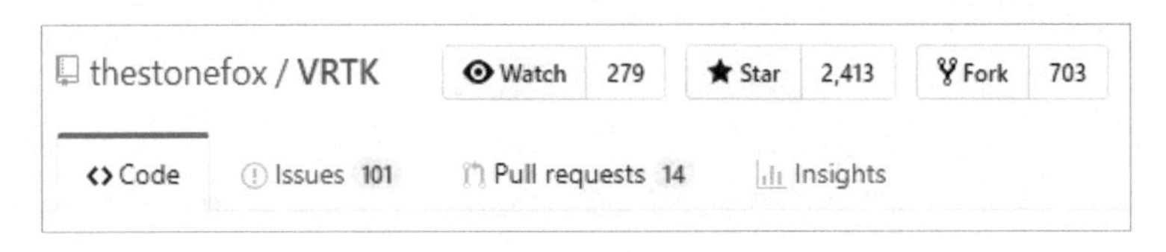

VRTK 在 Github 上的状态信息

VRTK视频频道支持

作者会不定期更新自己的 Youtube 频道，并解答在社区中提出的问题，同时也会分享一些 VRTK 的小技巧。

总之，VRTK 为了让开发者快速顺利地上手使用这套工具集，在各方面都做得非常友好。

10.1.4　未来版本

VRTK 开发团队目前接受了 Oculus 公司的资助，投入了更多努力在新版本 4.0 的开发中，预计新版本将在 2019 年上半年发布，届时读者可关注微信公众号“XR 技术研习社”获取新版本的使用指南。

VRTK 作者在社交媒体上发布的 4.0 正在测试的消息

10.2 SteamVR Plugin、InteractionSystem 与 VRTK 的关系

SteamVR Plugin 是实现所有交互的基础，InteractionSystem 包含在 SteamVR Plugin 中，是 The Lab 中常用交互功能的集合。而 VRTK 由第三方开发，同样基于 SteamVR Plugin，可以更加高效地实现更多丰富的交互功能。

由于 InteractionSystem 与 VRTK 基于不同的架构，所以从理论上说，两个交互工具不适合同时使用。但是两者均为开源工具，所以可根据源码查看各自调用 SteamVR Plugin 的机制，用一款工具实现另外一款工具的功能。

10.3 配置 VRTK

在使用 VRTK 进行应用程序开发前，需要进行初始化配置。本节将介绍 VRTK 的两种配置方法——一般配置过程和快速配置 VRTK。对于前者，步骤相对较多，但是更重要的意义在于让读者能够理解其架构和运行机制；对于后者，可在熟练使用该插件后用于项目的快速制作。

如无特别说明，本书将使用 VRTK 3.2.1 结合 SteamVR Plugin 1.2.3 进行论述。后续如有版本更新，可从微信公众号“XR 技术研习社”了解详细信息。

10.3.1 一般配置过程

VRTK 的配置是使用该套工具集进行开发的第一步，本节以 Asset Store 版 VRTK 作为演示，配置过程如下。

1. 新建一个 Unity 项目，命名为 VRTKGetStarted。
2. 导入 SteamVR Plugin 和 VRTK。
3. 因为会用到预制体[CameraRig]，所以删除场景中自带的 MainCamera，保存场景，命名为 Main。
4. 新建一个空的游戏对象（快捷键为 Ctrl+Shift+N），命名为[VRTK_SDK_MANAGER]，为其挂载 VRTK_SDK Manager 组件。

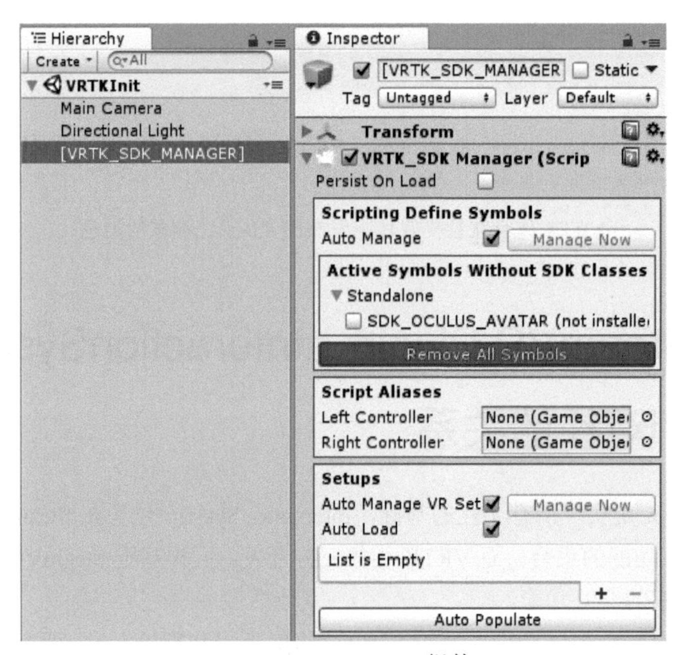

VRTK_SDK Manager 组件

5. 由于 VRTK 支持多种 VR 硬件平台，此处针对使用 SteamVR 开发的硬件平台进行配置。在游戏对象[VRTK_SDK_MANAGER]下新建子物体，命名为[VRTK_SDK_SETUP]，将预制体[CameraRig]拖入场景，作为其子物体。为[VRTK_SDK_SETUP]挂载 VRTK_SDK Setup 组件，将组件的 SDK Selection 属性指定为 SteamVR。此时组件会自动将 SteamVR 的对象引用填充到 Actual Objects 栏中，若没有自动填充，可手动单击 Polulate Now 按钮。

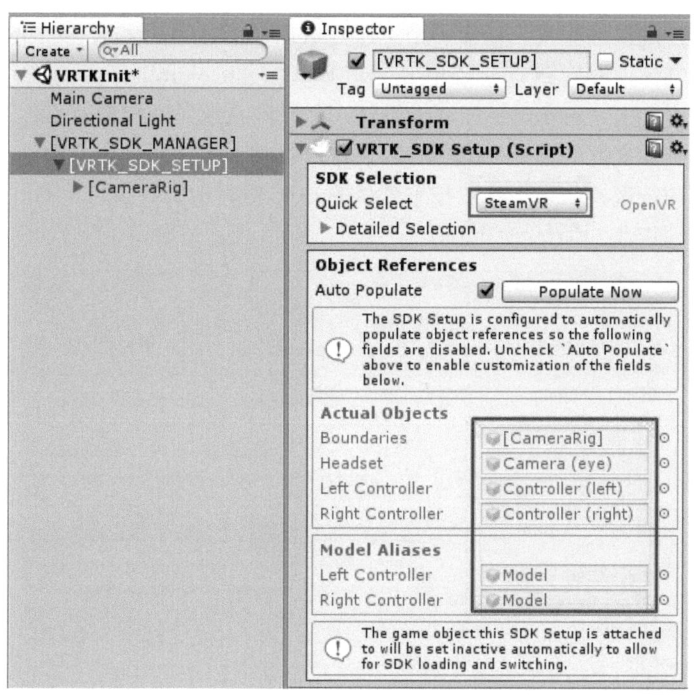

VRTK_SDK Setup 组件

值得注意的是，在组件的 SDK Selection 列表中，存在一个 Simulator 列表选项，VRTK 提供了模拟器调试支持，所以可选择此项。在程序运行时开启模拟器调试模式，开发者可以使用键盘和鼠标配合进行一些简单的 VR 交互调试。

6. 选择[VRTK_SDK_MANAGER]，在 VRTK_SDK_Manager 组件中的 Setups 栏单击右下方的“+”按钮，添加一个 SDK 配置项，将[VRTK_SDK_SETUP]指定到新建的配置项中。

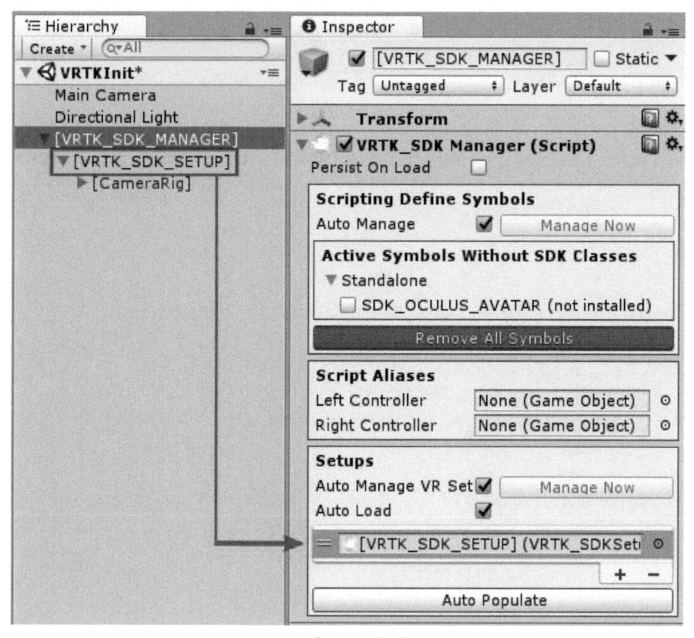

添加配置项

7. 进行左右控制器的配置。新建一个空游戏对象，命名为[VRTK_SCRIPTS]，为其添加两个空的子物体，分别命名为 LeftController 和 RightController。同时将两个物体选中，为它们添加 VRTK_Controller Events 组件，用来向系统发送控制器事件，该组件是 VRTK 框架内控制器交互的核心，用户可以设置触发某个按键所要使用的动作，比如触发对于抓取动作的按键，如果不想在按下默认的 Grip 键时触发，可以将 Grab Toggle Button 属性对应的动作改为 Trigger Press。

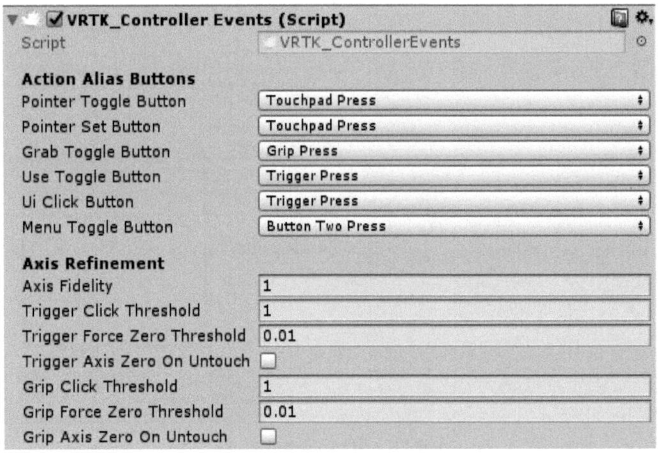

VRTK_Controller Events (Script)	
Script	VRTK_ControllerEvents
Action Alias Buttons	
Pointer Toggle Button	Touchpad Press
Pointer Set Button	Touchpad Press
Grab Toggle Button	Grip Press
Use Toggle Button	Trigger Press
Ui Click Button	Trigger Press
Menu Toggle Button	Button Two Press
Axis Refinement	
Axis Fidelity	1
Trigger Click Threshold	1
Trigger Force Zero Threshold	0.01
Trigger Axis Zero On Untouch	☐
Grip Click Threshold	1
Grip Force Zero Threshold	0.01
Grip Axis Zero On Untouch	☐

VRTK_Controller Events 组件

8. 选择游戏对象[VRTK_SDK_MANAGER]，在 VRTK_SDK Manager 组件的 Script Aliases 栏中，分别将 LeftController 和 RightController 属性指定为上一步配置的游戏对象 LeftController 和 RightController。

通过访问 VRTK_Controller Events，能够非常方便地获取控制器事件，该组件提供了丰富的按键事件类型供开发者使用，新建 C#脚本，命名为 ContrllerEventsExample.cs，编写代码如下。

```
using UnityEngine;
using VRTK;

public class ContrllerEventsExample : MonoBehaviour
{
    VRTK_ControllerEvents _events;

    void Start()
    {
        _events = GetComponent<VRTK_ControllerEvents>();
          // 注册事件处理函数
        _events.TriggerPressed += onTriggerPressed;
        _events.TouchpadAxisChanged += onTouchpadAxisChanged;
        _events.GripPressed += onGripPressed;
    }

     // 按下 Trigger 键事件处理函数
    private void onTriggerPressed(object sender, ControllerInteractionEventArgs e)
    {
        Debug.Log("Trigger 键被按下!");
    }

     // Touchpad 键上触摸点移动事件处理函数
```

```
        private void onTouchpadAxisChanged(object sender, ControllerInteraction-
EventArgs e)
        {
            Debug.Log("Touchpad 键上触摸点发生移动，接触点坐标为：" + e.touchpadAxis);
        }

        // 按下 Grip 键事件处理函数
        private void onGripPressed(object sender, ControllerInteractionEventArgs e)
        {
            Debug.Log("Grip 键被按下！");
        }
    }
```

保存脚本，返回 Unity 编辑器，将其挂载到游戏对象 LeftController 或 RightController 上，运行程序，当按下控制器上的 Trigger 和 Grip 键以及触摸 Touchpad 键时，输出调试信息如下图所示。

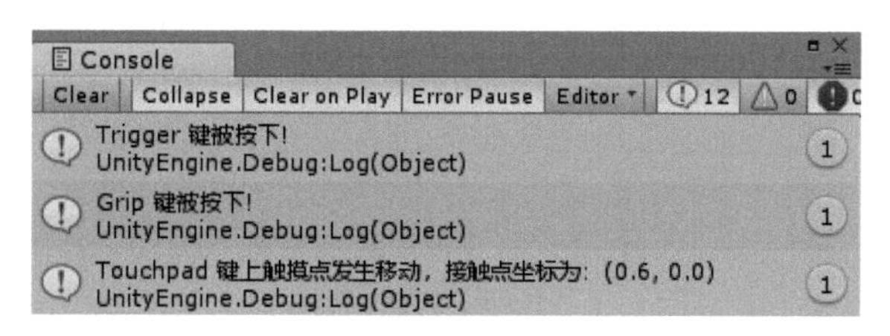

输出调试信息

读者也可参考开发包中的 VRTK_ControllerEvents_ListenerExample.cs 脚本，查看更多详细的示例代码。

小结：

- 不同版本的 VRTK，其配置过程会有所区别，对于具体版本的设置，可以在每个版本的自带文档中找到，例如，此版本的配置介绍可在 VRTK 文件夹下 README.pdf 文档的 Using VRTK in your own project 小节中找到。
- 关于如何查看 VRTK 版本，可以执行 Window→VRTK→Surpport Info 命令进行查看。

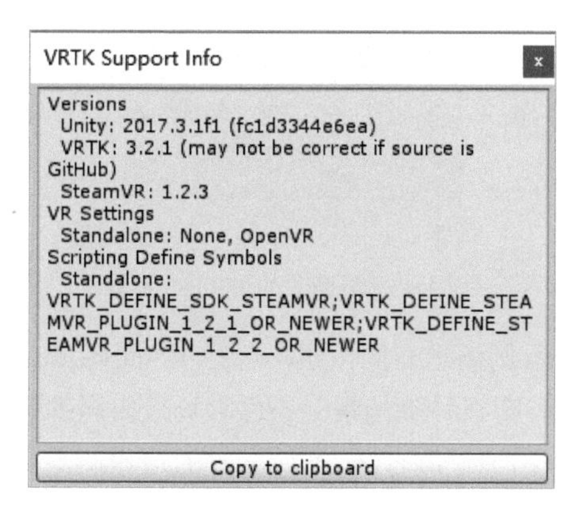

查看 VRTK 版本

VRTK 的配置过程比较烦琐，在日常开发中，开启一个 VRTK 项目，总是要重新配置这个过程，希望 VRTK 在以后的新版本中能够提供类似 SteamVR 中的 CameraRig 这样的 prefab，开发者通过简单的属性修改，即可完成 VRTK 的配置。

10.3.2 快速配置 VRTK

通过上节的介绍，我们了解了 VRTK 基于事件的框架结构，在多数情况下，可直接使用现有资源实现快速 VRTK 的过程。VRTK 提供了大量示例场景，所有场景都有不同程度的初始配置，在实际开发中，可根据实际情况选择相应场景中的 VRTK 初始配置。在前 5 个场景中，分别实现了查看场景内容、获取控制器事件、显示指针、基本传送、基本抓取功能，上节介绍的配置过程对应了第 2 个场景中的 VRTK 配置。

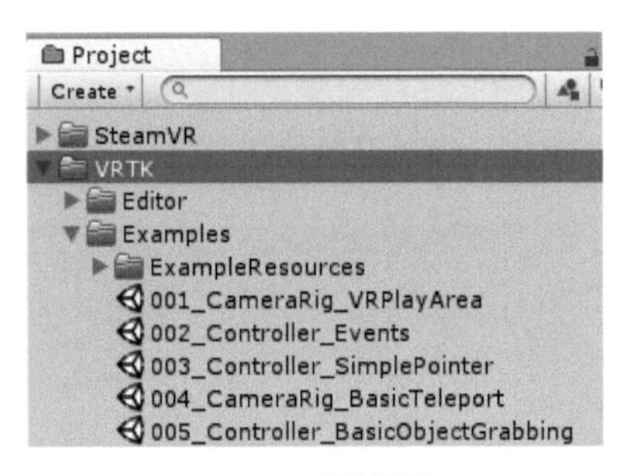

VRTK 示例场景

使用这些场景中的配置可执行以下操作步骤。

1. 将对应的示例场景拖入 Hierarchy 面板中，此处以使用 004_CameraRig_BasicTeleport 场景中的配置实现基本传送为例。
2. 使用示场景中的 VRTK 配置，选择游戏对象[VRTK_SDKManager]和[VRTK_Scripts]，将其拖入当前场景中。

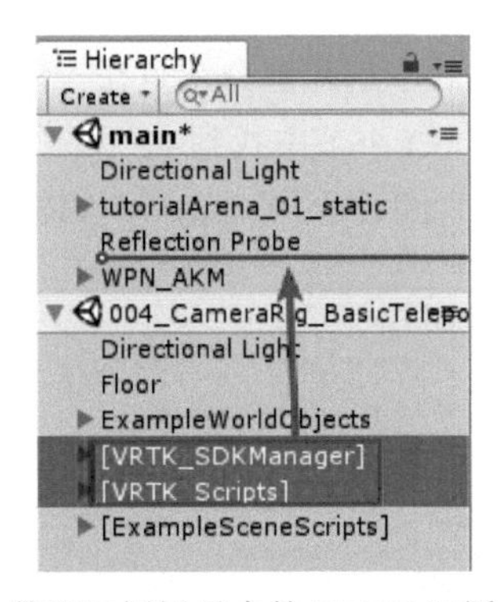

使用示例场景中的 VRTK 配置

3. 移除示例场景。单击示例场景右侧按钮，选择 Remove Scene 命令，在弹出的对话框中单击 Don't Save 按钮，即在移除场景时不保存场景内容的改变。

通过以上步骤即可实现快速进行 VRTK 初始配置的过程。需要注意的是，在示例场景的配置中，在[VRTK_SDKManager]下预制了不同平台的 SDK 配置。对于基于 SteamVR 进行开发的应用程序来说，对应的配置是其子物体 SteamVR。可以通过调整[CameraRig]的位置和朝向来决定体验者的初始姿态。同时，游戏对象 SDKSetupSwitcher 实现了运行时切换 SDK 的功能，它是基于屏幕的 UI 模块，可将其删除或隐藏。

示例场景中的配置包含了支持多种平台

此外，通过观察可发现，SDKSetups 实际上是开发包中预制体 SDKSetups 的实例，所以除使用以上方法外，开发者也可使用该预制体结合之前介绍的手动配置方法来完成 VRTK 的初始配置。

10.4 VRTK 中的指针

10.4.1　指针

在 VR 环境中，可通过从控制器发出的指针与目标对象进行交互。VRTK 通过 VRTK_Pointer 组件实现指针的行为逻辑。指针可通过特定的按键触发，除可实现传送外，借助指针还可实现选择、点击、抓取等交互操作。指针需要一个指针渲染器，它是场景中指针的可视化体现。

VRTK_Pointer (Script)	
Script	VRTK_Pointer
Destination Marker Settings	
Enable Teleport	☑
Target List Policy	None (VRTK_Policy List)
Pointer Activation Settings	
Pointer Renderer	LeftController (VRTK_StraightPointerRend
Activation Button	Touchpad Press
Hold Button To Activate	☑
Activate On Enable	☐
Activation Delay	0
Pointer Selection Settings	
Selection Button	Touchpad Press
Select On Press	☐
Selection Delay	0
Select After Hover Duration	0
Pointer Interaction Settings	
Interact With Objects	☐
Grab To Pointer Tip	☐
Pointer Customisation Settings	
Controller	None (VRTK_Controller Events)
Interact Use	None (VRTK_Interact Use)
Custom Origin	None (Transform)

VRTK_Pointer 组件

VRTK_Pointer 组件部分属性说明如下：

- Pointer Activation Settings：指针激活设置。
  - Pointer Renderer：指针渲染器。指定用于呈现指针的渲染器。
  - Activation Button：激活按钮。指定激活指针的按键，同 VRTK_ControllerEvents 中的 Pointer Toggle Button 属性。
  - Hold Button To Active：保持按钮状态以激活。如勾选此项，则在按下按键时指针显示，松开按键时指针消失；如不勾选此项，则每接收一次按键事件，切换一次指针显示或隐藏状态。
  - Activate On Enable：可用时激活。如勾选此项，则在该组件可用后激活指针。
  - Activation Delay：激活延时。指针在激活前的等待时间，以秒为单位。
- Pointer Selection Settings：指针选择设置。
  - Selection Button：选择按钮。执行指针选择行为的按键。
  - Select On Press：按下时选择。若勾选此项，则指定的按键在被按下时执行指针选择行为；若不勾选此项，则在被松开后执行指针选择行为。
  - Selection Delay：选择延时。指针在执行选择行为前的等待时间，以秒为单位。
  - Select After Hover Duration：悬停一段时间后选择。基于时间等待的选择，类似于凝视选择交互，当指针悬停于物体之上达到设定的时间后，不按下相关按钮即可执行选择行为。如该值设定为 0，则不做该类型选择。
- Pointer Interaction Settings：指针交互设置。
  - Interact With Objects：与对象交互。如勾选此项，则指针可以作为控制器的外延，与可交互的对象进行交互。
  - Grab To Pointer Tip：将交互对象抓取至指针顶端。如 Interact With Objects 属性为 True，当控制器执行抓取行为时，可交互的对象将吸附于指针顶端，而不再吸附于控制器位置。
- Pointer Customisation Settings：指针自定义设置。
  - Controller：控制器。可指定一个绑定了 VRTK_Controller Events 组件的游戏对象替代当前的控制器，可为空。
  - Interact Use：可选的 InteractUse 脚本，如果为空，将尝试从同一个 GameObject 获取 InteractUse 脚本，如果找不到，将尝试从当前的 Controller 上获取。
  - Custom Origin：自定义指针原点。

VRTK_Pointer 可以放置在控制器游戏对象上运行，也可放置在其他游戏对象上，如果被放置在非控制器的游戏对象上，则必须提供一个控制器事件组件（VRTK_ControllerEvents）来激活指针，此时需要指定该组件的 Controller 属性。所以在一般情况下，将该组件挂载到具有 VRTK_Controller Events 组件的控制器游戏对象上即可，比如在上节初始化配置后的 LeftController 或 RightController 上。

如果不指定渲染器，指针在被激活后为不可见状态，可通过设置组件的 Pointer Renderer 属性为指针选择不同形态的指针外观，我们稍后将介绍指针渲染器。指针的激活默认在按下 Touchpad 时触发，可通过设置 Activation Button 属性选择其他激活方式。当需要通过指针实现传送时，可勾选 Enable Teleport 属性，默认为选中状态。指针通过发送 Selection 事件发送类似单击鼠标的选择事件，可在组件的 Pointer Selection Settings 进行相关设置，比如事件触发的按键行为等。

指针能够发送一系列事件，包括指针激活事件、指针选择事件等，开发者可通过脚本对事件进行注册，添加相应的事件处理方法，代码如下。

```
    using UnityEngine;
    using VRTK;

    public class PointerEventExample : MonoBehaviour
    {
        private VRTK_Pointer _pointer;

        void Start()
        {
            _pointer = GetComponent<VRTK_Pointer>();
            _pointer.SelectionButtonPressed += onSelectionButtonPressed;
        }

        private void onSelectionButtonPressed(object sender, ControllerInteraction-
EventArgs e)
        {
            Debug.Log("按下指针选择按钮的控制器是: " + e.controllerReference.scriptAlias.
gameObject);
        }
    }
```

同时，VRTK 还提供了指针的 Unity 事件组件，可在属性面板中对事件处理方法进行配置。

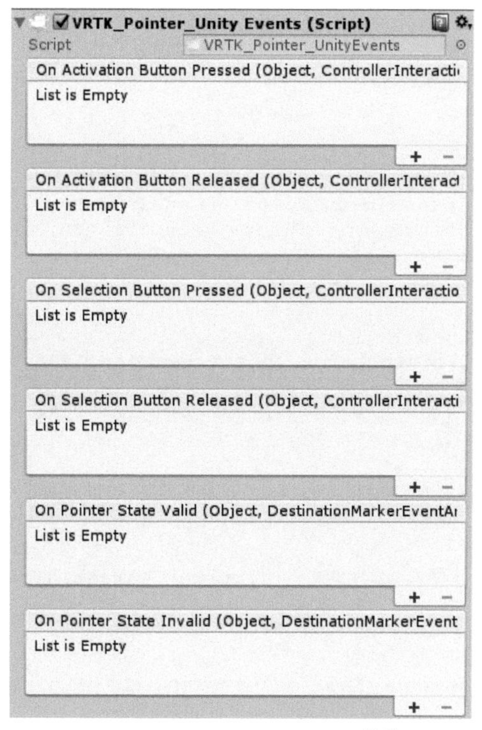

VRTK_Pointer_Unity Events 组件

VRTK_UI Pointer 只能实现与场景中 3D 物体的交互，对于 UI 的交互，需要使用 VRTK_UI Pointer 类来实现。

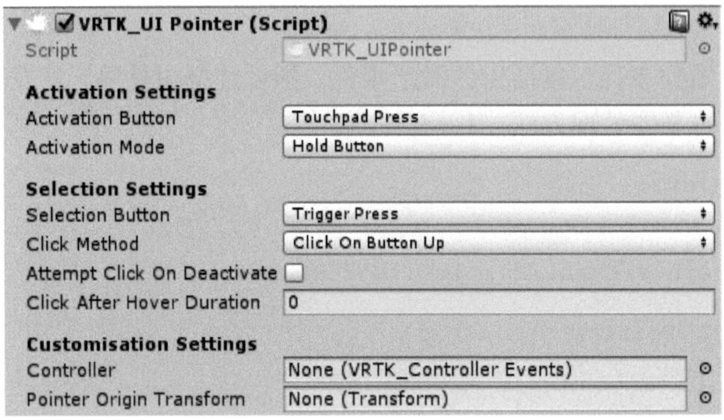

VRTK_UI Pointer (Script)	
Script	VRTK_UIPointer
Activation Settings	
Activation Button	Touchpad Press
Activation Mode	Hold Button
Selection Settings	
Selection Button	Trigger Press
Click Method	Click On Button Up
Attempt Click On Deactivate	☐
Click After Hover Duration	0
Customisation Settings	
Controller	None (VRTK_Controller Events)
Pointer Origin Transform	None (Transform)

VRTK_UI Pointer

在默认情况下，VRTK_UI Pointer 的指针激活和选择事件的发出与 VRTK_Pointer 相同。同时，该指针不需要特定的指针渲染器，一般使用 VRTK_Pointer 呈现的直线指针渲染器与 UI 进行交互。

要使用指针与 UI 元素进行交互，除在控制器端添加 VRTK_UI Pointer 外，还需要在 UI 元素的容器上添加 VRTK_UI Canvas 组件，我们将在本章后续小节中介绍与 UI 的交互。UI 指针在交互过程中会发送多种事件，比如指针移入/移出 UI 元素、UI 元素被点击等，可通过脚本对事件进行注册，添加相应的事件处理方法，代码如下。

```
using UnityEngine;
using VRTK;

public class UIPointerExample : MonoBehaviour
{
    private VRTK_UIPointer _pointer;

    void Start()
    {
        _pointer = GetComponent<VRTK_UIPointer>();
        _pointer.UIPointerElementClick += onUIPointerClick;
        _pointer.UIPointerElementEnter += onUIPointerEnter;
        _pointer.UIPointerElementExit += onUIPointerExit;
    }

    // UI 元素被点击处理函数
    private void onUIPointerClick(object sender, UIPointerEventArgs e)
    {
        Debug.Log("UI 元素" + e.currentTarget.name + "被点击");
    }

    // 指针移入 UI 元素事件处理函数
    private void onUIPointerEnter(object sender, UIPointerEventArgs e)
    {
        Debug.Log("指针移入 UI 元素" + e.currentTarget.name);
    }

    // 指针移出 UI 元素事件处理函数
    private void onUIPointerExit(object sender, UIPointerEventArgs e)
    {
        Debug.Log("指针移入 UI 元素：" + e.previousTarget.name);
    }
}
```

VRTK 同样提供了 UI 指针的 Unity 事件组件，称之为 VRTK_UIPointer_UnityEvents。

10.4.2　指针渲染器

指针在被触发后并无可见的指示元素，需要借助指针渲染器将其呈现。VRTK 提供了两种指针渲染器，分别为 VRTK_StraightPointerRenderer 和 VRTK_BezierPointerRenderer。顾名思义，前者呈现直线形式的指针外观，后者呈现贝济埃曲线形式的指针外观。

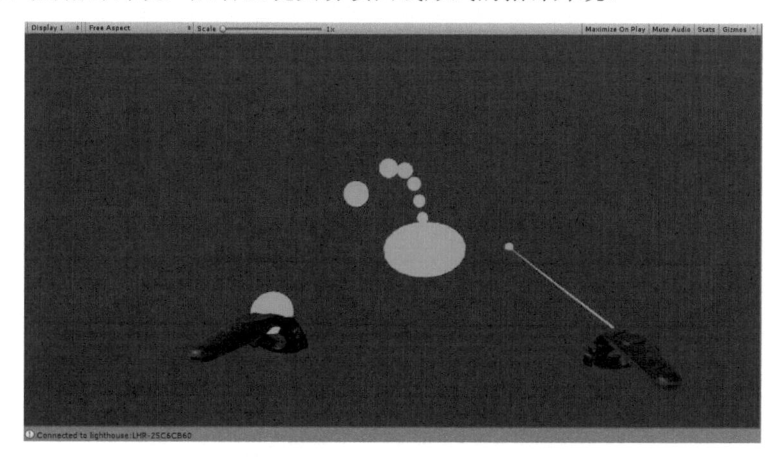

VRTK 提供的两种默认指针渲染器

VRTK_Straight Pointer Renderer 组件是为指针提供直线外观的渲染器。指针基于射线与碰撞体的碰撞，决定是否击中了指向的物体，渲染器通过不同的颜色进行标识。当击中物体时默认显示绿色，未击中物体时显示红色。若用于传送功能，则绿色表示可以传送到选定位置，红色则表示不可传送到选定位置。各状态的颜色通过组件的 Valid Collision Color 和 Invalid Collision Color 进行设置。此外，如果对指针外观进行更加个性化地设计，可以在 Straight Pointter Custom Appearance Settings 栏中进行设置，为指针各部位指定相应的游戏对象。

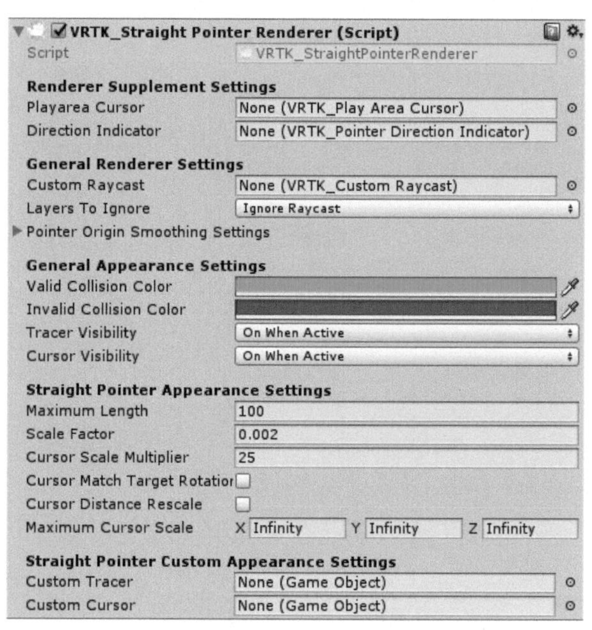

VRTK_Straight Pointer Renderer

VRTK_Bezier Pointer Renderer 组件是为指针提供曲线外观的渲染器。当被激活时，由游戏对象端发出一条曲线，曲线的另一端用于选择目标对象，适用于目标点与体验者之间存在障碍物的场景。该组件设置与 VRTK_StraightPointerRenderer 多数一致，更多示例演示可参考示例场景 009_Controller_BezierPointer 和 036_Controller_CustomCompoundPointer，可在 Bezier Pointer Custom Appearance Settings 栏中自定义曲线外观。

要为指针设定指针渲染器，首先需要将指针渲染器挂载到游戏对象上。为方便管理，一般挂载到与指针组件相同的游戏对象上，然后将渲染器组件指定给指针组件的 Pointer Renderer 属性。

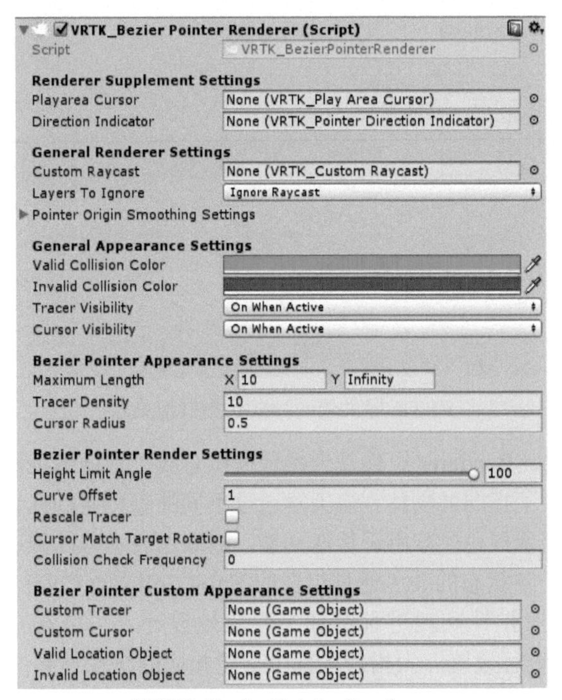

VRTK_Bezier Pointer Renderer

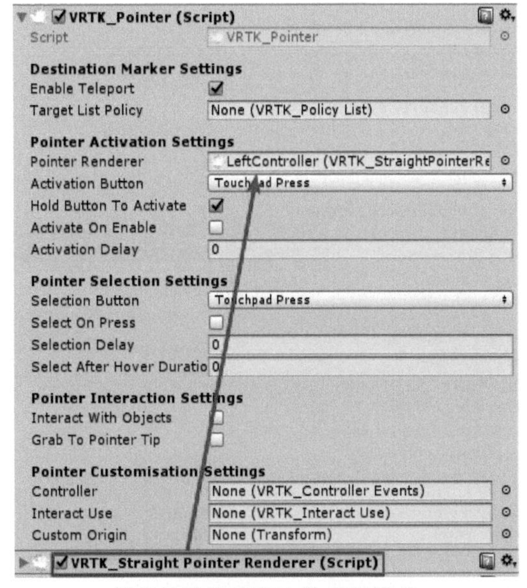

将指针渲染器指定给指针组件

10.5 在 VRTK 中实现传送

10.5.1 VRTK 中的传送类型

如前文在交互设计原则章节中所述，受限于人体生理结构以及当前硬件条件，在 VR 环境中，移动体验者的位置需要避免长距离、非匀速地移动，VRTK 采用的传送方式是在传送过程中呈现短时间的闪屏，避免让体验者感受到移动过程，这种传送类型也称为瞬移。VRTK 提供了多种瞬移形式，分别使用 VRTK_Basic Teleport、VRTK_Dash Teleport、VRTK_Height Adjust Teleport 来实现，本节将介绍这三种传送形式。

VRTK_Basic Teleport (Script)
Script VRTK_BasicTeleport
Base Settings
Blink To Color
Blink Transition Speed 0.6
Distance Blink Delay 0
Headset Position Compensation
Target List Policy None (VRTK_Policy List)
Nav Mesh Limit Distance 0

VRTK_Basic Teleport

在基础设置中，Blink To Color 属性为闪屏颜色，默认为黑色；Blink Transition Speed 为闪屏持续时间；Target List Policy 为目标点过滤策略，由经过配置的 VRTK_Policy List 组件提供。在此策略中，决定哪些目标可以作为目标传送，哪些不可以，即使这些目标都带有碰撞体，我们将在下一节介绍该组件的使用。

传送过程中会发送两个事件：传送开始事件和传送结束事件，可编写脚本注册事件的处理方法，代码如下。

```
using UnityEngine;
using VRTK;

public class BasicTeleportExample : MonoBehaviour
{
    private VRTK_BasicTeleport _basicTeleport;

    void Start()
    {
        _basicTeleport = GetComponent<VRTK_BasicTeleport>();
        _basicTeleport.Teleported += onTeleported;
        _basicTeleport.Teleporting += onTeleporting;
    }

    // 传送结束事件处理函数
    private void onTeleported(object sender, DestinationMarkerEventArgs e)
    {
        Debug.Log("已到达目标点，移动距离为: " + e.distance);
    }

    // 传送开始时间处理函数
    private void onTeleporting(object sender, DestinationMarkerEventArgs e)
    {
```

```
            Debug.Log("开始传送，目标点位置为：" + e.destinationPosition);
        }
    }
```

同时，VRTK 还提供了传送的 Unity 事件组件，供开发者进行配置。

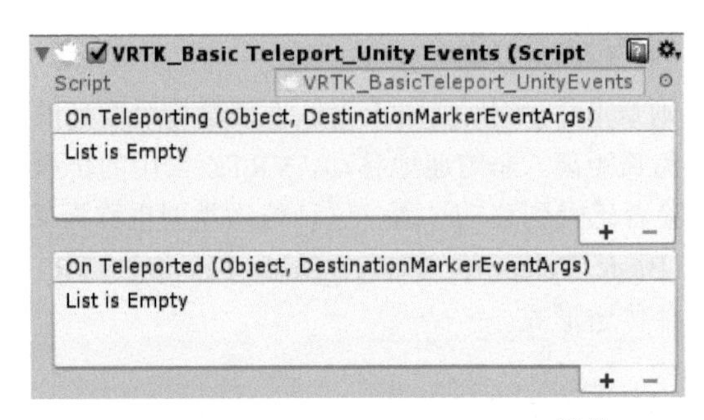

VRTK_Basic Teleport_Unity Events 组件

VRTK_Height Adjust Teleport 类继承自 VRTK_BasicTeleport。除实现相同的传送效果和功能外，还可根据目标点的高度自行调整体验者的高度。

VRTK_Height Adjust Teleport (Script)
Script VRTK_HeightAdjustTeleport
Base Settings
Blink To Color
Blink Transition Speed 0.6
Distance Blink Delay 0
Headset Position Compensation
Target List Policy None (VRTK_Policy List)
Nav Mesh Limit Distance 0
Height Adjust Settings
Snap To Nearest Floor
Custom Raycast None (VRTK_Custom Raycast)
Layers To Ignore Ignore Raycast

VRTK_Height Adjust Teleport 组件

该类重写了基类的 GetNewPosition 和 GetTeleportY 方法，在传送到目标点后，会从选定的目标点垂直向下发送射线，检测距离体验者最近的碰撞体，然后改变体验者的高度。以下代码选自 VRTK_Height Adjust Teleport 类的 GetTeleportY 方法。

```
    protected virtual float GetTeleportY(Transform target, Vector3 tipPosition)
    {
        if (!snapToNearestFloor || !ValidRigObjects())
        {
            return tipPosition.y;
        }
        float newY = playArea.position.y;
        float heightOffset = 0.1f;
        //检查射线接触点是否在物体顶端
        Vector3 rayStartPositionOffset = Vector3.up * heightOffset;
        Ray ray = new Ray(tipPosition + rayStartPositionOffset, -playArea.up);
        RaycastHit rayCollidedWith;
    warning disable 0618
        if (target != null && VRTK_CustomRaycast.Raycast(customRaycast, ray, out
rayCollidedWith, layersToIgnore, Mathf.Infinity, QueryTriggerInteraction.Ignore))
    warning restore 0618
```

```
        {
            newY = (tipPosition.y - rayCollidedWith.distance) + heightOffset;
        }
        return newY;
    }
```

读者可参考示例场景中的 010_CameraRig_TerrainTeleporting、020_CameraRig_MeshTeleporting 查看该组件的具体使用方法。

VRTK_Dash Teleport 类继承自 VRTK_Height Adjust Teleport，除能够实现自适应高度的传送外，在传送方式上，采用快速冲刺的形式传送到目标点，冲刺过程在瞬间完成，默认持续时间为 100 毫秒，对于所有正常距离和更长的距离，此值都是固定的。当距离变得非常短时，最小速度被限制在 50 米/秒，因此冲刺时间变得更短。体验者几乎察觉不到移动的过程，同样能够起到防止眩晕的效果。读者可参考示例场景 038_CameraRig_Dash Teleport 查看 VRTK_Dash Teleport 的具体使用方法。

VRTK_Dash Teleport (Script)	
Script	VRTK_DashTeleport
Base Settings	
Blink To Color	
Blink Transition Speed	0.6
Distance Blink Delay	0
Headset Position Compensation	✔
Target List Policy	None (VRTK_Policy List)
Nav Mesh Limit Distance	0
Height Adjust Settings	
Snap To Nearest Floor	✔
Custom Raycast	None (VRTK_Custom Raycast)
Layers To Ignore	Ignore Raycast
Dash Settings	
Normal Lerp Time	0.1
Min Speed Mps	50
Capsule Top Offset	0.2
Capsule Bottom Offset	0.5
Capsule Radius	0.5

VRTK_Dash Teleport

在传送过程中，VRTK_DashTeleport 除能发送基本传送事件外，还可发送两种事件：WillDashThruObjects 和 DashedThruObjects，即在传送开始前发现体验者和目标点存在障碍物的事件，以及穿过障碍物的事件，可通过脚本注册事件，并添加事件的处理方法，代码如下。

```
using UnityEngine;
using VRTK;

public class DashTeleportExample : MonoBehaviour
{
    private VRTK_DashTeleport _dashTeleport;

    void Start()
    {
        _dashTeleport = GetComponent<VRTK_DashTeleport>();
        _dashTeleport.WillDashThruObjects += onWillThruObjects;
        _dashTeleport.DashedThruObjects += onThruObjects;
    }

    // 传送后穿过障碍物处理函数
    private void onThruObjects(object sender, DashTeleportEventArgs e)
```

```
    {
        if (e.hits.Length > 0)
        {
            foreach (RaycastHit hitInfo in e.hits)
            {
                Debug.Log("已穿过障碍物: " + hitInfo.transform.name);
            }
        }
    }

    // 传送前发现障碍物处理函数
    private void onWillThruObjects(object sender, DashTeleportEventArgs e)
    {
        if (e.hits.Length > 0)
            foreach (RaycastHit hitInfo in e.hits)
            {
                Debug.Log("发现途经障碍物: " + hitInfo.transform.name);
            }

    }
}
```

VRTK 同样提供了 VRTK_DashTeleport 的 Unity 事件处理组件，即 VRTK_Dash Teleport_Unity Events。

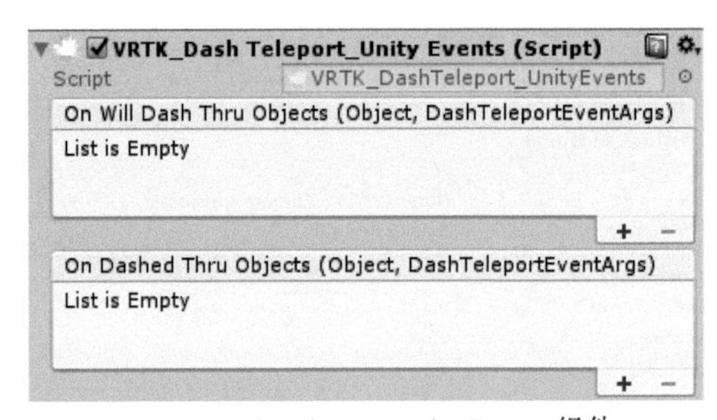

VRTK_Dash Teleport_Unity Events 组件

除使用以上组件实现传送外，VRTK 还提供以固定点为传送目标的传送类型，即在场景中添加多个预制体 DestinationPoint，程序运行时，体验者通过指针选择这些点来进行传送。在 VRTK 开发包的 Prefabs 目录下，将预制体拖入场景中，调整其位置即可。该预制体默认为普通 Capsule 外观，可根据其层级关系自定义不同状态下的显示样式。

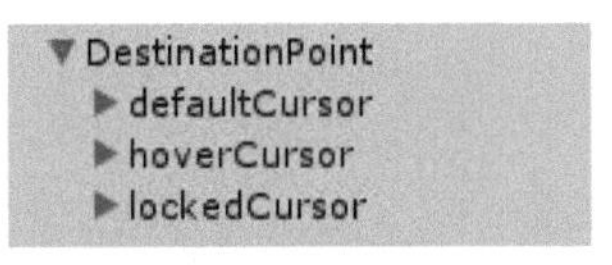

DestinationPoint

10.5.2 限定传送区域

在传送操作中，不可避免地会遇到不希望体验者传送到的位置，例如，样板间应用中的厨具、床等道具。在这种情况下，一方面可以使用 VRTK 的 VRTK_Policy List 组件决定可传送的目标，另一方面，可以通过借助导航网格实现。

VRTK_Policy List 组件通过可视化的配置，可以创建一条过滤规则，用于检查对象是否允许执行某项操作。在传送操作中，过滤规则用于检查目标对象是否能够参与传送，作为传送目标。传送范围通常由碰撞体的范围来决定，而使用策略列表则提供了更加灵活的规则。

VRTK_Policy List (Script)

Operation	Ignore
Check Types	Tag
Size	1
Element 0	

VRTK_Policy List 组件

在该组件中，Operation 属性用于选择操作类型，分为忽略（Ignore）和包括（Include）；Check Types 属性为检查类型，包括 Tag、Script、Layer 三种类型，还包括 Nothing 和 Everything；Size 用于指定当前检查类型下的元素。例如，选择 Operation 为 Ignore，Check Types 为 Layer，元素为 Bullet，则该规则为：忽略 Bullet 层上的对象。若用于传送操作，将该组件指定给传送组件的 Target List Policy 属性即可。

另外一种限定传送区域的方法是借助导航网格，将导航网格构建完毕以后，可对传送组件的 Nav Mesh Limit Distance 属性进行设置，结合该属性，可将导航网格以及导航网格以外设定的数值距离范围内的区域作为有效的传送区域。如果使用默认值 0，则忽略导航网格的限制。当属性值为 0.5 时，距离导航网格以外最远 0.5 个单位的区域可以进行传送，在大于 0.5 个单位以外的区域，则不能进行传送。这种方案可以有效地应用于在场景中移动的情境，用来避免体验者因为选择的目标点距离墙面或障碍物较近而穿过对象看到模型内部的情况。

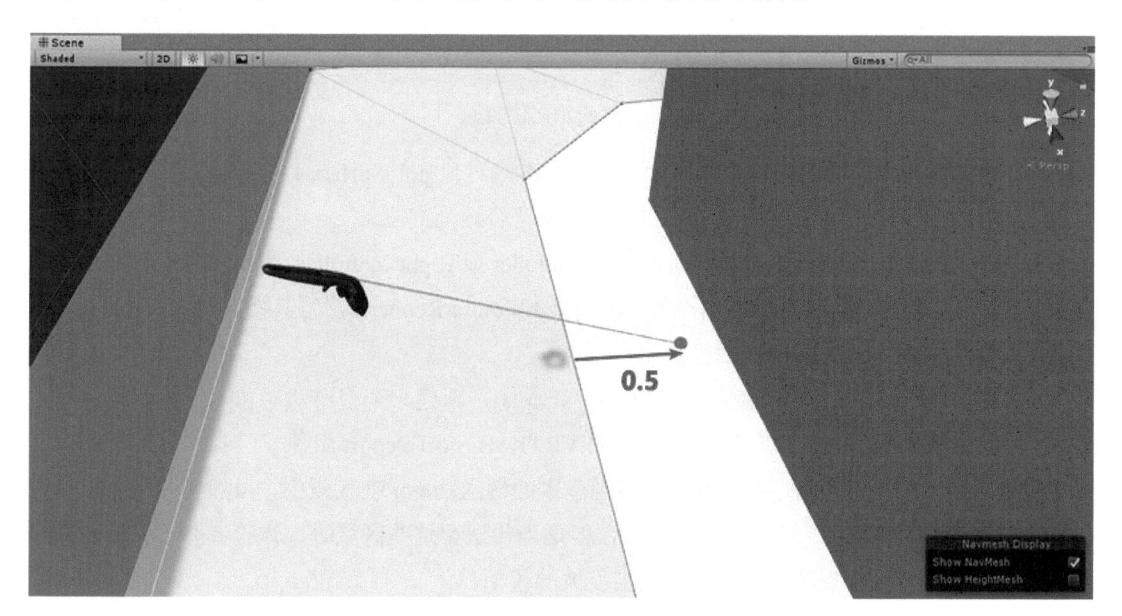

导航网格以及距离导航网格以外 0.5 个单位的区域为有效传送区域

10.5.3　在 VR 场景中实现传送

本节将通过实例介绍在场景中实现传送效果。

新建一个项目，命名为 TeleportVR，操作步骤如下。

1. 将 SteamVR Plugin 和 VRTK 导入项目。
2. 将随书资源中关于本章目录下的素材包 Environment.unitypackage 导入项目，打开场景 main。
3. 按照 10.3 节介绍的内容实现 VRTK 的初始化配置，或使用 VRTK 示例场景 002_Controller_Events 中的配置，本例中使用后一种方法。调整[CameraRig]，保证其在场景中合适的位置。

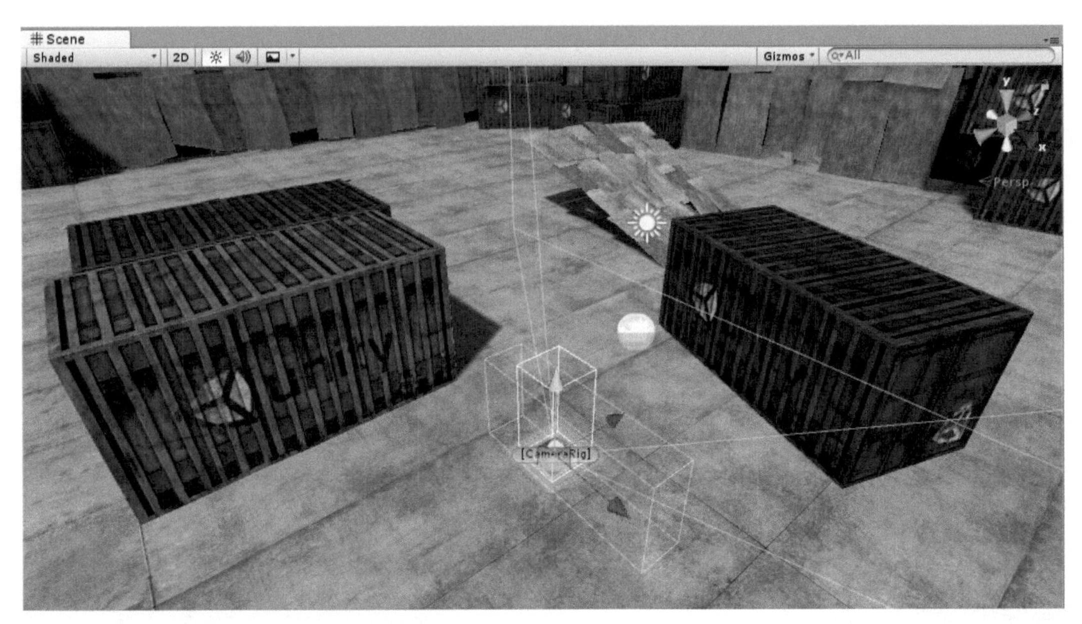

设置初始化位置

4. 选择场景中的地面作为传送区域，此处为游戏对象 polySurface4，为其添加 Box Collider 组件，调整尺寸 Size 和位置 Center，使其符合地面高度。
5. 为控制器添加指针。选择游戏对象 LeftController 或 RightController，为其添加 VRTK_Pointer 组件，然后添加渲染器组件 VRTK_StraightPointerRenderer，将其指定给 VRTK_Pointer 组件的 Pointer Renderer 属性。
6. 添加传送功能。选择游戏对象[VRTK_Scripts]，新建一个空游戏对象，作为其子物体，并命名为 PlayArea。为 PlayArea 添加 VRTK_Basic Teleport 组件。

保存项目，初次运行程序，此时能够实现基本的传送功能。在场景中，虽然在几个斜坡处存在 Mesh Collider 组件，同样能够实现传送，但是当传送至这些区域时，体验者并不能随着斜坡高度变化而改变自身位置高度，而是穿过了斜坡的模型。

停止运行程序，选择游戏对象 PlayArea，将 VRTK_Basic Teleport 组件移出，改为添加 VRTK_Height Adjust Teleport 组件，再次运行程序，此时体验者可被传送至斜坡上，实现自适应高度的传送。此外，读者可自行替换使用 VRTK_Dash Teleport 组件体验冲刺传送效果。

基本传送组件并不能根据斜坡高度调整体验者高度

自适应高度的传送效果

10.6 使用 VRTK 实现与物体的交互

10.6.1　概述

VRTK 在实现与物体的交互方面，为开发者提供了非常方便的配置接口，开发者只需做一些配置，即可实现想要的交互效果，例如攀爬、双手持握、缩放物体等。在 VRTK 架构中，定义了三种基本交互方式，分别是：Touch、Grab、Use。其中，Touch 表示控制器与物体发生的接触动作；Grab 为抓取动作；Use 为选中或点击动作，类似点击鼠标。

实现与物体的交互，需要对交互对象和控制器进行设置。对于被交互的物体，需要为其添加 VRTK_Interactable Object 组件，以标记为可交互对象，并进行相应的交互设置；对于控制器，可根据具体要实现的交互动作为其添加相应的脚本。对于以上介绍的三种交互方式，分别有相应的组件：VRTK_Interact Touch、VRTK_Interact Grab、VRTK_Interact Use。接下来我们将分别介绍这些组件以及配置方法。

10.6.2 配置方法

实现 VRTK 与物体的交互，可通过两种方法实现，一种是手动挂载相关组件到可交互的物体上，另一种是通过配置窗口进行配置。其中，通过配置窗口进行配置的过程，本质上也是将组件挂载到可交互的物体上，所不同的只是将挂载的过程和属性设置进行了自动化处理。需要注意的是，无论使用哪种方式，首先都要在可交互物体上添加符合对象外观的碰撞体，并确保物体为非静态（Static）。

首先来看一下手动配置的过程。类似于 SteamVR Plugin 中的 Interaction System，实现物体为可交互，需要为其挂载标记为可交互对象的组件，在 VRTK 中，使用 VRTK_Interactable Object 组件挂载到需要进行交互的物体上。

VRTK_Interactable Object (Script)	
Script	VRTK_InteractableObject
Disable When Idle	☑
Touch Options	
Touch Highlight Color	
Allowed Touch Controllers	Both
▶ Ignored Colliders	
Grab Options	
Is Grabbable	☐
Hold Button To Grab	☑
Stay Grabbed On Teleport	☑
Valid Drop	Drop Anywhere
Grab Override Button	Undefined
Allowed Grab Controllers	Both
Grab Attach Mechanic Script	None (VRTK_Base Grab Attach)
Secondary Grab Action Script	None (VRTK_Base Grab Action)
Use Options	
Is Usable	☐
Hold Button To Use	☑
Use Only If Grabbed	☐
Pointer Activates Use Action	☐
Use Override Button	Undefined
Allowed Use Controllers	Both

VRTK_Interactable Object

该组件的基本功能是实现物体与控制器的交互机制，属性面板中的参数根据之前介绍的三种交互动作进行了分组，针对这三种动作分别列出了可以配置的个性化参数。在 Touch Options 栏中，Touch Highlight Color 属性为物体被接触时的高亮颜色；在 Grab Options 栏中，Is Grabbable 属性决定物体是否可被抓取，Hold Button To Grab 属性用于确定是否一直按下抓取键来保持抓取状态，Stay Grabbed On Teleport 属性用于确定是否在抓取过程中允许传送操作，Grab Attach

Mechanic Script 用于决定物体的抓取机制，能够接收的组件为继承自 VRTK_BaseGrabAttach 类的组件，通过设定抓取机制，能够实现多种抓取形式，例如攀爬移动、旋转物体等，我们将在下一节介绍 VRTK 的抓取机制；在 Use Options 栏中，Is Userable 属性决定物体是否可被使用，Hold Button To Use 属性用于确定是否一直按下使用键来保持使用状态，Use Only If Grabbed 属性决定物体是否在被抓取的前提下被使用。

VRTK_Interacatable Object 类在交互过程中会根据交互阶段发送多种交互事件，开发者可通过脚本注册事件监听，为不同的事件类型添加相应的处理方法，代码如下。

```
using UnityEngine;
using VRTK;

public class InteracatableObjectEventExample : MonoBehaviour
{
    VRTK_InteractableObject _interactableEvent;

    void Start()
    {
        _interactableEvent = GetComponent<VRTK_InteractableObject>();
        _interactableEvent.InteractableObjectTouched += onObjectTouched;
        _interactableEvent.InteractableObjectGrabbed += onObjectGrabbed;
        _interactableEvent.InteractableObjectUsed += onObjectUsed;
    }

    private void onObjectTouched(object sender, InteractableObjectEventArgs e)
    {
        Debug.Log("当前物体被" + e.interactingObject.name + "接触");
    }

    private void onObjectGrabbed(object sender, InteractableObjectEventArgs e)
    {
        Debug.Log("当前物体被" + e.interactingObject.name + "抓取!");
    }

    private void onObjectUsed(object sender, InteractableObjectEventArgs e)
    {
        Debug.Log("当前物体被" + e.interactingObject.name + "使用!");
    }
}
```

同时，可以添加 VRTK_Interactable Object_Unity Events 组件，在属性面板中配置这些事件的处理方法。

除手动配置外，VRTK 还提供了可视化的窗口对物体进行配置。执行 Window→VRTK→Setup Interactable Object 命令，打开配置窗口。

在组件的 Touch Options、Brab Options、Use Options 栏中，对应 VRTK_Interactable Object 组件中的属性；在 Misc Options 栏中，可为交互对象添加 Rigidbody 和 VRTK_Interact Haptics 组件，其中 VRTK_Interact Haptics 组件可以针对三种交互方式设置不同的控制器振动类型，我们将在 10.7 节中介绍使用 VRTK 实现控制器的振动。

单击 Setup selected object(s)按钮，即可完成对物体的可交互配置，其最终结果是在交互对象上挂载交互所需要的组件，并设置相关组件的属性。

设置物体为可交互对象配置窗口

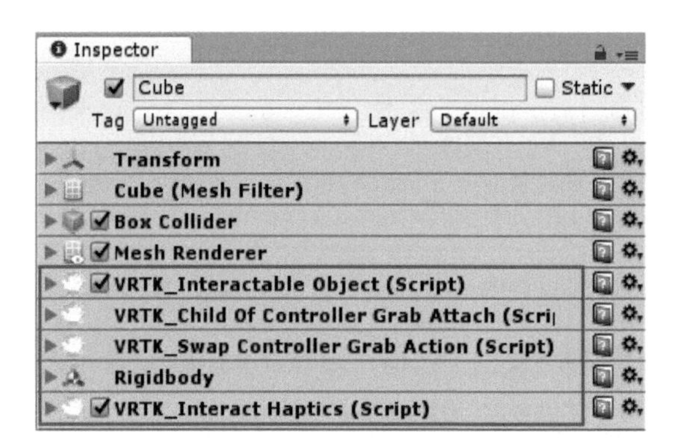

物体在经过窗口配置后挂载的组件

对于控制器端的设置，可根据具体要实现的交互方式在挂载了 VRTK_ControllerEvents 组件的控制器对象上添加需要的组件。

控制器与物体的交互首先需要与物体发生接触，所以 VRTK_Interact Touch 是必须添加的组件。

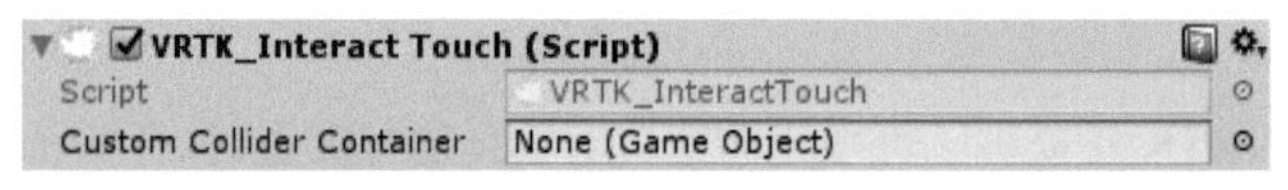

VRTK_Interact Touch

VRTK_Interact Touch 类在交互过程中发送多种事件，包括 ControllerStartTouchInteractableObject、ControllerTouchInteractableObject、ControllerStartUntouchInteractableObject、ControllerUntouchInteractableObject、ControllerRigidbodyActivated、ControllerRigidbodyDeactivated，开发者可根据具体的交互阶段编写对应的交互处理方法，代码如下。

```
using UnityEngine;
using VRTK;

public class ControllerTouchExample : MonoBehaviour
{
    VRTK_InteractTouch _touchEvent;

    void Start()
    {
        _touchEvent = GetComponent<VRTK_InteractTouch>();
        _touchEvent.ControllerTouchInteractableObject += onTouchObject;
        _touchEvent.ControllerUntouchInteractableObject += onUntouchObject;
    }

    private void onTouchObject(object sender, ObjectInteractEventArgs e)
    {
        Debug.Log("控制器" + e.controllerReference.scriptAlias.name + "接触到物体:
" + e.target.name);
    }

    private void onUntouchObject(object sender, ObjectInteractEventArgs e)
    {
        Debug.Log("控制器" + e.controllerReference.scriptAlias.name + "不再接触物
体: " + e.target.name);
    }
}
```

同时，可以添加 VRTK_InteractTouch_UnityEvents 组件，在属性面板中配置这些事件的处理方法。

VRTK_Interact Grab 组件使控制器能够抓取和释放物体。默认发出抓取动作的控制器按键是 Grip 键，可以在组件的 Grab Button 属性中选择其他按键行为。当控制器与可交互对象接触，并且该对象上的 VRTK_InteractableObject 组件属性 isGrabbable 为 true 时，该对象可被控制器抓取，此时当按下默认的 Grip 键时，交互对象被吸附到控制器上，当松开 Grip 键时，该对象被释放。至于抓取机制，可通过交互对象上 VRTK_InteractableObject 组件的 Grab Attach Mechanic Script 和 Secondary Grab Action Script 进行设定，我们将在下一节介绍 VRTK 中的抓取机制。

VRTK_Interact Grab

VRTK_Interact Grab 类在交互过程中发送一系列事件，包括：ControllerGrabInteractableObject、ControllerUngrabInteractableObject 等。开发者可根据具体的交互阶段编写对应的交互处理方法，代码如下。

```
using UnityEngine;
using VRTK;
```

```
public class ControllerGrabExample : MonoBehaviour
{
    VRTK_InteractGrab _grabEvent;

    void Start()
    {
        _grabEvent = GetComponent<VRTK_InteractGrab>();
        _grabEvent.ControllerGrabInteractableObject += onGrabObject;
        _grabEvent.ControllerUngrabInteractableObject += onUngrabObject;
    }

    private void onGrabObject(object sender, ObjectInteractEventArgs e)
    {
        Debug.Log("控制器" + e.controllerReference.scriptAlias.name + "抓取了物体:
" + e.target.name);
    }

    private void onUngrabObject(object sender, ObjectInteractEventArgs e)
    {
        Debug.Log("控制器" + e.controllerReference.scriptAlias.name + "释放了物体:
" + e.target.name);
    }
}
```

同时，可以添加 VRTK_InteractGrab_UnityEvents 组件，在属性面板中配置这些事件的处理方法。

VRTK_Interact Use 组件使控制器能够使用物体。该组件根据指定的控制器按键行为决定是否使用或停止使用可交互对象。当控制器与可交互对象接触并且该对象上的 VRTK_Interactable Object 组件属性 isUsable 为 true 时，该对象可被控制器使用，该交互行为需要开发者自定义相应的事件处理方法，在控制器中按下默认的 Trigger 键时被调用，代码如下。

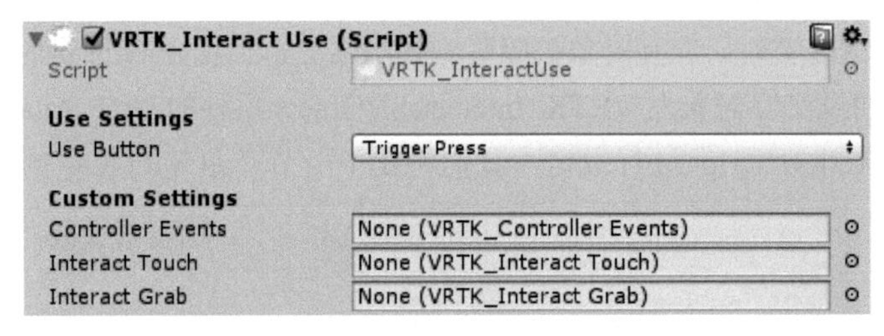

VRTK_Interact Use

```
using UnityEngine;
using VRTK;

public class ControllerUseExample : MonoBehaviour
{
    VRTK_InteractUse _useEvent;
    //初始化
    void Start()
    {
        _useEvent = GetComponent<VRTK_InteractUse>();
        _useEvent.ControllerStartUseInteractableObject += onStartUseObject;
    }

    private void onStartUseObject(object sender, ObjectInteractEventArgs e)
    {
        Rigidbody _rb = e.target.GetComponent<Rigidbody>();
```

```
        if (_rb != null)
            _rb.AddForce(new Vector3(0, 0, 10));
    }
}
```

10.6.3　VRTK 的抓取机制

在 VRTK 开发工具包的目录 Scripts/Interactions/GrabAttachMechanics 下，通过这些组件，能够实现多种形式的抓取效果。这些组件均继承自 VRTK_BaseGrabAttach 类，添加后需要指定给 VRTK_Interactable Object 组件的 Grab Attach Mechanic Script 属性。本节将介绍几种常用的抓取机制组件。

VRTK_Child Of Controller Grab Attach 组件实现了基本的抓取机制，当物体被抓取时，将作为控制器的子物体跟随控制器运动。该组件与其他抓取机制组件具有相同的基础选项（Base Options）。其中 Precision Grab 属性决定物体是否被精确抓取，如果该属性为 true，则物体被抓取时，将不会被自动吸附到指定的位置，而是与控制器在抓取点保持相对距离的位置；Right Snap Handle 和 Left Snap Handle 用于指定该物体分别被右手控制器和左手控制器抓取时的吸附点。

VRTK_Child Of Controller Grab Attach (Script)	
Script	VRTK_ChildOfControllerGrabAttach
Base Options	
Precision Grab	☐
Right Snap Handle	None (Transform)
Left Snap Handle	None (Transform)
Throw Velocity With Attach D	☐
Throw Multiplier	1
On Grab Collision Delay	0

VRTK_Child Of Controller Grab Attach 组件

VRTK_Climbable Grab Attach 组件将当前物体标记为可攀爬的抓取点，当被抓取时，该物体并不会发生移动，而是使 PlayArea（即体验者）相向移动。不过要实现攀爬效果，还需要借助 VRTK_Player Climb 组件配合，我们将在 12.10 节通过实例演示使用该组件实现的攀爬效果。

VRTK_Climbable Grab Attach (Script)	
Script	VRTK_ClimbableGrabAttach
Base Options	
Precision Grab	☐
Right Snap Handle	None (Transform)
Left Snap Handle	None (Transform)
Throw Velocity With Attach D	☐
Throw Multiplier	1
On Grab Collision Delay	0
Use Object Rotation	☐

VRTK_Climbable Grab Attach 组件

VRTK_Fixed Joint Grab Attach 组件在物体被抓取时，在物体与控制器之间生成一个固定关节组件，两者的运动关系符合通过固定关节连接的两个物体，即物体可以在一定外力影响下脱离控制器，这个力度值可以在组件的 Break Force 属性中进行设置。

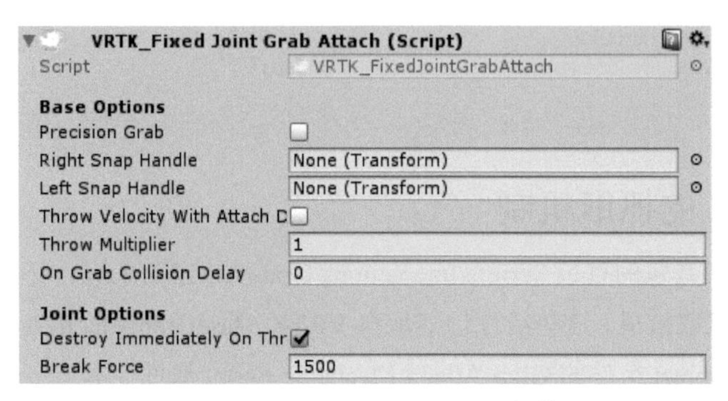

VRTK_Fixed Joint Grab Attach 组件

VRTK_Spring Joint Grab Attach 组件与 VRTK_Fixed Joint Grab Attach 组件类似，区别在于，当物体被抓取时，前者生成一个弹簧关节（Spring Joint），物体与控制器的运动关系符合通过弹簧关节连接的两个物体。

VRTK_Spring Joint Grab Attach (Script)
Script: VRTK_SpringJointGrabAttach
Base Options
Precision Grab
Right Snap Handle: None (Transform)
Left Snap Handle: None (Transform)
Throw Velocity With Attach D
Throw Multiplier: 1
On Grab Collision Delay: 0
Joint Options
Destroy Immediately On Thr
Break Force: 1500
Strength: 500
Damper: 50

VRTK_Spring Joint Grab Attach 组件

VRTK_Track Object Grab Attach 组件实现的抓取机制：在物体被抓取时，并不生成任何关节点使物体吸附在控制器上，而是使物体跟踪控制器的移动方向。

VRTK_Track Object Grab Attach (Script)
Script: VRTK_TrackObjectGrabAttach
Base Options
Precision Grab
Right Snap Handle: None (Transform)
Left Snap Handle: None (Transform)
Throw Velocity With Attach D
Throw Multiplier: 1
On Grab Collision Delay: 0
Track Options
Detach Distance: 1
Velocity Limit: Infinity
Angular Velocity Limit: Infinity

VRTK_Track Object Grab Attach 组件

VRTK_Rotator Track Grab Attach 组件与 VRTK_Track Object Grab Attach 组件类似，但该组件不跟踪控制器的移动方向，而是为物体添加一个力，使物体发生旋转。以下代码节选自 VRTK_RotatorTrackGrabAttach 类的 `ProcessFixedUpdate` 方法。

```
    public override void ProcessFixedUpdate()
    {
        var rotateForce = trackPoint.position - initialAttachPoint.position;
        grabbedObjectRigidBody.AddForceAtPosition(rotateForce,
initialAttachPoint.position, ForceMode.VelocityChange);
    }
```

该组件常用于抓取类似通过铰链关节连接的物体，例如，用它实现开关门的效果。读者可参考示例场景 021_Controller_GrabbingObjectsWithJoints 查看该组件的详细使用方法。

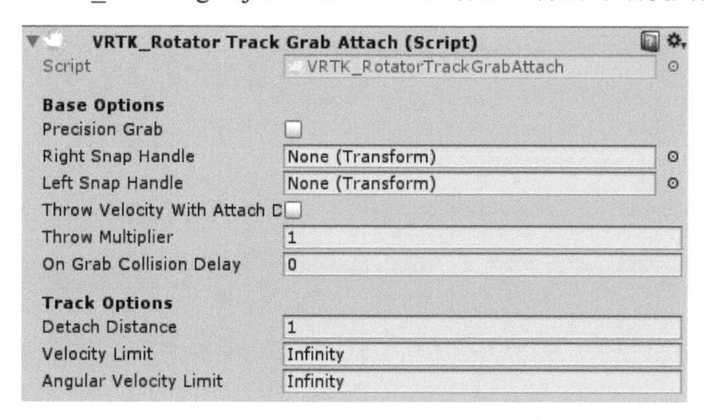

VRTK_RotatorTrackGrabAttach 组件

10.7 VRTK 中的控制器高亮和振动

10.7.1　控制器高亮

在 VRTK 中实现控制器高亮，需要用到 VRTK_Controller Highlighter 组件。通过该组件不仅能够实现控制器模型整体高亮，还可高亮指定的控制器部件。

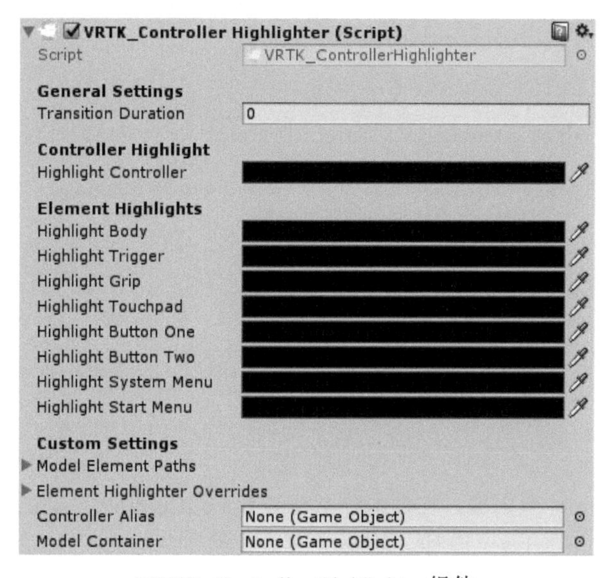

VRTK_Controller Highlighter 组件

在使用时，需要将该组件挂载到需要高亮的控制器对象（LeftController 或 RightController）上，其中 Highlight Controller 属性用于指定控制器整体的高亮颜色，在 Element Highlights 栏中，可分别指定各部件的高亮颜色。在通常情况下，是通过脚本在指定的事件发生时调用高亮，代码如下。

```
    using UnityEngine;
    using VRTK;

    public class ControllerHighlightExample : MonoBehaviour
    {
        VRTK_ControllerHighlighter _highlighter;
        VRTK_InteractTouch _controllerTouchEvent;
        VRTK_ControllerEvents _controllerEvent;

        void Start()
        {
            _highlighter = GetComponent<VRTK_ControllerHighlighter>();

            _controllerTouchEvent = GetComponent<VRTK_InteractTouch>();
            _controllerTouchEvent.ControllerStartTouchInteractableObject +=
onTouchObject;
            _controllerTouchEvent.ControllerUntouchInteractableObject +=
onUntouchObject;

            _controllerEvent = GetComponent<VRTK_ControllerEvents>();
            _controllerEvent.TriggerPressed += onTriggerPressed;
            _controllerEvent.TriggerReleased += ontriggerReleased;
        }

        // 当触摸物体时，控制器整体高亮
        private void onTouchObject(object sender, ObjectInteractEventArgs e)
        {
            _highlighter.HighlightController(Color.red);
        }

        // 当离开物体时，控制器停止高亮
        private void onUntouchObject(object sender, ObjectInteractEventArgs e)
        {
            _highlighter.UnhighlightController();
        }

        // 按下 Trigger 键时高亮 Trigger 键
        private void ontriggerReleased(object sender, ControllerInteractionEventArgs e)
        {
            _highlighter.UnhighlightElement(SDK_BaseController.ControllerElements.
Trigger);
        }

        // 松开 Trigger 键时，停止高亮 Trigger 键
        private void onTriggerPressed(object sender, ControllerInteractionEventArgs e)
        {
            _highlighter.HighlightElement(SDK_BaseController.ControllerElements.
Trigger, Color.yellow);
        }
    }
```

保存脚本，返回 Unity 编辑器，将脚本分别挂载到 LeftController 和 RightController 上，运行程序。在左手控制器按下 Trigger 键时，Trigger 键呈黄色高亮效果；当右手控制器与可交互物体接触时，整体呈红色高亮效果。

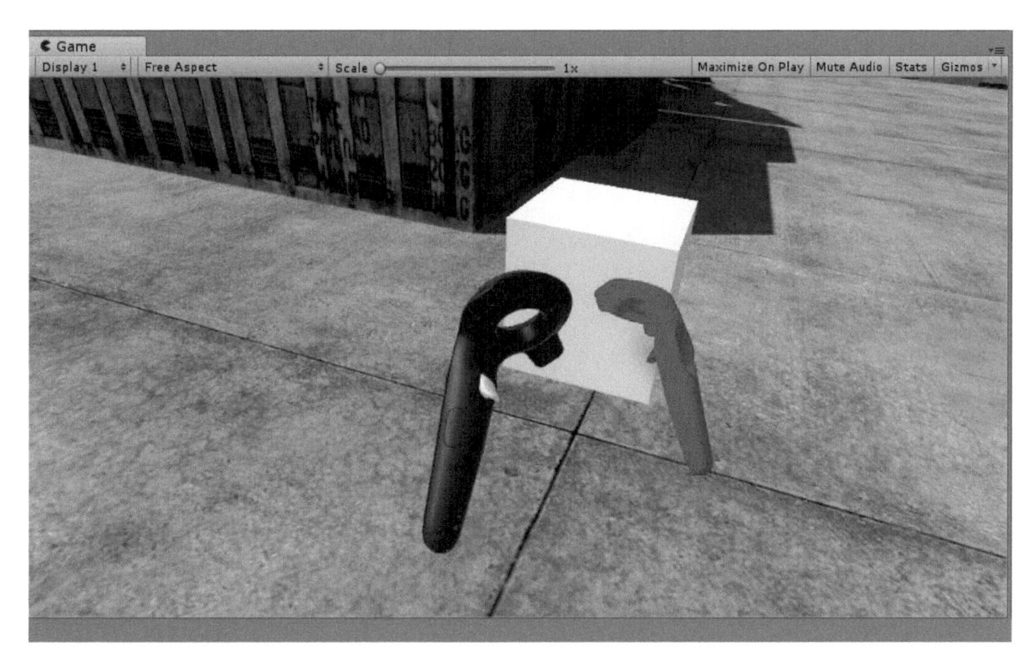

控制器高亮效果

10.7.2 控制器振动

在 VRTK 中，通过 VRTK_Interact Haptics 组件实现控制器的振动效果。该组件挂载在指定的可交互对象上，能够分别针对当前物体发起的 Touch、Grab、Use 三种交互行为在控制器上进行振动。

VRTK_Interact Haptics (Script)

Haptics On Touch	
Clip On Touch	None (Audio Clip)
Strength On Touch	0
Duration On Touch	0
Interval On Touch	0.05
Haptics On Grab	
Clip On Grab	None (Audio Clip)
Strength On Grab	0
Duration On Grab	0
Interval On Grab	0.05
Haptics On Use	
Clip On Use	None (Audio Clip)
Strength On Use	0
Duration On Use	0
Interval On Use	0.05

VRTK_Interact Haptics 组件

在 Haptics On Touch 栏中，当为 Clip On Touch 属性指定音频时，控制器按照此音频节奏进行振动，此时该分类下的其他属性消失；若不指定音频，则 Strength On Touch 属性为触摸时的振动力度，Duration On Touch 为触摸时的振动持续时间，Interval On Touch 属性为触摸时的振动频率。Haptics On Grab 和 Haptics On Use 分类下的属性与 Haptics On Touch 相似，在此不再赘述。

10.8 VRTK 中与 UI 的交互

使用 VRTK 实现与 UI 元素的交互，除需要在控制器对象上添加 VRTK_UI Pointer 组件外，还需要在 UI 容器 Canvas 上添加 VRTK_UI Canvas 组件。

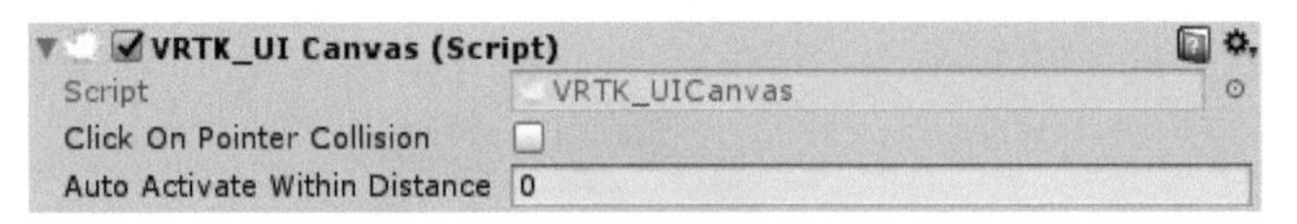

VRTK_UI Canvas 组件

在该组件中，若 Click On Pointer Collision 属性为 true，则当控制器与 UI 元素碰撞时会触发 UI 点击事件；Auto Activate Within Distance 属性用于设置 UI 元素感应控制器的距离，即当控制器接近 UI 元素一定距离时，UI 元素呈现激活状态。读者可参考 VRTK 示例场景 034_Controls_InteractingWithUnityUI 查看更多的使用方法。

我们将通过以下实例演示在 VRTK 中实现与 UI 元素的交互，本例实现的效果是使用控制器指针分别调节代表颜色三通道的三个 Slider，从而改变立方体的颜色，操作步骤如下。

1. 初始化 VRTK 配置。本例使用 VRTK 示例场景 004_CameraRig_BasicTeleport 中的初始配置。在 LeftController 或 RightController 上挂载 VRTK_UI Pointer 组件。
2. 在场景中新建一个 Cube，作为控制颜色的对象。新建一个材质，命名为 BoxMat，参数保持默认设置，将其赋予给 Cube。
3. 新建一个 Canvas，命名为 ColorControlHUD，按照第 7 章介绍的方法，将其转换为世界空间坐标。为 ColorControlHUD 挂载 VRTK_UI Canvas 组件。
4. 在 ColorControlHUD 下新建三个 Slider，分别命名为 RedChannelSlider、GreenChannelSlider、BlueChannelSlider，排列位置如下图所示。

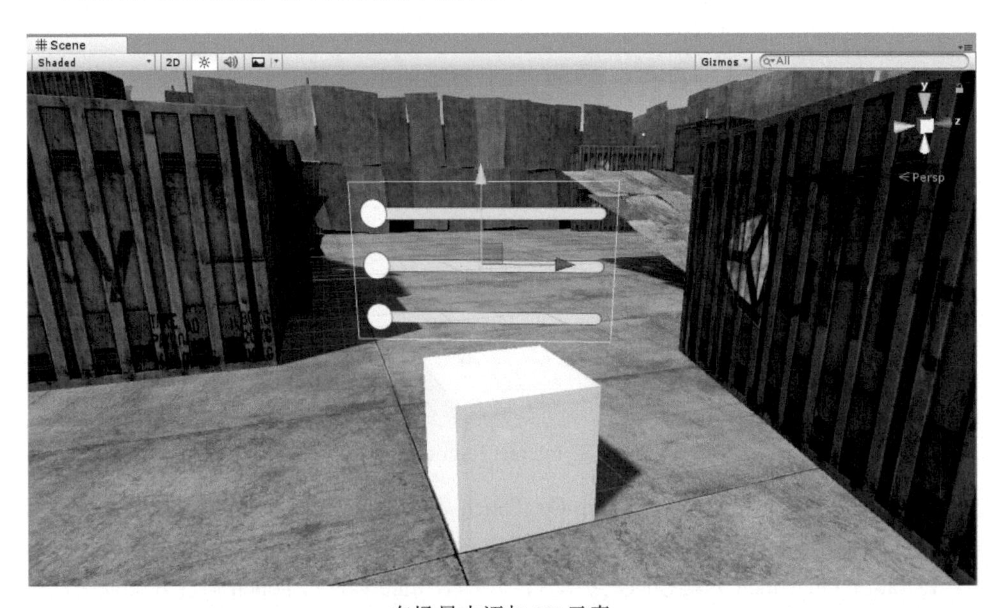

在场景中添加 UI 元素

5. 新建 C#脚本，命名为 ChangeColor.cs，代码如下。

```
using UnityEngine;

public class ChangeColor : MonoBehaviour
{
    float _redColor = 1.0f;
    float _greenColor = 1.0f;
    float _blueColor = 1.0f;

 // 供 RedChannelSlider 的 On Value Changed 事件调用
    public void SetRedColor(float value)
    {
        _redColor = value;
        updateBoxColor();
    }

 // 供 GreenChannelSlider 的 On Value Changed 事件调用
    public void SetGreenColor(float value)
    {
        _greenColor = value;
        updateBoxColor();
    }

 // 供 BlueChannelSlider 的 On Value Changed 事件调用
    public void SetBlueColor(float value)
    {
        _blueColor = value;
        updateBoxColor();
    }

    private void updateBoxColor()
    {
        Renderer _renderer = GetComponent<Renderer>();
        _renderer.material.color = new Color(_redColor, _greenColor, _blueColor);
    }
}
```

6. 保存脚本，返回 Unity 编辑器，将脚本挂载到场景中的游戏对象 Cube 上。为三个 Slider 指定 On Value Changed 事件处理方法。以 RedChannelSlider 为例，在其 Slider 组件中，单击 On Value Changed 栏右下角的“+”按钮，将 Cube 指定为挂载脚本的对象，在右侧方法列表中选择 ChangeColor 类的 `SetRedColor` 方法。对于其他两个 Slider，按照相同的方法指定对应的事件处理方法。
7. 保存场景，运行程序，按下 Touchpad 键，激活指针，移动到任意一个 Slider 上，按下 Trigger 键即可拖动 Slider 的滑块，同时，Cube 的颜色改变。最终效果如下图所示。

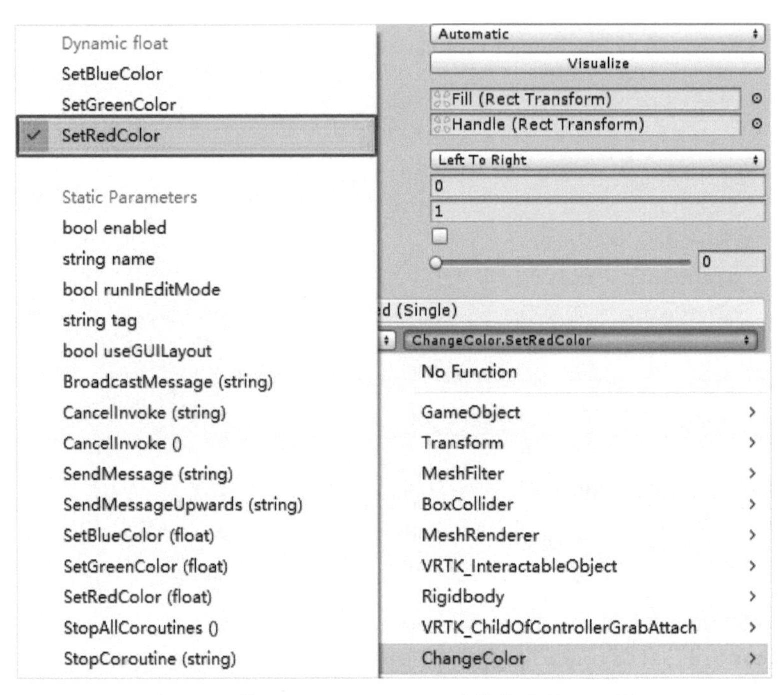

为 Slider 的 On Value Changed 事件指定处理方法

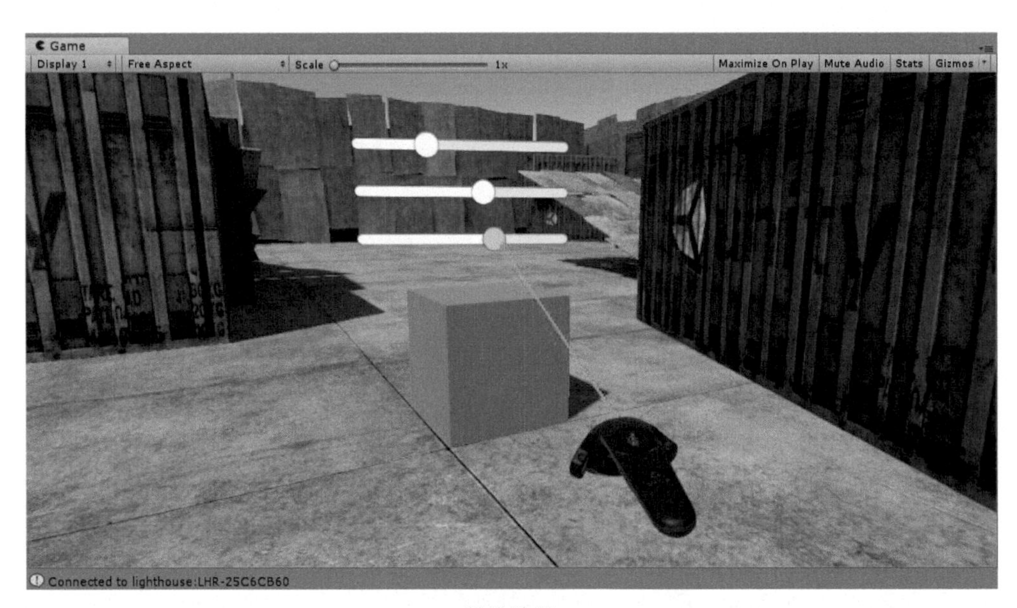

最终效果

10.9 实例：开枪射击效果

本节将通过一个开枪射击实例介绍如何使用 VRTK 中的 Use 事件与物体进行交互。本实例使用 Unity 2017.3.1 开发，操作步骤如下。

1. 新建 Unity 项目，命名为 ShootVR。

2. 导入 SteamVR Plugin 和 VRTK。
3. 在随书资源中，将素材包 Environment.unitypackage 导入项目中，打开场景 main。
4. 根据 10.3.2 节中介绍的方法，快速配置 VRTK，这里我们希望程序初始配置能够实现基本的传送功能，所以使用 VRTK 示例场景 004_CameraRig_BasicTeleport 中的配置。将该场景拖入 Hierarchy 面板中，选择[VRTK_SDKManager]和[VRTK_Scripts]，拖入当前场景 Main 中，将示例场景移除。
5. 调整[VRTK_SDKManager]下子物体 SteamVR 的位置，参考值 Position 为（3,0,–8）。若此时该子物体 SteamVR 不可见，可在属性面板中设置其为可见，以便在场景中进行调整。

初始场景及玩家位置

6. 选择场景中的地面 polySurface4，为其添加碰撞体 BoxCollider 组件以实现传送。调整组件尺寸，使指针与地面的接触点更符合实际展示效果，可将 *Y* 轴尺寸设置为 0.01。
7. 设置子弹。将 Weapons_ChamferZone 目录下的模型 Weapon 拖入场景中，选择其子物体 cal_7_62x39，重命名为 Bullet，为其添加 Capsule Collider 组件和 Rigidbody 组件。如果不追求真实的子弹弹道，可设置 Rigibody 组件的 Use Gravity 属性为 false，即子弹在飞行过程中不受重力影响。同时，为了在子弹快速运动过程中能够及时检测碰撞，将 Collision Detection 属性设置为 Continuous。

   为子弹 Bullet 添加 LineRenderer 组件并进行设置：将 Use World Space 属性设置为 false；在 Positions 数组中，将第二个点 Element 1 的数值设置为（0,0.5,0）；将线段宽度 Width 设置为 0.01；新建一个材质，命名为 LineMaterial，指定给组件的 Materials 数组成员，材质颜色设为黄色，为子弹添加拖尾效果，如下图所示。

   设置完毕后将 Bullet 拖入 Project 面板中，转换为预制体，同时删除场景中的 Bullet 实例。
8. 在游戏对象 WPN_AKM 下新建一个空的子物体，命名为 FirePoint，调整位置到枪口处，*Z* 轴朝向子弹发射方向。调整前可为其添加可视化 Icon，参考值 Position 为(–0.0045,0.019,0.46)。

为子弹添加拖尾效果

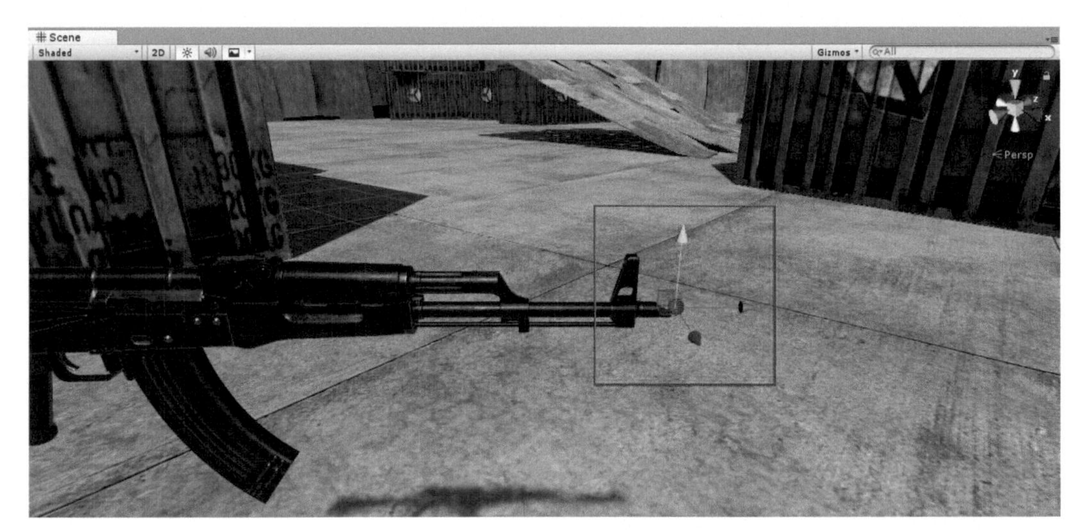

设置子弹发射方向

9. 添加开枪时的枪口火焰。在随书资源中，将素材包 WeaponEffect.unitypackage 导入项目。在该资源包目录 Prefabs 下，将预制体 MuzzleFlashEffect 拖入场景，作为游戏对象 FirePoint 的子物体，当开枪时，显示该枪口火焰特效。调整特效对象的位置和朝向，参考值 Position 为（0,0,0），Rotation 为（0,–90,0）。
10. 设置道具为可交互对象。选择游戏对象 Weapon 下的子物体 WPN_AKM，为其添加碰撞体 Box Collider 组件，在实际的游戏项目中可根据枪体外观设置多个碰撞体，以符合其实际碰撞范围，此处用于演示仅添加一个碰撞体的情况。需要注意的是，由于此时子弹生成位置与当前碰撞体位置较近，为了在生成后不使子弹与碰撞体发生不必要的碰撞，可适当拉开子弹生成点与碰撞体之间的距离，或者新建一层，命名为 Weapon，将预制体 Bullet 和道具放置在同一层，在 Physics Manager 中设置该层之间的物体不相互检测碰撞。
11. 添加开枪印象。选择游戏对象 Weapon，为其添加 Audio Source 组件，当开枪射击时，播放声音特效。在 WeaponEffect 素材包目录 Sound 下，将音频资源 Shoot 指定给组件的 AudioClip 属性，同时将 Play On Awake 属性设置为 false，即不自动播放。

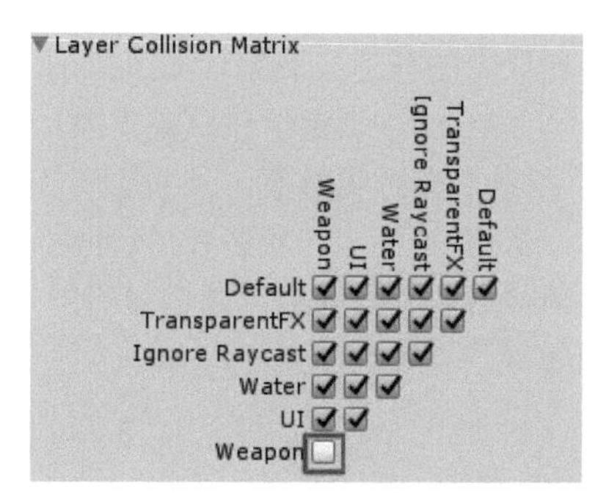

设置层碰撞矩阵，避免子弹与枪体发生不必要的碰撞

12. 选择游戏对象 Weapon，在菜单栏中执行 Window→VRTK→Setup Interactable Object 命令，打开设置可交互对象窗口，按照如下图所示进行参数设置。注意此处关于 Use Options 的设置，单击 Setup selected object（s）按钮，完成设置。

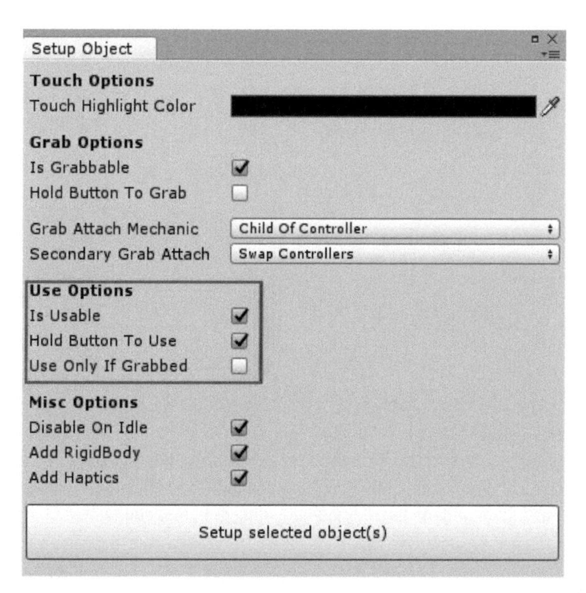

设置对象为可交互

13. 设置枪的持握点。为游戏对象 Weapon 添加一个空的子物体，命名为 Handle，设置其位置和旋转角度，参考值 Position 为（–0.0038,0.0173,–0.08），Rotation 为（65,0,0）。在 Weapons_ChamferZone 的 VRTK_Child Of Controller Grab Attach 组件中，将 Right Snap Handle 和 Left Snap Handle 均指定为游戏对象 Handle。
14. 为了提升用户体验，当用手柄控制器持握道具时，可将渲染的手柄模型隐藏。选择游戏对象 Weapon，为其添加 VRTK_Interact Controller Appearance 组件，在 Grab Visibility 栏中，设置 Hide Controller On Grab 为 true。
15. 在本实例中，我们假设使用右手控制器对枪进行持握并开枪，使用左手控制器进行传送点的选择。在游戏对象[VRTK_Scripts]下，选择子物体 RightController，依次添加 VRTK_InteractTouch、VRTK_InteractGrab、VRTK_InteractUse 三个组件。另外，为了在程序开始时不用手动对道具进行拾取，可添加 VRTK_ObjectAutoGrab 组件，设置组件参数 Object To Grab 为游戏对象 Weapons_ChamferZone。

16. 设置被击中对象。选择场景中的任意集装箱，如 geometry_39，为其添加 Box Collider，同时新建一个 Tag，命名为 Metal，指定给该游戏对象；选择地面 polySurface4，新建一个 Tag，命名为 Stone，指定给该游戏对象。
17. 接下来实现射击的逻辑，新建 C#脚本，命名为 Weapon.cs，在该脚本中，每次射击过程都将生成子弹的实例，同时生成一条射线，通过射线判定是否击中物体，通过子弹的飞行制作弹道效果，代码如下。

```
using UnityEngine;

public class Weapon : MonoBehaviour
{
    // 子弹生成位置
    public Transform firePoint;
    // 枪口火焰特效
    public ParticleSystem muzzleFlash;
    // 子弹预制体
    public GameObject bulletPrefab;
    // 开枪声音
    public AudioSource fireSound;
    // 射击在金属上的特效
    public GameObject metalHitEffect;
    // 射击在地面上的特效
    public GameObject stoneHitEffect;

    // 开枪射击函数，供 Use 事件调用
    public void Shoot()
    {
        RaycastHit hitInfo;

        // 生成子弹实例
        GameObject bulletColone = Instantiate(bulletPrefab);
        // 设置子弹初始位置
        bulletColone.transform.position = firePoint.position;
        // 鉴于模型中心点坐标，在子弹生成后，设置其朝向符合显示子弹朝向
        // 在实际游戏项目中，需要根据具体模型资源设置子弹朝向
        bulletColone.transform.up = -firePoint.forward;

        // 发送射线判断是否击中物体
        if (Physics.Raycast(firePoint.position, firePoint.forward, out hitInfo))
        {
            // 分别根据击中碰撞体的 Tag 生成不同的击中效果
            if (hitInfo.collider.tag == "Metal")
            {
                showHitEffect(metalHitEffect, hitInfo);
            }
            else if (hitInfo.collider.tag == "Stone")
            {
                showHitEffect(stoneHitEffect, hitInfo);
            }
        }

        // 播放枪口火焰特效
        muzzleFlash.Play();
        // 播放开枪音效
        fireSound.Play();
    }
```

```
        // 生成弹痕及击中效果
        void showHitEffect(GameObject effectPrefab, RaycastHit hitInfo)
        {
            // 弹痕位置为射线击中点，方向为击中点的法线方向
            GameObject hitEffectClone = Instantiate(effectPrefab, hitInfo.point,
Quaternion.LookRotation(hitInfo.normal));
            hitEffectClone.transform.SetParent(hitInfo.transform);
        }
    }
```

18. 保存脚本，返回 Unity 编辑器，将其挂载到游戏对象 Weapon 上，指定各属性如下：将子物体 FirePoint 指定给 Fire Point 属性；将游戏对象 MuzzleFlashEffect 指定给 Muzzle Flash 属性；将预制体 Bullet 指定给 Bullet Prefab 属性；将当前游戏对象上的 Audio Source 组件指定给 Fire Sound 属性。
19. 配置 Use 事件处理方法。选择游戏对象 Weapon，为其添加 VRTK_InteractableObject_UnityEvents 组件，单击 On Use 事件栏的"+"按钮，配置事件处理方法，指定为挂载在当前游戏对象上的 Weapons 脚本的 `Shoot()` 方法。

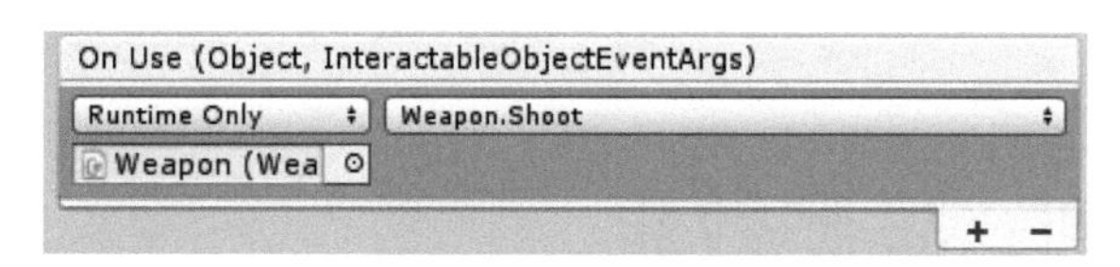

配置 Use 事件处理方法

此时完成了道具枪的开枪逻辑设计，但是子弹仅能够在 Use 事件发生时生成实例，并不会按照一定的速度发射出去，我们还需要对子弹编写逻辑，包括按照弹道飞行、击中和未击中物体时的销毁处理。

新建 C#脚本，命名为 Bullet.cs，编写代码如下。

```
using UnityEngine;

public class Bullet : MonoBehaviour
{
    // 子弹速度
    private float speed = 20;

    void Start()
    {
        Rigidbody rb = GetComponent<Rigidbody>();
        if (rb != null)
            rb.velocity = -transform.up * speed;
        // 没有击中任何物体的子弹在 3 秒钟后销毁
        Destroy(gameObject, 3.0f);
    }

    // 击中物体的子弹立即销毁
    void OnCollisionEnter(Collision other)
    {
        Destroy(gameObject);
    }
}
```

保存脚本，返回 Unity 编辑器，将其挂载到预制体 Bullet 上。保存场景，运行程序，最终效果如下图所示，当按下右手控制器上的 Trigger 键时，调用开枪射击方法。

最终效果

10.10 实例：攀爬效果

VR 平台有一款游戏名为 The Climb，在游戏中，玩家可使用控制器手柄在岩壁上进行攀爬。其实，在消防安全演练、厂矿安全培训等领域也会用到类似的交互功能。本节我们将介绍如何使用 VRTK 实现攀爬效果。

1. 初始化项目。新建 Unity 项目，命名为 ClimbVR，将 SteamVR 和 VRTK 导入项目。
2. 在随书资源中，分别将素材包 Environment.unitypackage 和 Ladder.unitypackage 导入项目。
3. 打开场景 main，在目录 Ladder 下，将预制体 Ladder 拖入场景，放置于如下图所示位置，参考值 Position 为（5,0,18）。

放置攀爬对象 Ladder

4. 快速配置 VRTK。将 VRTK 示例场景中的 004_CameraRig_BasicTeleport 拖入 Hierarchy 面板，选择该场景中的游戏对象[VRTK_SDK_Manager]和[VRTK_Scripts]，拖入当前场景 main，操作完毕后移除示例场景。

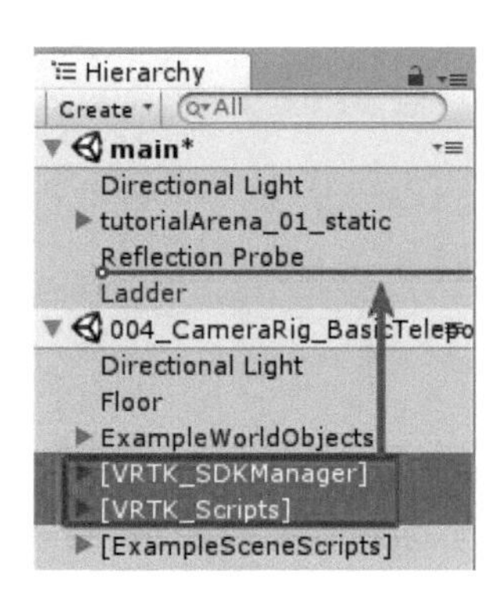

快速配置 VRTK

此时除完成了 VRTK 的配置外，控制器还具有基本的传送功能，所以需要设置地面为传送区域。选择游戏对象 polySurface4，为其添加 Box Collider 组件，并设置组件中心点 Center 的 *Y* 轴值为 0，尺寸 Size 的 *Y* 轴值为 0.01。

5. 为控制器添加 Touch 和 Grab 功能。同时选择游戏对象[VRTK_Scripts]下的子物体 LeftController 和 RightController，为其挂载组件 VRTK_Interact Touch 和 VRTK_Interact Grab 组件，因为攀爬的交互方式是通过抓取梯子的某个位置来实现体验者位置的改变的。
6. 为 PlayArea 添加 VRTK_Player Climb 组件，实现控制器方面的攀爬逻辑。同时看到自动挂载了 VRTK_Body Physics 组件，该组件用于模拟玩家的身体重力，在攀爬过程中若玩家没有抓取任何物体，并且没有被任何平台承载时，实现坠落效果。

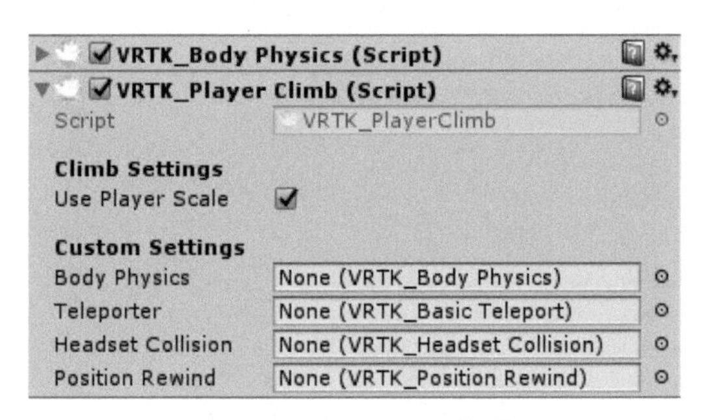

VRTK_Player Climb 组件

7. 设置攀爬对象。选择游戏对象 Ladder，为其添加碰撞体，对于不同的模型结构，可采用不同的添加方式。鉴于当前模型设计，为了减少材质的数量，Ladder 并没有任何子物体，此时可为 Ladder 添加多个 Box Collider 组件，然后调整各自尺寸，设置交互的感应区域。若对交互精度没有太高要求，也可只添加一个 Box Collider 组件覆盖模型外观。

为 Ladder 添加碰撞体

将 Ladder 设置为可交互对象，执行 Window→VRTK→Setup Interactable Object 命令，打开设置交互对象窗口，按照如下图所示的选项进行设置，确保将 Grab Attach Mechanic 设置为 Climbable，即抓取机制为攀爬类型。单击 Setup selected object（s）按钮完成设置。

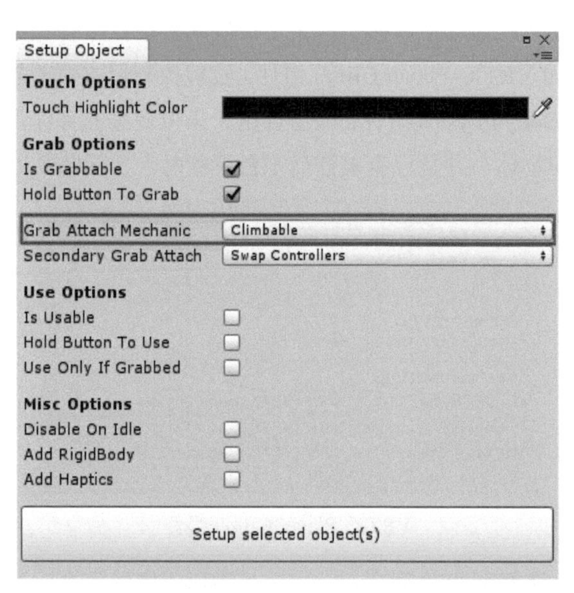

设置 Ladder 为可交互对象

8. 保存场景，单击 Unity 编辑器的 Play 按钮，运行程序。移动到梯子前，在梯子任意位置交替按下左右控制器的 Grip 键，做上下拖动动作，此时体验者的位置与被抓取的交互对象相向移动，当松开所有控制器按键时，体验者从此高度坠落到地面。至此，实现了攀爬效果，最终效果如下图所示。

最终效果

10.11 实例：实现释放自动吸附功能

自动吸附是增强交互体验的常用方式，当被抓取的物体进入目标范围时，释放物体后，该物体将自动定位到目标位置上。

可使用 VRTK 的 SnapDropZone 来实现该功能。在 Project 面板中的路径 VRTK/Prefabs 下，SnapDropZone 以预制体形式供项目使用。其中，Sphere Collider 用于设置接触感应区域，VRTK_Snap Drop Zone 实现了自动吸附的逻辑。

Inspector

SnapDropZone　Static

Tag Untagged　Layer Default

Prefab　Select　Revert　Apply

Transform			
Position	X -0.834	Y 1.327	Z 0
Rotation	X 0	Y 0	Z 0
Scale	X 1	Y 1	Z 1

Sphere Collider

Rigidbody

VRTK_Snap Drop Zone (Script)	
Script	VRTK_SnapDropZone
Highlight Object Prefab	None (Game Object)
Snap Type	Use Kinematic
Snap Duration	0
Apply Scaling On Snap	☐
Clone New On Unsnap	☐
Highlight Color	
Highlight Always Active	☐
Valid Object List Policy	None (VRTK_Policy List)
Display Drop Zone In Editor	☑
Default Snapped Object	None (Game Object)

预制体 SnapDropZone

在 VRTK_Snap Drop Zone 组件中，主要属性介绍如下。

- Highlight Object Prefab 用于绘制目标释放区域的轮廓，在程序运行时，当被抓取物体进入 Sphere Collider 范围内时将高亮显示，可在该组件的 Highlight Color 属性中设定高亮颜色。当该属性被指定后，预制体在场景中的实例会自动生成一个子物体，名为 HighlightContainer，可通过调整该对象的位置和旋转角度，使其呈现正确的高亮姿态。
- Snap Type 为物体在释放区域被释放后的吸附类型，若选择 Use Kinematic 选项，则物体被释放后，将设定其 Rigidbody 组件的 Is Kinematic 属性为 true；若选择 Use Joint 选项，当物体被释放后，将通过关节与目标区域连接；若选择 Use Parenting 选项，当物体被释放后，将作为目标释放区域的子物体，同时该物体的 Rigidbody 组件的 Is Kinematic 属性被设定为 true。
- Valid Object List Policy 用于指定该区域能够接收的释放对象，通过 VRTK_Policy List 进行规则设定。

本节我们将通过一个枪械组装的实例，演示如何使用 SnapDropZone 实现自动吸附的交互效果。

1. 新建项目，命名为 WeaponAssembleVR，导入 SteamVR Plugin 和 VRTK。
2. 在随书资源中，将素材包 Weapons.unitypackage 导入项目，打开场景 Main，初始场景如下图所示。

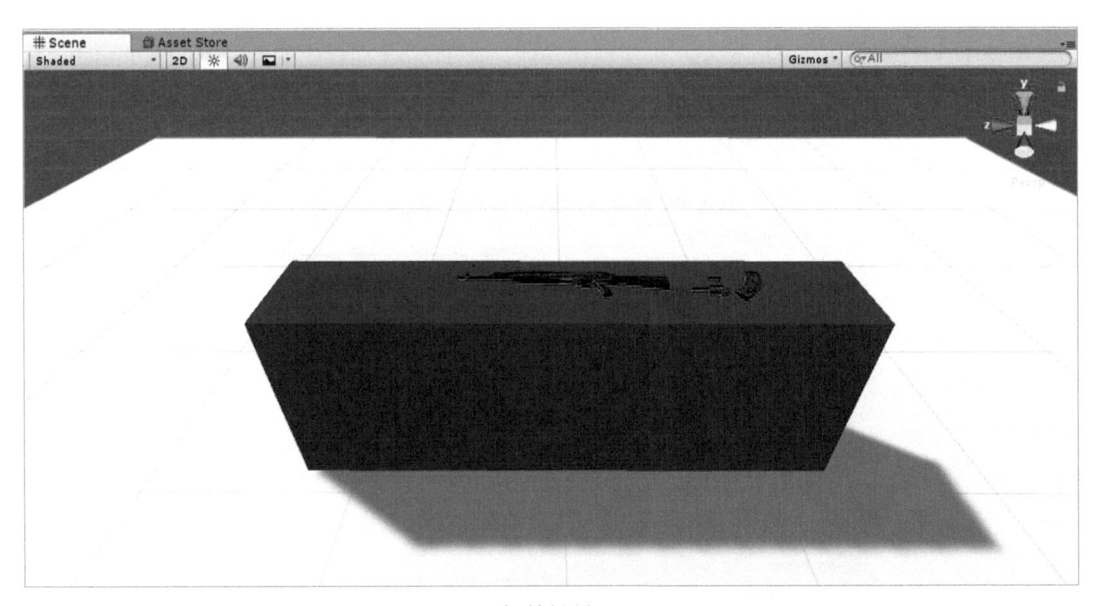

初始场景

3. 快速实现 VRTK 的初始配置，将 VRTK 示例场景 002_Controller_Events 拖入 Hierarchy 面板中，将游戏对象[VRTK_SDKManager]和[VRTK_Scripts]拖入当前场景，移除示例场景后保存。选择[VRTK_Scripts]下的两个子物体 LeftController 和 RightController，为其添加 VRTK_InteractTouch 和 VRTK_InteractGrab 组件，使控制器能够抓取交互对象。

4. 调整[VRTK_SDKManager]下子物体 SteamVR 的位置，即体验者的初始位置，参考值 Position 为（-0.6,0,0）。
5. 为 MainBody 下的子物体 WPN_AKM 添加碰撞体 Box Collider，需要注意的是，为达到合理的感应区域，可为物体添加多个 Collider 对象，调整它们的位置和大小，以符合对象的外观，此处不再赘述。
6. 选择 MainBody，按照如下图所示的参数设置其为可交互对象，单击 Setup selected object（s)按钮完成设置后，在该物体的 VRTK_ChildOfControllerGrabAttach 组件上，勾选 Precision Grab 属性，即当用控制器抓取物体时，可在抓取点位置与物体保持相对静止，而不是被吸附在指定的位置点上。

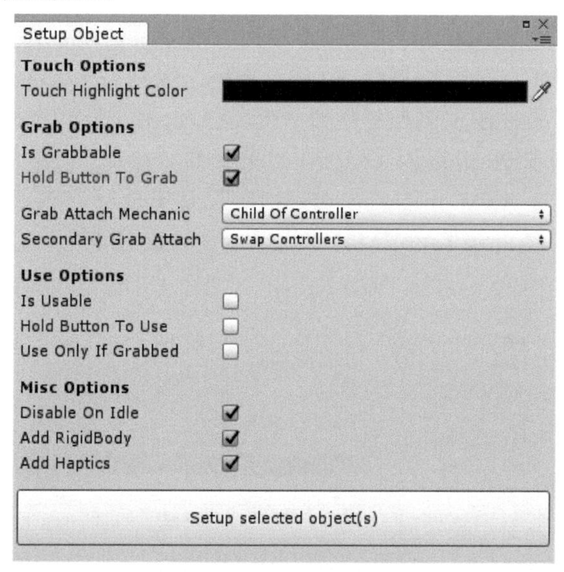

设置物体为可交互对象

同时为了优化交互体验，我们希望控制器在组装过程中隐藏。在 MainBody 上添加一个 VRTK_InteractControllerAppearance 组件，同时勾选组件的 Hide Controller On Grab 属性。

7. 在游戏对象 Parts 中，将其下所有子物体添加 Collider 组件，然后按照上一步的方式设置为可交互对象。
8. 为了使组装对象的各部件在组装时和组装后不发生碰撞，我们需要设置 Unity 的物理系统。在 Unity 编辑器中新建一个 Layer 层，命名为 Gun，同时选择游戏对象 MainBody 和 Parts，将它们指定到此层，并在弹出的对话框中单击“Yes, change children”按钮。

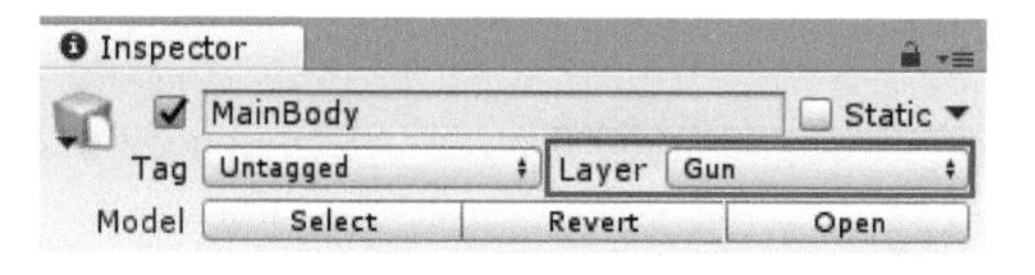

将游戏对象指定到 Gun 层

在菜单栏执行 Edit→Project Settings→Physics 命令，在 Physics Manager 的碰撞矩阵中，取消勾选两个 Gun 层相交的复选框。

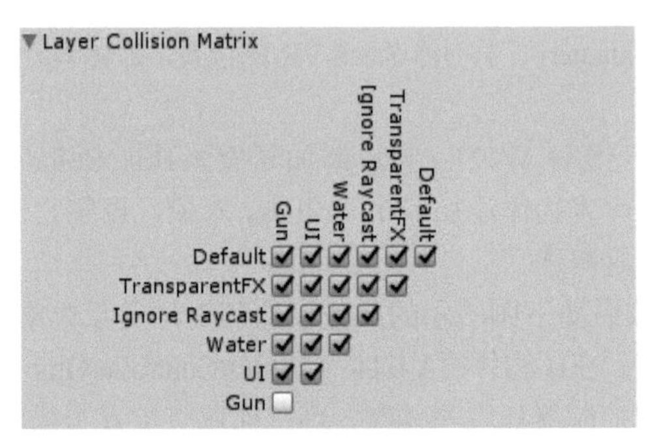

设置碰撞矩阵

9. 在项目路径 VRTK/Prefabs 下，拖动一个预制体 SnapDropZone 到游戏对象 MainBody 下，作为其子物体，重命名为 SnapDropZone（WPN_AKM_magazine），对应 Parts 下的子物体 WPN_AKM_magazine(其他部件如 WPN_AKM_trigger 等同此命名规则，不再赘述）。调整位置，参考值 Position 为（0.0283,0.0421,-0.0073）。设置 VRTK_SnapDropZone 组件属性，将 WPN_AKM_magazine 分别指定给 Highlight Object Prefab 和 Default Snap Object 属性；设置 Snap Type 为 Use Parenting；设置 Highlight Color 为红色。

VRTK_Snap Drop Zone (Script)	
Script	VRTK_SnapDropZone
Highlight Object Prefab	WPN_AKM_magazine
Snap Type	Use Parenting
Snap Duration	0
Apply Scaling On Snap	☐
Clone New On Unsnap	☐
Highlight Color	
Highlight Always Active	☐
Valid Object List Policy	None (VRTK_Policy List)
Display Drop Zone In Editor	☑
Default Snapped Object	None (Game Object)

组件属性设置

10. 为了实现组装逻辑——当不匹配的部件在释放区域释放时不被自动吸附，需要设置当前 SnapDropZone 的过滤规则。在 SnapDropZone（WPN_AKM_magazine）上添加组件 VRTK_Policy List 组件，设置过滤规则参数。将此组件指定给当前游戏对象上的 VRTK_Snap Drop Zone 组件的 Valid Object List Policy 属性。

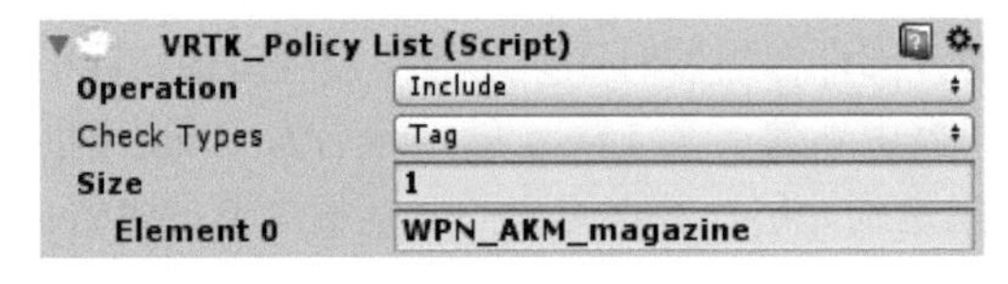

设置过滤规则参数

在 Unity 编辑器中新建 Tag，命名为 WPN_AKM_magazine，将游戏对象 WPN_AKM_magazine 指定为此 Tag。

11. 按照第 9、10 步的方式设定游戏对象 Parts 下的其他子物体。保存场景，运行程序，当匹配的部件靠近感应区域时，出现关于该部件的高亮提示，此时释放部件，则该对象被自动吸附到释放区域，对于不匹配的部件，则不会出现高亮提示，并且释放后不会被吸附到该位置，最终组装效果如下图所示。

Unity 2017.3.1f1 Personal (64bit) - Main.unity - WeaponAssembleVR - PC, Mac & Linux Standalone* <DX11>
File Edit Assets GameObject Component Window Help
Pivot
Global
Game
Display 1
Free Aspect
Scale

最终组装效果

第 11 章　将基于 PC 平台的应用移植到 VR 平台

11.1 项目移植分析

本章我们将会把 Unity 官方制作的 PC 版游戏 *Survival Shooter* 移植到 VR 平台。应用程序在 PC 平台与 VR 平台之间显著的区别在与交互方式的不同，这主要取决于各平台之间不同的输入设备。在 PC 平台，主要的是输入设备是键盘和鼠标，而 VR 平台则主要是手柄控制器。

在本实例中，我们将原项目移植到 HTC VIVE 平台，最终实现的效果为：使用手柄控制器双手持握游戏中的道具——冲锋枪，按下 Trigger 键开枪射击敌人，按下 TouchPad 键在场景中移动玩家位置，同时将提示信息（如生命值、分数、游戏结束等 UI 元素）根据 VR 平台的特性进行显示。

移植到 VR 平台后的游戏

分析游戏对象 Player，子物体包含游戏主角 Player、道具 Gun，以及枪口处用于表现开枪的粒子特效 GunBarrelEnd。

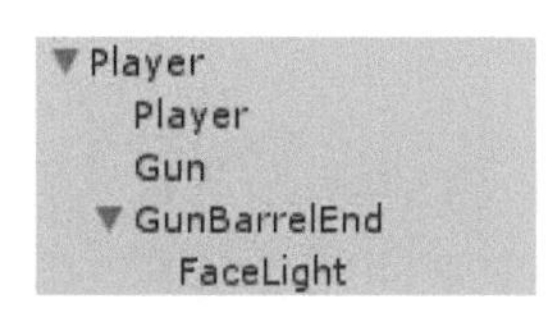

游戏对象 Player

除用于呈现模型网格的子物体外，挂载相关交互组件的游戏对象为父容器 Player 和子物体 GunBarrelEnd。其中，在父容器 Player 上，除 Transform 组件外，挂载了 6 个组件，它们的名称和作用，以及在移植过程中是否继续使用如表 11-1 所示。

表 11-1 原项目中游戏对象 Player 挂载的组件说明

组件	作用	是否继续使用
Animator	用于展示不同角色状态动画（行走、失败）	否
Player Health	管理玩家相关的变量以及控制游戏逻辑	是
Rigidbody	刚体，用于实现跳跃、坠落等物理效果	否
Player Movement	接收键盘和鼠标输入，控制玩家的移动	否
Capsule Collider	根据敌人与玩家的碰撞事件，驱动游戏逻辑	是
Audio Source	播放音效	是

由上表分析可见，Player Health 、Capsule Collider、Audio Source 组件是我们在移植过程中需要继续使用的组件。

对于子物体 GunBarrelEnd，挂载组件如下图所示。通过 Player Shooting 实现开枪逻辑，根据用户的输入，控制 Particle System、Audio Source、Line Renderer 以及 Light 的呈现或播放，所以这些组件均需要继续使用。

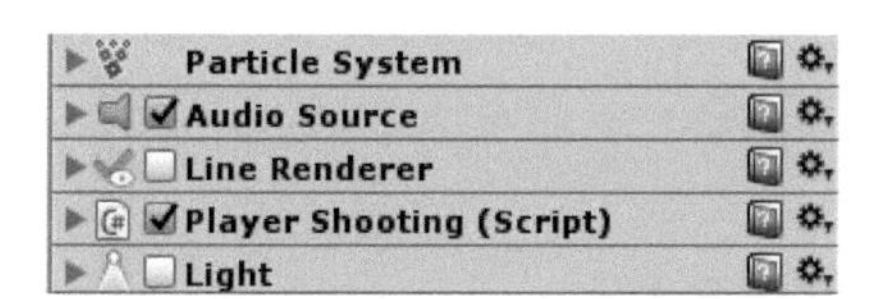

子物体 GunBarrelEnd 上挂载的组件

11.2 初始化 VR 交互

新建项目，命名为 Survival Shooter VR。分别导入 SteamVR 和 VRTK，在 Unity Asset Store 下载 Survival Shooter Tutorial 项目并导入，在_Complete-Game 目录下找到_Complete-Game 场景文件，按下 Ctrl+D 组合键创建该文件的副本，并命名为_Complete-Game-VR，双击打开。

鉴于本章主题，对于 VRTK 的配置并不是主要内容，可通过使用已有资源实现 VR 交互的初始化配置。在 Project 面板的 VRTK/Example 目录下，将示例场景文件 004_CameraRig_BasicTeleport 拖入 Hierarchy 面板中。

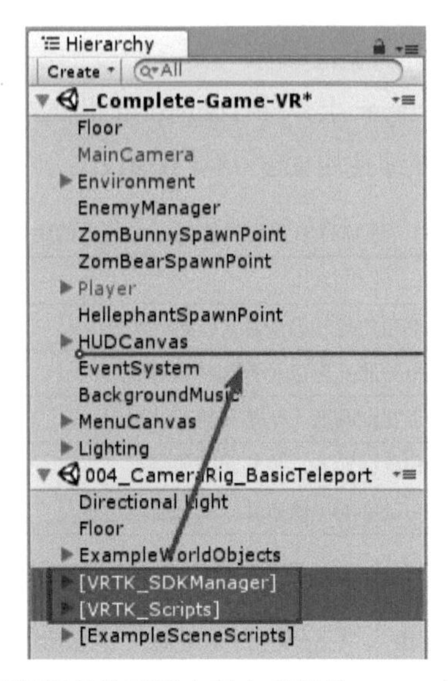

使用示例场景的配置实现本项目的 VRTK 初始化

操作完毕后，单击示例场景右侧按钮，执行 Remove Scene 命令，在弹出的对话框中单击 Don't Save 按钮，关闭示例场景。

以上 VRTK 的配置实现了在 VR 环境中的基本传送功能，所以还需要配合该功能指定场景中的传送区域。选择游戏对象 Floor 的子物体 Planks，为其添加 BoxCollider 组件，此时在本项目中，可通过传送实现对于敌人的躲避。

11.3 Player 的移植

作为移植到 VR 平台的游戏主角，此时将不再是原项目中的 Player。鉴于我们使用 SteamVR 进行交互开发，所以游戏主角对应的游戏对象为[CameraRig]，即需要将原 Player 上的交互逻辑移植到现在的[CameraRig]上。

场景中游戏对象 EnemyManager 挂载了三个 EnemyManager 脚本，用于在三个不同的位置不断生成不同的敌人，EnemyManager 类的代码片段如下。

```
public class EnemyManager : MonoBehaviour
{
    public PlayerHealth playerHealth;      // 玩家生命值
    public GameObject enemy;               // 用于生成敌人的预制体
    public float spawnTime = 3f;           // 生成对象的时间间隔
    public Transform[] spawnPoints;        // 敌人生成点的集合
    void Start ()
    {
        // 每隔一段时间调用 Spawn 函数
        InvokeRepeating ("Spawn", spawnTime, spawnTime);
    }
    void Spawn ()
    {
        // 如果玩家生命值小于或等于 0
```

```
        if(playerHealth.currentHealth <= 0f)
        {
            // 返回
            return;
        }
        // 在 0 到小于数组长度值的范围内生成一个随机数
        int spawnPointIndex = Random.Range (0, spawnPoints.Length);
        // 生成敌人预制体的实例，其位置和旋转角度均来自以上随机数指定的数组元素的属性
        Instantiate (enemy, spawnPoints[spawnPointIndex].position, spawnPoints
[spawnPointIndex].rotation);
    }
}
```

在移植后，脚本引用的 PlayerHealth 实例不再是 Player 上的 PlayerHealth 组件，而是[CameraRig]上的组件。

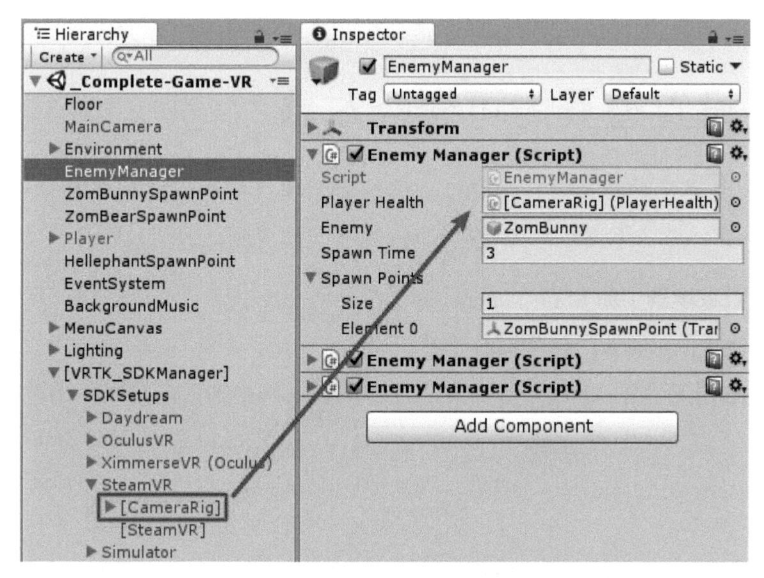

设置 Enemy Manager 中 Player Health 属性新的对象引用

另外，敌人对于游戏主角的寻找基于 Navigation 技术，通过识别 Tag 为“Player”的游戏对象确定跟踪目标，代码如下。

```
public class EnemyMovement : MonoBehaviour
{
    Transform player;                      // 玩家位置
    UnityEngine.AI.NavMeshAgent nav;  // 导航网格代理
    ...
    void Awake ()
    {
        // 获得玩家引用
        player = GameObject.FindGameObjectWithTag ("Player").transform;
        ...
    }
    void Update ()
    {
        if(enemyHealth.currentHealth > 0 && playerHealth.currentHealth > 0)
```

```
        {
            nav.SetDestination (player.position);
        }
        else
        {
            nav.enabled = false;
        }
    }
}
```

所以需要将游戏对象[CameraRig]的 Tag 设置为“Player”。

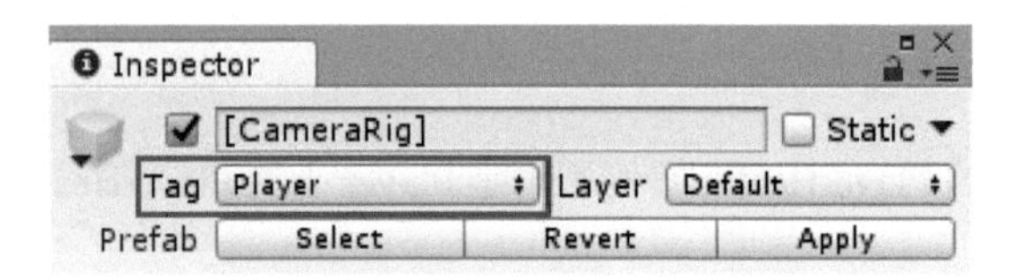

设置 CameraRig 的 Tag 为“Player”

11.4 设置道具为可交互对象

在游戏中主要交互对象为道具冲锋枪，移植后的项目将通过控制器对其进行持握，按下 Trigger 键进行射击，操作步骤如下。

1. 删除或隐藏场景中的 MainCamera。
2. 隐藏场景中的 Player，供移植时查看。
3. 在 Project 面板中的 Models 目录下，将道具 Gun 网格拖入场景中作为道具呈现。

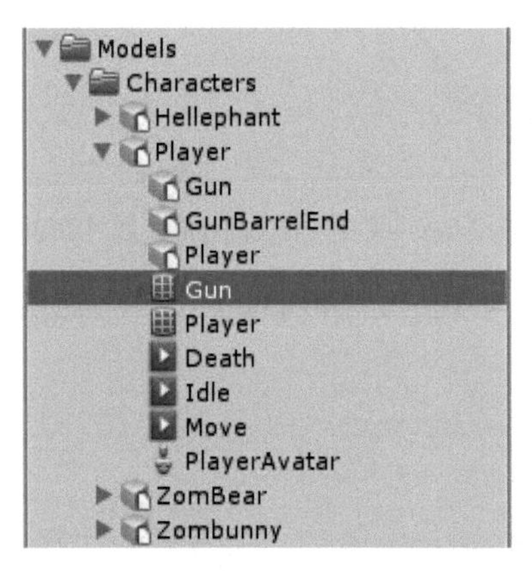

选择道具 Gun 网格

4. 此时场景中的游戏对象 Gun 缺少材质。在 Materials 目录下选择材质 GunMaterial，将其赋予游戏对象 Gun。
5. 观察游戏对象 Gun，由于原项目中对模型的设计，其中心点并不位于模型边框范围内，为了后续使用 VRTK 实现正确的双手持握效果——通过双手相对位置改变道具瞄准方向，需要对中心点进行调整。

新建一个空游戏对象，命名为 GunGroup，该游戏对象将作为控制器持握的交互对象，而 Gun 则仅用于展示道具外观。将 Gun 作为 GunGroup 的子物体，调整 Gun 的相对位置，Position 参考值为（–0.276,–0.4,–0.125），此时作为交互对象的 GunGroup 中心点如下图所示。

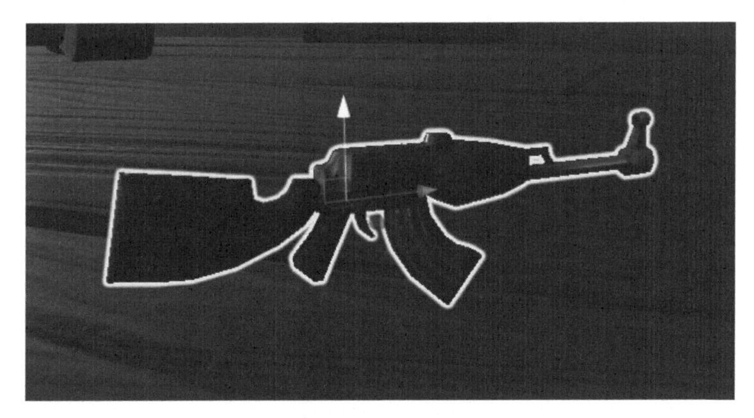

交互对象 GunGroup 的中心点

6. 在原游戏对象 Player 的子物体中，选择 GunBarrelEnd，按下 Ctrl+D 组合键，创建一个该游戏对象的副本，作为 GunGroup 的子物体，调整位置到枪口位置，Position 参考值为：（0.0093,0.0165,0.8892）。
7. 设置道具完毕后，即可将 GunGroup 作为 VRTK 中的可交互对象。选择游戏对象 GunGroup，为其添加 BoxCollider 组件。调整组件范围，使其完全覆盖 Gun 的显示区域。

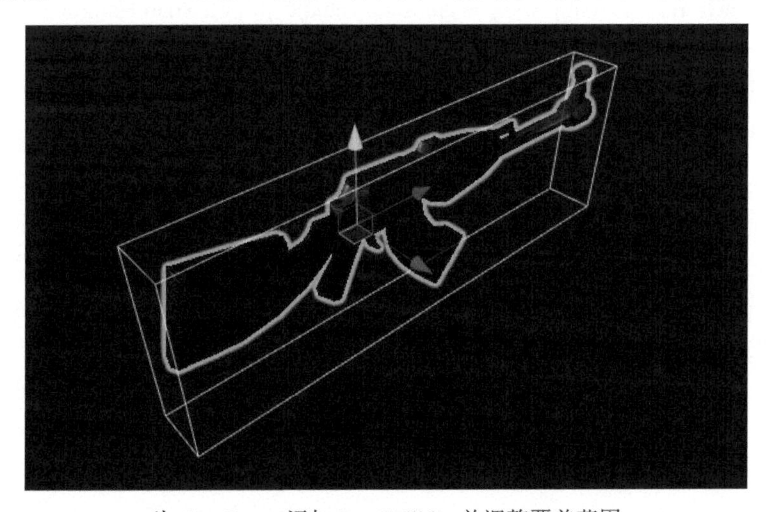

为 GunGroup 添加 BoxCollider 并调整覆盖范围

8. 保持选中 GunGroup，在菜单栏执行 Window→VRTK→Setup Interactable Object 命令，打开交互对象设置窗口，首先需要保证对象可被抓取，使道具作为控制器的子物体，并且当双手持握时，通过两个控制器的相对位置，控制道具的瞄准方向。在本项目中，我们使用控制器的 Use 行为激发开枪效果和逻辑，即按下 Trigger 键时调用相应的函数。最终选项设置结果如下图所示，单击 Setup selected object（s）按钮完成交互对象的设置。

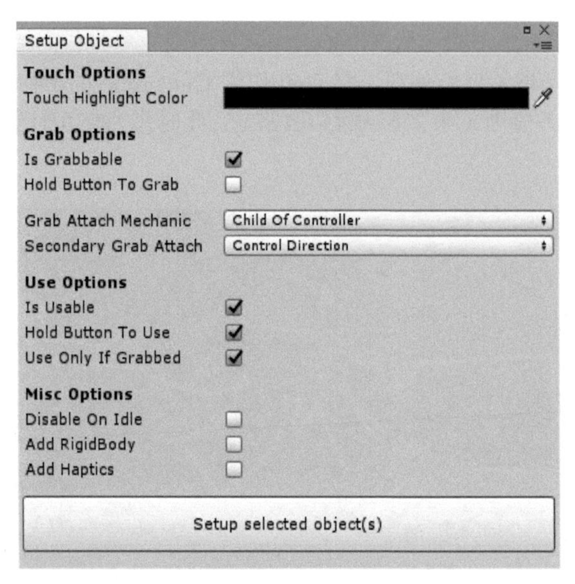

最终选项设置结果

9. 设置完毕后，我们需要为交互对象设置左右控制器的抓取点，以模拟真实的持枪动作。为 GunGroup 添加两个空子物体，分别命名为 LeftSnapHandle 和 RightSnapHandle。调整两个子物体的位置和角度，以达到理想的持握姿态，其中 LeftSnapHandle 参考值 Position 为：（0.007,-0.043，0.347），Rotation 为：（0,0,0）;RightSnapHandle 参考值 Position 为(0,-0.037,-0.038),Rotation 为:(55,0,0)。选择 GunGroup,在 VRTK_Child Of Controller Grab Attach 组件中，先后指定 Right Snap Handle 和 Left Snap Handle 两个属性为游戏对象 RightSnapHandle 和 LeftSnapHandle。
10. 在控制器方面，我们需要为它们添加相应组件，以使其具备可交互的功能，本实例中我们假设用户使用右手开枪，左手仅负责持握枪托。选择 Hierarchy 面板中游戏对象 [VRTK_Scripts]的子物体 LeftController，为其添加 VRTK_InteractTouch、VRTK_InteractGrab 两个组件；选择子物体 RightController，为其添加 VRTK_InteractTouch、VRTK_InteractGrab、VRTK_InteractUse 组件。另外，我们希望用户不需要手动拾取道具，所以添加 VRTK_ObjectAutoGrab 自动抓取组件，在该组件的 Object To Grab 属性中，指定游戏对象 GunGroup，这样当游戏开始后，道具将自动吸附于右手控制器手柄，同时当左手控制器参与抓取时，能够通过两个控制器的位置关系控制道具方向，实现枪口的瞄准。

11.5 实现控制器与道具的交互逻辑

1. 选择 GunGroup，为其添加 VRTK_InteractableObject_UnityEvents 组件，用于为控制器发送 Use 事件的处理函数。
2. 通过分析原项目，实现开枪功能的是 PlayerShooting 类的 `Shoot` 方法，双击脚本文件，使用默认代码编辑器打开，代码片段如下。

```
void Shoot ()
{
    // 重置计时器
    timer = 0f;
    // 播放开枪音效
    gunAudio.Play ();
    // 打开枪口前方的光源
    gunLight.enabled = true;
 faceLight.enabled = true;
    // 先关闭正在播放的粒子特效，然后开启播放
    gunParticles.Stop ();
    gunParticles.Play ();
    // 打开线渲染器，然后设置起始点为枪口位置
    gunLine.enabled = true;
    gunLine.SetPosition (0, transform.position);
    // 设置开枪的射线，起始点为枪口位置，方向为枪管前方
    shootRay.origin = transform.position;
    shootRay.direction = transform.forward;
    // 发送射线，在 shootable 层上检测碰撞，如果击中物体，执行以下逻辑
    if(Physics.Raycast (shootRay, out shootHit, range, shootableMask))
    {
        // 获取 EnemyHealth 组件的引用
        EnemyHealth enemyHealth = shootHit.collider.GetComponent <EnemyHealth> ();
        // 如果 EnemyHealth 组件存在
        if(enemyHealth != null)
        {
            // 敌人执行受到伤害的逻辑
            enemyHealth.TakeDamage (damagePerShot, shootHit.point);
        }
        // 设置线渲染器的终点为射线 shootRay 与被击中物体的接触点
        gunLine.SetPosition (1, shootHit.point);
    }
    // 如果射线在 shootable 层上没有击中任何物体
    else
    {
        // 设置线渲染器的终点
        gunLine.SetPosition (1, shootRay.origin + shootRay.direction * range);
    }
}
```

此时该函数为私有类型函数，为使其能够被外部调用，将其修改为公共类型函数，即：

```
public void Shoot ()
{
...
}
```

3. 保存脚本，返回 Unity 编辑器，对 GunGroup 上的 VRTK_InteractableObject_UnityEvents 组件进行事件处理设置，单击事件列表中 On Use 事件右下角的“+”按钮，将 GunGroup 的子物体 GunBarrelEnd 拖入对象选择卡槽，在右侧随之更新的方法列表中，选择挂载其上的 PlayerShooting 中的 `Shoot()` 方法。

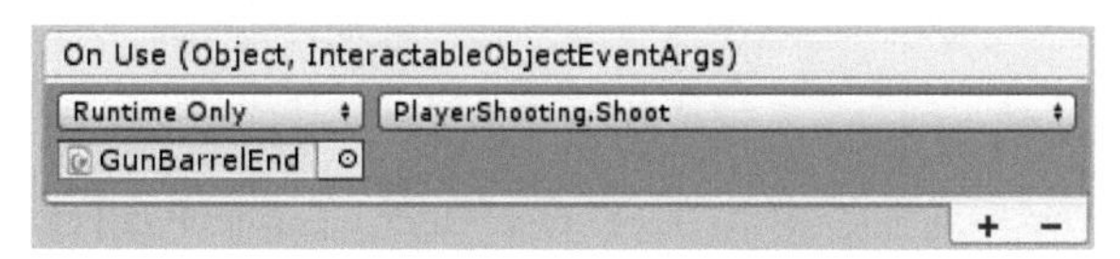

设置 GunGroup 的 Use 事件处理函数

4. 保存项目并运行。

11.6 修改 UI 渲染模式为 World Space

在原项目中用于展示 UI 的游戏对象为 HUDCanvas，结构如下图所示。对于移植后的 UI，我们需要改变其展示位置，与其他组件的引用关系保持不变。在本实例中，我们将展示分数和声明值的 UI 模块分别放在枪的左右两侧。

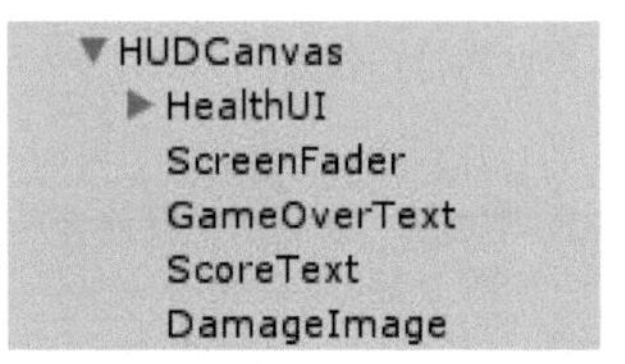

游戏 UI 模块 HUDCanvas 组织结构

1. 在 Hierarchy 面板中选择原项目中的 UI 模块 HUDCanvas，修改其 Canvas 组件的 Render Mode 为 World Space，即世界空间坐标系。
2. 为 HUDCanvas 添加 Canvas Scaler 组件，并设置 Dynamic Pixels Per Unit 为 2，以达到在 VR 中比较清晰的显示效果。
3. 将 HUDCanvas 作为 RunGroup 的子物体，调整其 RectTransform 组件的各项数值，以达到理想的位置和大小，其中设置缩放 Scale 为 0.0025，位置 Pos（*XYZ*）为（0,0,0.5），尺寸 Width、Height 分别为 480、145。
4. 在 HUDCanvas 的子物体中，HealthUI 用于指示生命值，ScoreText 用户指示当前分数，我们需要将它们分别置于枪托两侧。为便于调节，将两者的锚点均设置为水平垂直居中。设置 HealthUI 的位置为（–180,0,0），ScoreText 的位置为（130,0,0）。

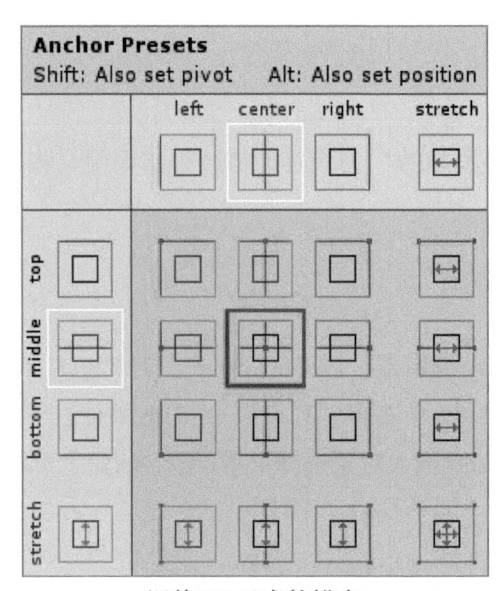

调整 UI 元素的锚点

5. 对于 HUDCanvas 中其他子物体——ScreenFader、GameOverText、DamageImage，在移植过程中将不再使用，将其隐藏即可。

最终场景中关于 UI 的设置效果如下图所示。

UI 设置效果

11.7 玩家伤害闪屏效果

在原项目中，当玩家受到伤害时，屏幕会出现红色闪屏效果，通过控制 UI 元素 DamageImage 颜色实现，但在 VR 平台中，玩家在场景内将感受不到这种提示，所以需要对伤害体验进行修改。

在 PlayerHealth 类中，`Update()`函数根据`damaged`变量实现闪屏逻辑。

1. 在 PlayerHealth 类中引入命名空间 Valve.VR，代码如下。

```
using Valve.VR;
```

2. 声明闪屏颜色变量`blinkColor`，此处是透明度为 0.2 的红色，代码如下。

```
Color blinkColor = new Color(1, 0, 0, 0.2f);
```

3. 修改`Update()`函数，将原有条件判断语句内的执行代码删除，使用 SteamVR_Fade 类的`Start()`静态方法在摄像机视野内进行纯色填充。

```
void Update()
{
    if (damaged)
    {
        // 在头显摄像机视野内填充指定颜色
        SteamVR_Fade.Start(blinkColor, 0);
    }
    else
    {
        // 将颜色延时淡出
        SteamVR_Fade.Start(Color.clear, 0.2f);
    }
    damaged = false;
}
```

保存脚本，返回 Unity 编辑器并运行程序，此时当玩家被敌人袭击时，视野范围将出现 0.2 秒的红色闪屏。

11.8 根据报错信息调整代码

到此为止，关于游戏的移植工作已经基本完成，但是由于项目的改动，不可避免地会遇到程序报错，这主要是由于对象引用的改变引起的，所以在对游戏进行测试时，可根据报错信息定位到相关代码，然后对其进行修改。

当玩家生命值为 0 时，游戏结束，执行相关的逻辑处理。其中，在 PlayerHealth 类的 Death() 函数中，禁用射击特效，代码如下。

```
void Death ()
{
    ...
    playerShooting.DisableEffects ();
}
```

基于原有的实例获取逻辑，playerShooting 组件在其子物体中获取，代码如下。

```
void Awake ()
{
    ...
    playerShooting = GetComponentInChildren <PlayerShooting> ();
}
```

在移植后的项目中，游戏对象组织结构已经改变，所以在初始化引用时，该变量为 null。当执行 Death() 函数时将报错，可将该引用代码注释掉或删除，转而将 playerShooting 声明为公共变量，代码如下。

```
public PlayerShooting playerShooting;
```

保存脚本，返回 Unity 编辑器，选择[CameraRig]，在 Player Health 组件中将 Player Shooting 属性指定为游戏对象 GunBarrelEnd。

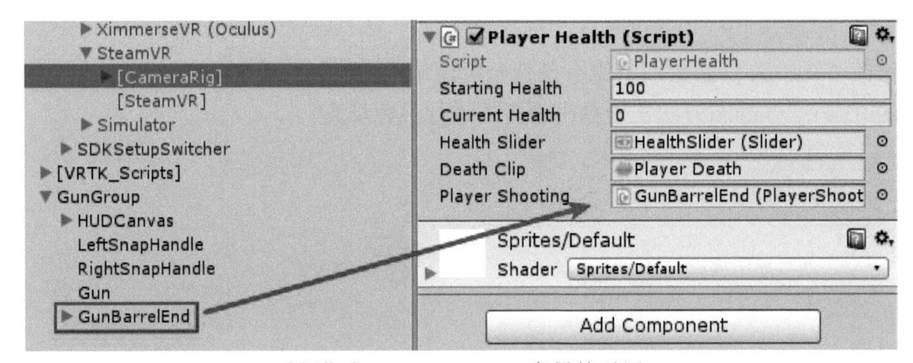

重新指定 Player Shooting 变量的引用

对于 PlayerHealth 类中其他不再使用的变量，可将与其相关的声明和操作代码注释掉或删除，包括：damageImage、playerMovement、anim 等。限于篇幅所限不再赘述，读者可参考随书资源中关于本章的项目代码。

11.9 游戏结束及重新开始

在原项目中，当游戏结束时，屏幕呈现“Game Over”信息提示，同样在 VR 平台中，需要对其进行修改，使用户通过头显能够观察到该信息出现在面前而不是屏幕上。

在本项目中，我们需要将游戏结束信息显示在玩家面前。此时需要使用新的 UI 模块，将其置于游戏对象[CameraRig]的子物体 Camera（head）中。当用户旋转头部时，UI 模块将随头部运动，确保用户能够接到游戏结束的提示，操作步骤如下。

1. 在 Hierarchy 面板中右击游戏对象 Camera(head)，在弹出菜单中执行 UI→Canvas 命令，新建 UI 容器，并命名为 GameOverCanvas，按照 14.6 节所述的方法将 GameOverCanvas 转换为世界空间渲染模式（此时若游戏对象[VRTK_SDKManager]下的子物体 SteamVR 为不可见状态，可手动将其显示，以方便参数调节）。
2. 在 Hierarchy 面板中选择游戏对象 HUDCanvas 中的 UI 元素 GameOverText，将其拖入 GameOverCanvas，作为 GameOverCanvas 的子物体，重置其 RectTransform 组件。
3. 调整 GameOverCanvas 的位置和大小，其中位置参考值为（0,0,0），缩放 Scale 参考值为 0.005。
4. 我们将在 PlayerHealth 类中控制 GameOverCanvas 的显示和隐藏。双击打开 PlayerHealth 脚本，首先声明关于 GameOverCanvas 引用变量，代码如下。

```
public GameObject GameOverCanvas;
```

当游戏初始化时，将把 GameOverCanvas 隐藏，在 `Awake()` 函数中，添加代码如下。

```
void Awake()
{
 ...
    GameOverCanvas.SetActive(false);
    ...
}
```

当游戏结束时，显示 GameOverCanvas，在 `Death()` 函数中，添加代码如下。

```
void Death()
{
    ...
    GameOverCanvas.SetActive(true);
    ...
}
```

5. 保存脚本，返回 Unity 编辑器，在 Hierarchy 面板中选择[CameraRig]，在 Player Health 组件中，将游戏对象 GameOverCanvas 指定给 GameOverCanvas 属性。保存场景，测试程序，当游戏结束时，显示如下图所示信息。

游戏结束后在玩家前方显示提示信息

在原项目中，当游戏结束后，单击屏幕任意位置即可重新开始游戏。在移植后的项目中，我们将其修改为当按下任意控制器的 Trigger 键时，游戏重新开始，操作步骤如下。

1. 在 PlayerHealth 类中引入命名空间 VRTK，添加代码如下。

```
using VRTK;
```

2. 声明控制器事件的引用，添加代码如下。

```
public VRTK_ControllerEvents LeftController;
public VRTK_ControllerEvents RightController;
```

3. 在 Awake() 函数中注册控制器 Trigger 点击事件的监听，添加代码如下。

```
void Awake()
{
    ...
    LeftController.TriggerClicked += CheckGameOver;
    RightController.TriggerClicked += CheckGameOver;
}
```

4. 编写事件处理函数 CheckGameOver()，根据变量 isDead 的状态，当为 true 时，调用类中函数 RestartLevel()，该函数通过重新载入场景实现游戏重新开始的功能，添加代码如下。

```
public void RestartLevel()
{
    // Reload the level that is currently loaded.
    SceneManager.LoadScene(0);
}
```

编写 CheckGameOver() 函数，添加代码如下所示。

```
private void CheckGameOver(object sender, ControllerInteractionEventArgs e)
{
    if (isDead)
        RestartLevel();
}
```

5. 保存脚本，返回 Unity 编辑器，选择[CameraRig]，将[VRTK_Scripts]下的两个子物体 LeftController 和 RightController 分别指定给 Player Health 组件中的 Left Controller 和 Right Controller 属性。

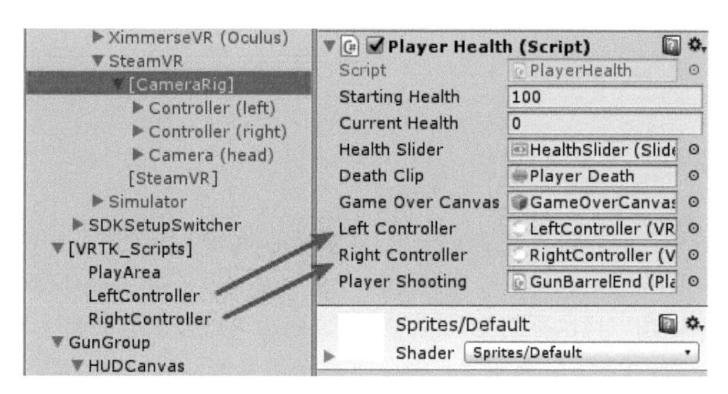

指定相应变量

保存项目并测试，至此，我们实现了将基于 PC 平台的项目移植到 VR 平台。在日常的项目中，移植复杂度必然高于本项目，本章仅提供移植思路供读者参考。通过移植过程可以发现，移植的主要工作是根据 VR 平台的特性对交互方式和 UI 进行适配。

第 12 章　Leap Motion for VR

12.1 概述

在 VR 交互方式中，手势输入也是 VR 交互中的一种重要手段。通过计算机视觉，识别用户的手部动作，从而实现与虚拟物体的交互，比较普遍应用的设备是 Leap Motion。该设备早期定位于桌面计算平台，试图取代鼠标的交互输入方式，随着 VR 技术的兴起，其逐渐过渡到为 VR 硬件设备提供手势输入，Leap Motion 能够提供非常精确且低延时的手部动作追踪数据，适用于 VR 技术操作教学应用、医疗手术等领域。

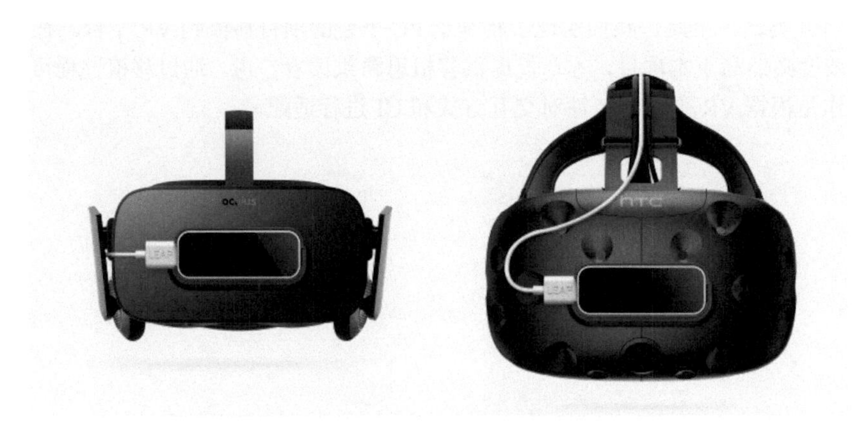

Leap Motion 作为 PC 平台 VR 设备的输入外设

通过手势输入，用户不再局限于有限的控制器按键输入，而是以更加接近自然的手势输入与虚拟物体进行交互。Leap Motion 不只作为一个独立的硬件实体为 VR 设备提供交互输入，在未来还将以输入模块的形式集成到 VR 头显中，尤其是 VR 一体机设备。

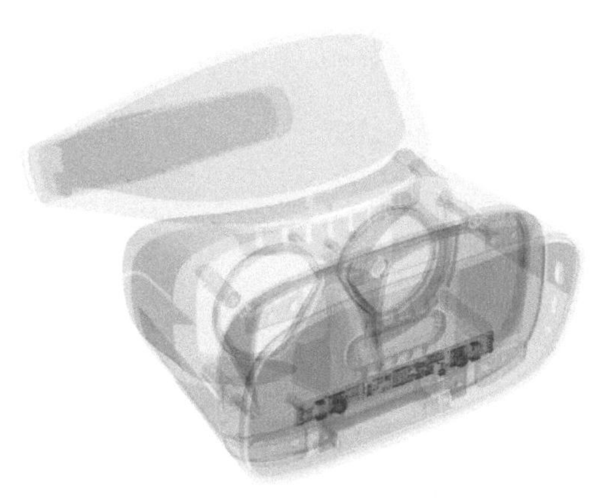

被集成在 VR 头显内部的 Leap Motion 模块

12.2 硬件准备

要使用 Leap Motion 开发 VR 应用程序，首先需要准备一个 Leap Motion 控制器（Controller），Leap Motion 可基于 Windows 和 Android 平台开发 VR 应用程序，在体验过程中，需要将设备通过 USB 接口连接到电脑或手机上，同时固定到头显设备前端，用来感应用户的手部动作。如果搭配 HTC VIVE 运行应用程序，除通过延长线连接至电脑的 USB 端口外，还可将头显顶部的盖板打开，使用相对较短的延长线直接连至头显内部的 USB 端口。

关于 Leap Motion 设备的固定支架，可直接通过 Leap Motion 官网购买专属支架。另外，支架还可通过 3D 打印技术自主制作。

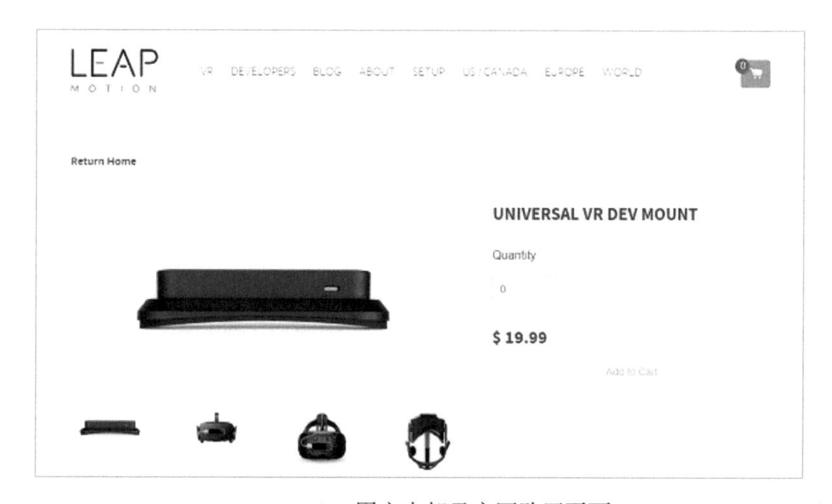

Leap Motion 固定支架及官网购买页面

初次使用 Leap Motion，需要对其进行校准，若已安装驱动程序，可打开 Leap Motion Panel 应用，在“故障排除”标签页中，选择“重新校准设备”，按照页面提示完成设备校准。

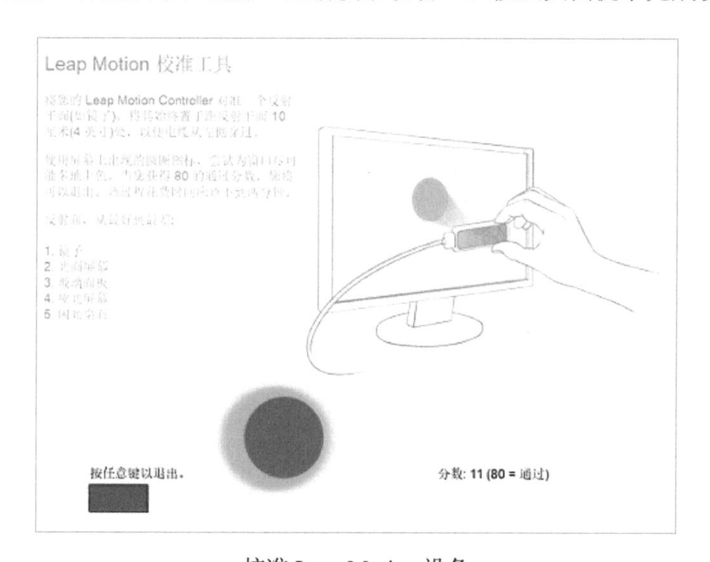

校准 Leap Motion 设备

若设备不能正常运行，可检查系统是否开启 Leap Service 服务。右击此电脑图标，在计算机管理页面执行“服务和应用程序”→“服务”命令，在服务列表中找到 Leap Service，若此时服务状态不是正在运行，右击并在弹出菜单中选择“启动”即可，或在其属性中将启动类型改为“自动”，当下次启动系统时，将自动开启此服务。

12.3 软件环境

要使用 Leap Motion 进行 VR 应用程序开发，首先需要安装 Leap Motion Orion 驱动程序。本书将以使用 HTC VIVE 硬件平台为例讨论软件环境的配置。

针对 Unity 的开发工具，包含一个核心模块（Core）和三个扩展模块（包括 Interaction Engine、Graphic Renderer、Hands Module）。读者可使用随书资源中本章目录下对应的四个插件文件。

- **核心模块（Core）——初始化 Leap Motion VR 项目**

核心模块包含一些轻量工具，可以帮助 Unity 开发者提高 VR 应用程序的体验，包括制作缓动的类库、方便使用的数据类型、LINQ 实现等。该模块提供了一个封装的预制体 LeapRig，类似 SteamVR SDK 中的[CameraRig]。

- **交互引擎模块（Interaction Engine）**

Interaction Engine 模块能够实现手部与虚拟物体交互，通过相关的交互 API，除能够实现基本的抓取、投掷外，还可提供真实且稳定的碰撞反馈，比如当手部接近按钮时，该模块能够根据两者之间的距离，判断接触和按下的状态，从而提供相应的按钮状态。

- **手部模块（Hands Module）**

借助此模块，可以将使用建模工具（如 3Ds Max、MAYA 等）创作的 3D 手部模型绑定为 Leap Motion 可用的手部组件，读者可在随书资源中使用文件 Leap_Motion_Hands_Module_2.1.4.unitypackage，或从官网下载。

- **图形渲染模块（Graphic Renderer）**

此模块用于实现应用程序中关于视觉呈现部分的功能。

12.4 Leap Motion VR 初始开发环境

不同于 SteamVR Plugin，将插件导入后会自动开启 Unity 编辑器的 VR 支持，使用 Leap Motion 开发工具包进行 VR 应用程序开发，需要手动开启 VR 支持。以基于 HTC VIVE 硬件为例，在 Player Settings 面板中开启 Unity 对项目的 VR 支持，此处我们选择 OpenVR，若开发 Android 平台应用，可选择 Cardboard、Daydream、Oculus 等。

类似于 SteamVR Plugin 开发工具包，对于 VR 项目，在 Leap Motion 开发包核心模块中，提供了预制体 Leap Rig，可以快速实现用 Leap Motion 开发 VR 应用程序。新建项目后，在 Project 面板中的路径 LeapMotion/Prefabs 下，将预制体拖入场景。通过设定 Leap Rig 在场景中的位置，可决定应用程序中用户的初始位置。

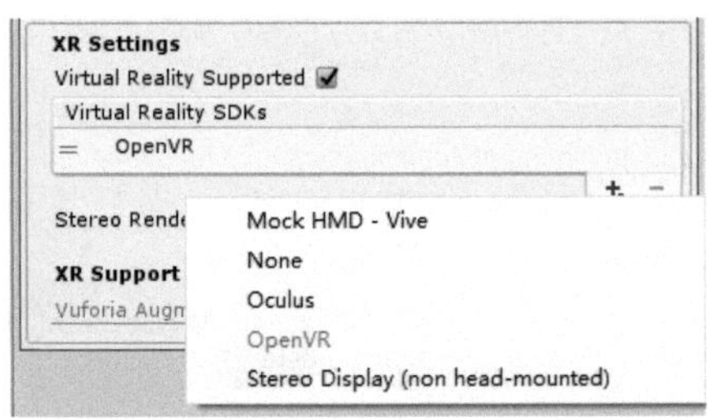

开启 VR 支持

在根节点 Leap Rig 上，挂载了 XR Height Offset 组件，默认值为 1.6，对应普通人的平均身高。在程序运行时，将 Leap Rig 在场景中的高度设置为 0 即可。

Leap Rig
Main Camera
Hand Models
Capsule Hand Left
Capsule Hand Right

Leap Rig 组织结构

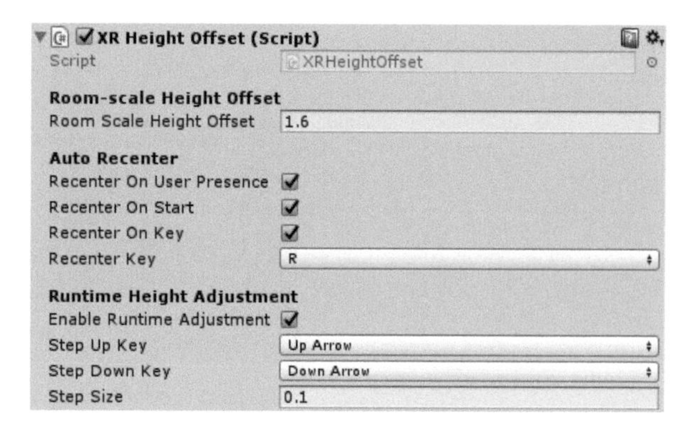

XR Height Offset 组件

在 Leap Rig 的子物体中，Main Camera 用于渲染 VR 环境，位置和朝向由 Unity 控制。基于此结构，在新建项目以后，需要删除场景中的 Main Camera。Camera 组件的 Clear Flag 属性为 Solid Color，并且 Background 为灰色，所以当程序运行时，VR 场景中的背景默认为不显示天空盒，而且是纯灰色的。在 Main Camera 上还挂载了 Leap XR Service Provider 组件，该组件继承自 Leap Service Provider，用于接收 Leap Motion 传感器得到的关节跟踪数据，并且保持跟踪状态的稳定性。

同为 Leap Rig 子物体的 Hand Models 用于呈现并管理所有手部模型。默认包含两个子物体——Capsule Hand Left 和 Capsule Hand Right，对应跟踪到的左手和右手。

将 Leap Rig 拖入场景后，初次运行效果如下图所示。

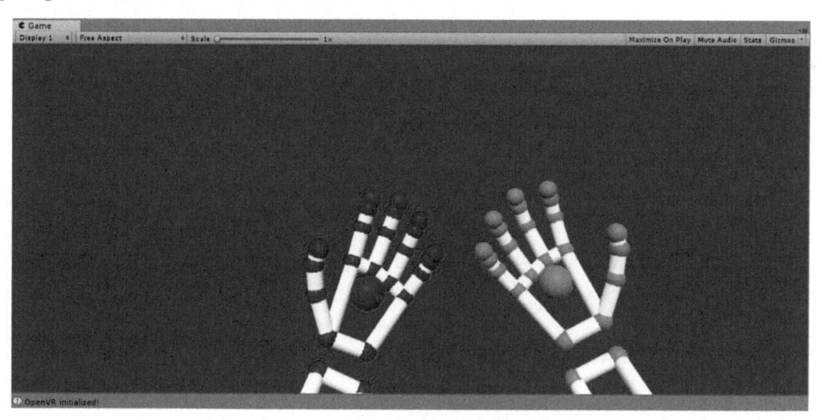

初次运行效果

当双手放置在 Leap Motion 可感应区域时，VR 环境中出现被跟踪的手部模型，并能够准确跟踪手部关节的运动。

12.5 替换 Leap Motion 在 VR 环境中的手部模型

在 Leap Motion SDK 中预制了多种手部模型，存放于路径 LeapMotion/Core/Prefabs 的 HandModelNonHuman 和 HandModelsPhysical 文件夹中。另外，还可绑定通过建模软件设计的手

部模型，自动绑定后可呈现自定义的外观样式。

在 Leap Rig 的子物体 Hand Models 上挂载了 Hand Model Manager 组件，可通过该组件进行手部模型的替换。

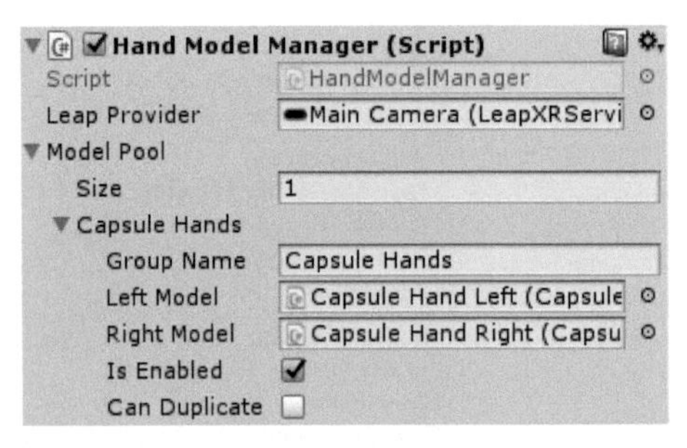

Hand Model Manager 组件

其中 Model Pool 数组用于存放一对或多对左右手部模型的引用信息，每对模型具有唯一的组名 Group Name，通过配置，可决定程序初始运行时显示的手部模型，也可在程序运行时，动态更改模型样式。

选择要呈现的预制手部模型，可执行以下操作。

1. 选择手部模型的预制体，拖入场景，作为 Hand Models 的子物体，此处我们使用 LoPoly Rigged Hand Left 和 LoPoly Rigged Hand Right。
2. 选择游戏对象 Hand Models，在 Hand Model Manager 组件上进行设置。分别将游戏对象 LoPoly Rigged Hand Left 和 LoPoly Rigged Hand Right 指定给 Model Pool 数组第一个成员的 Left Model 和 Right Model 属性，同时将 Group Name 设置为 LoPoly Rigged Hand。

对于第 2 步，也可通过扩展 Model Pool 数组大小，在数组新成员中进行配置。需要注意的是，要保证每个数组成员 Group Name 的唯一性，并且在运行前保证 Modle Pool 数组中只有一个成员的 Is Enabled 属性被勾选。

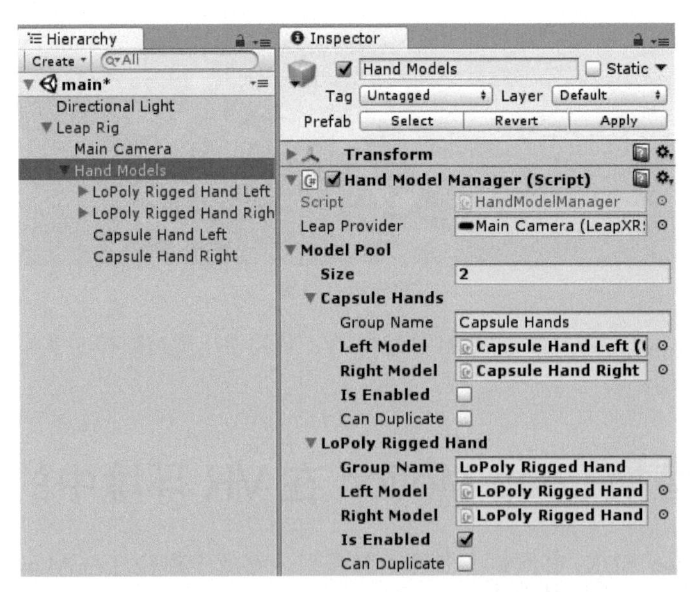

配置了多对手部模型的 Hand Model Manager 组件

要在程序运行时通过脚本动态改变手部模型的显示，可引用 Hand Model Manager 组件，在相应事件下，调用 EnableGroup()方法，启用指定的手部模型组，代码如下。

```
using UnityEngine;
using Leap.Unity;

public class ShowLeapHands : MonoBehaviour
{
    private HandModelManager handModleManager;

    void Start()
    {
        handModleManager = GetComponent<HandModelManager>();
        handModleManager.EnableGroup("LoPoly Rigged Hand");
    }
}
```

保存脚本，将其挂载到游戏对象 Hand Models 上即可。需要注意的是，每次开启指定的手部模型组，首先要保证所有模型组被禁用，即 Model Pool 数组成员的 Is Enable 属性均为 false，也可通过脚本调用 DisableGroup()方法，在运行时禁用。

在本节中通过配置和脚本实现了使用 LoPoly Rigged Hand 作为呈现手部模型的功能，运行效果如下图所示。

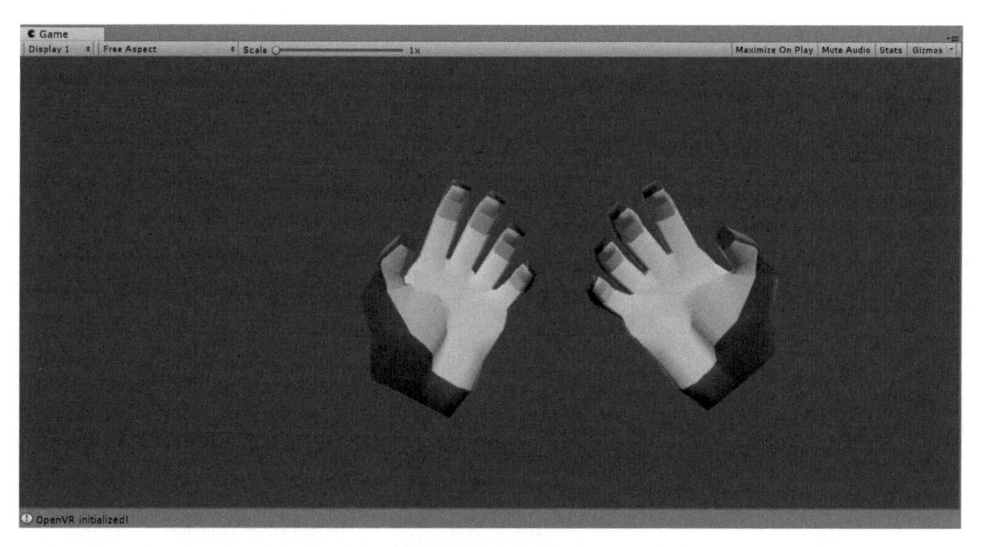

替换后的手部模型

12.6 实现与 3D 物体的交互

使用 Leap Motion SDK 实现与物体的交互，需要使用 Leap Motion Interaction Engine 模块。在 Leap Motion VR 项目中，可以实现悬停（Hover）、触摸（Contact）、抓取（Grasp）三种基本交互方式。其中，悬停动作并不与物体直接接触，而是在某个距离阈值内发生，该距离阈值在 Interaction Manager 组件的 Hover Activation Radius 属性中设置，默认值为 0.2。

导入模块以后，或在运行程序时，会弹出对话框，提示 Unity 默认固定时间步长(fixed timestep)低于 Leap Motion 的建议值 0.0111，以及系统重力参数大于建议值-4.905。如下图所示，分别单击提示右侧的Auto-fix按钮即可进行修改。执行Window→Leap Motion命令，同样弹出此对话框，对其设定后，每次运行程序将不再弹出对话框。

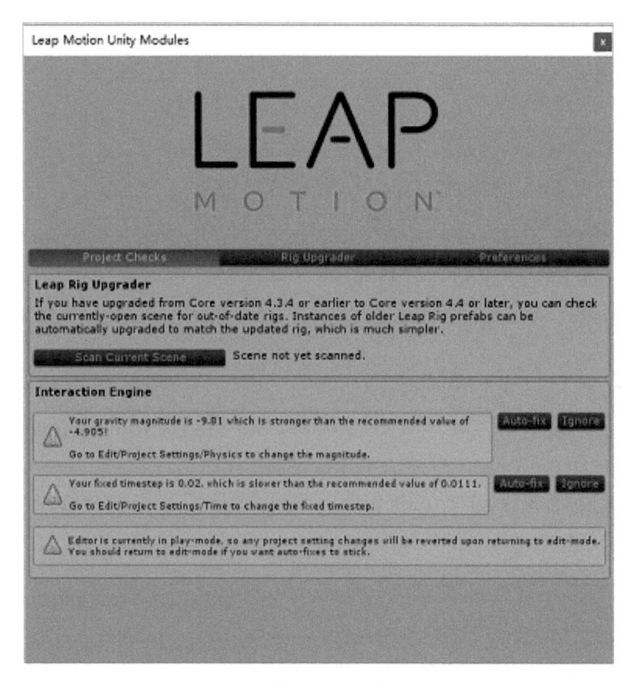

调整固定时间步长

在Leap Motion交互引擎中，核心的组件是Interaction Manager，该组件通过获取的传感器数据处理Leap Motion中的交互逻辑。开发工具包中同样存在其预制体，位于路径LeapMotion/Modules/InteractionEngine/Prefabs下，在使用时，需要将预制体拖入场景中，作为Leap Rig的子物体。

在根节点下，存在一对游戏对象——Intearaction Hand，代表左右手的交互，挂载了Interaction Hand组件。在组件的Interaction Types栏中，可以开启/禁用对应手部能够实现的交互方式；在右下角的可视化图示区域，可以选定参与交互的主要手指，默认为3个。

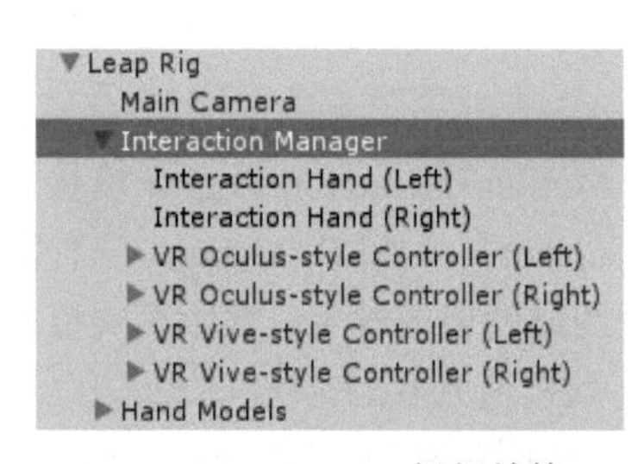

Interaction Manager 组织结构

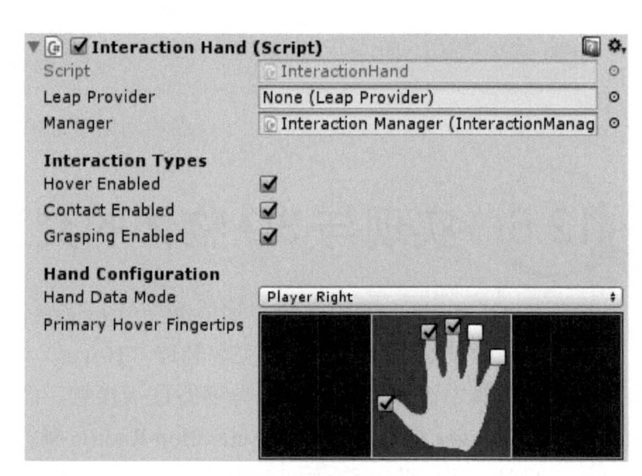

Interaction Hand 组件

在交互对象方面，同样需要进行相关配置。类似于 SteamVR Interaction System 中的 Interactable 组件，以及 VRTK 中的 VRTK_Interactable Object 组件，对于 Leap Motion 中的可交互对象，为其挂载 Interaction Behaviour 组件即可。

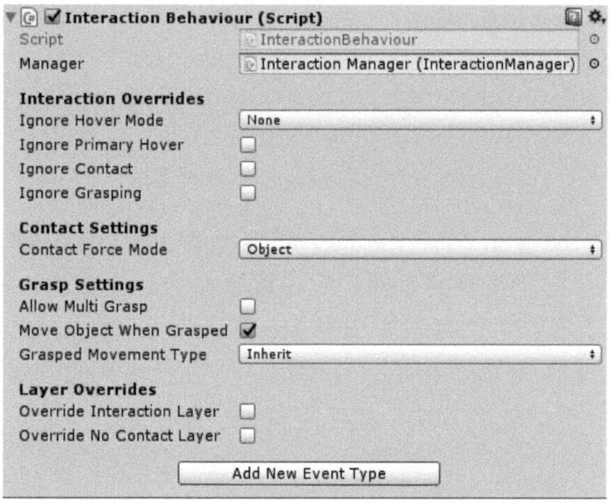

Interaction Behaviour (Script)
Script　InteractionBehaviour
Manager　Interaction Manager (InteractionManager)
Interaction Overrides
Ignore Hover Mode　None
Ignore Primary Hover
Ignore Contact
Ignore Grasping
Contact Settings
Contact Force Mode　Object
Grasp Settings
Allow Multi Grasp
Move Object When Grasped
Grasped Movement Type　Inherit
Layer Overrides
Override Interaction Layer
Override No Contact Layer
Add New Event Type

通过 Interaction Behaviour 组件使物体可交互

Leap Motion 具有多种交互事件，单击交互对象组件的 Add New Event Type 按钮，即可添加相应的事件处理方法。

另外，由于 Leap Motion 中的交互同样基于碰撞检测，所以交互对象需要确保具有某种形式的 Collider 组件，如 Box Collider、Sphere Collider 等。同时，为了实现真实的物理效果，在添加了 Interaction Behaviour 组件的游戏对象上，会自动添加 Rigidbody 组件。

初次使用 Interaction Engine 进行交互开发，需要在 Unity 编辑器中添加两个新的轴向。在菜单栏执行 Edit→Project Settings→Input 命令，打开 Input Manager，为 Axes 数组添加 2 个轴向，名称（Name）分别为 LeftVRTriggerAxis 和 RightVRTriggerAxis。

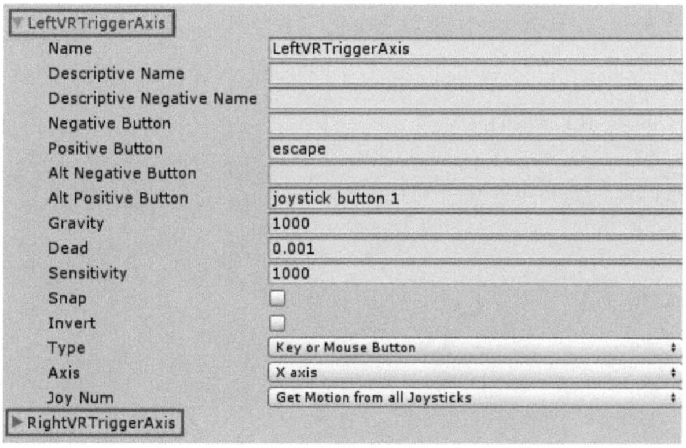

LeftVRTriggerAxis
Name　LeftVRTriggerAxis
Descriptive Name
Descriptive Negative Name
Negative Button
Positive Button　escape
Alt Negative Button
Alt Positive Button　joystick button 1
Gravity　1000
Dead　0.001
Sensitivity　1000
Snap
Invert
Type　Key or Mouse Button
Axis　X axis
Joy Num　Get Motion from all Joysticks
RightVRTriggerAxis

在 Input Manager 中添加两个轴向

实现与物体的交互可执行以下操作，假设场景中已经存在 Leap Rig 并已初始化。

1. 导入 Interaction Engine，将预制体 Interaction Manager 作为 Leap Rig 的子物体。
2. 在 Hierarchy 面板中右击，在弹出的菜单中执行 3D Object→Sphere 命令，新建游戏对象，命名为 InteractionSphere，设置 Scale 为 0.1，选择默认材质为 Blue Standard。为其添加 Interaction Behaviour 组件，若组件提示如下图所示，单击 Auto-Fix 按钮，将自动为其指定项目中已经存在的交互管理器 Interaction Manager。同时，为了在体验过程中使小球不至于因为碰撞做出大幅运动，修改其 Rigidbody 组件属性，设置其 Drag 和 Angular Drag 属性值均为 5，同时设置 Use Gravity 为 false。

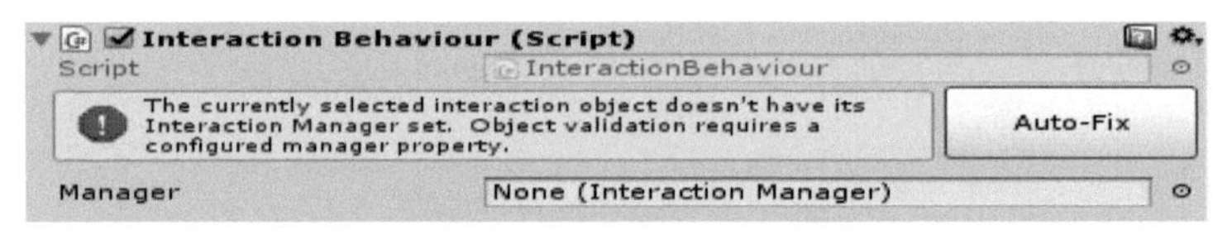

为交互对象指定交互管理器

3. 单击 Interaction Behaviour 组件下方的 Add New Event Type 按钮，选择 Contact Begin 事件，即手指开始与物体接触的事件。配置该事件的处理方法，将 InteractionSphere 拖入对象选择栏中，在右侧方法列表中选择 MeshRenderer 类的 Material 属性，同时在出现的材质选择栏中选择名为 Red Standard 的材质。按照相同的方式，继续配置 Contact End 和 Grasp Begin 事件的处理方法，最终配置如下图所示。

ContactBegin ()
Runtime Only | MeshRenderer.sharedMaterial
InteractionSpher | Red Standard

ContactEnd ()
Runtime Only | MeshRenderer.sharedMaterial
InteractionSpher | Blue Standard

GraspBegin ()
Runtime Only | MeshRenderer.sharedMaterial
InteractionSpher | Green Standard

Add New Event Type

设置物体交互事件的最终配置

保存场景，运行程序。当手部与小球接触时，小球呈现红色，此时当手部做出抓取动作时，小球变为蓝色并随手部一起移动，实现抓取交互；当抓取小球的手部做松开动作时，小球被释放，同时恢复蓝色，实现手部与 3D 物体的交互。

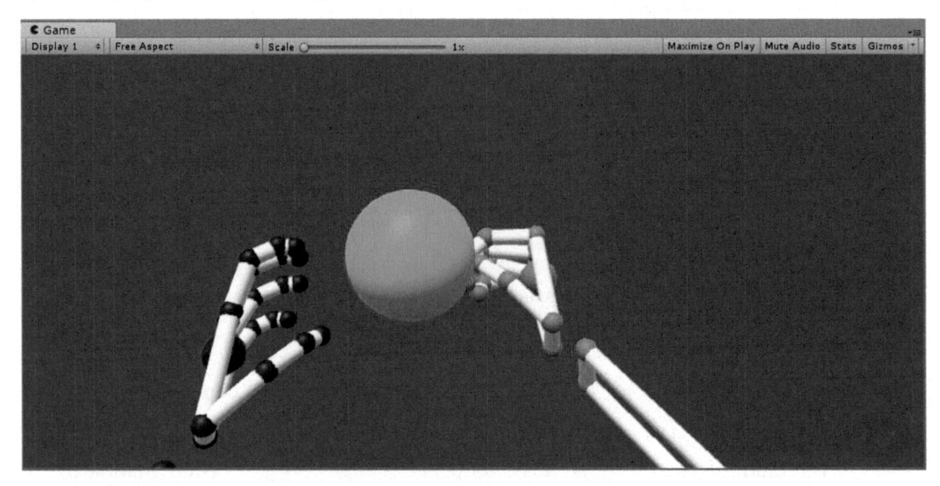

实现手部与 3D 物体的交互

通过本节的实例，我们初步实现了在 Leap Motion VR 项目中手部与 3D 物体的交互。另外，对于事件处理方法，同样可以使用脚本实现，并不仅限于切换材质这种简单逻辑。需要注意的是，在此之前需要先引用 Leap 交互命名空间，代码如下。

```
using UnityEngine;
using Leap.Unity.Interaction;
using System;

public class InteractionSphere : MonoBehaviour
{
    private InteractionBehaviour interactionBehaviour;

    void Start()
    {
        interactionBehaviour = GetComponent<InteractionBehaviour>();
        interactionBehaviour.OnHoverBegin += onHoverBegin;
        interactionBehaviour.OnHoverEnd += onHoverEnd;
        interactionBehaviour.OnGraspBegin += onGraspBegin;
        interactionBehaviour.OnGraspEnd += ongraspEnd;
    }

    private void onHoverEnd()
    {
        Debug.Log("手部已经远离当前物体！");
    }

    private void onHoverBegin()
    {
        Debug.Log("手部开始悬停在当前物体附近！");
    }

    private void onGraspBegin()
    {
        Debug.Log("当前物体被抓取！");
    }

    private void ongraspEnd()
    {
        Debug.Log("当前物体被释放！");
    }
}
```

12.7 实例：使用 Leap Motion 实现枪械的组装

在 Leap Motion 交互模块中，有能够实现类似 VRTK 的 SnapDropZone 的交互功能。在 Leap Motion 开发工具包中，通过锚定（Anchor）机制实现交互对象在被释放后自动吸附到指定区域。

在抓取的物体上，需要挂载 Anchorable Behaviour 组件。本节实例使用 Unity 2017.3.1 开发。

1. 新建项目，命名为 LeapMotionVR。
2. 将核心模块（Core）和交互引擎模块（Interaction Engine）导入项目，分别对应随书资源中的 Leap_Motion_Core_Assets_4.4.0.unitypackage 和 Leap_Motion_Interaction_Engine_1.2.0.unitypackage 文件。
3. 开启 Unity 编辑器的 VR 支持。

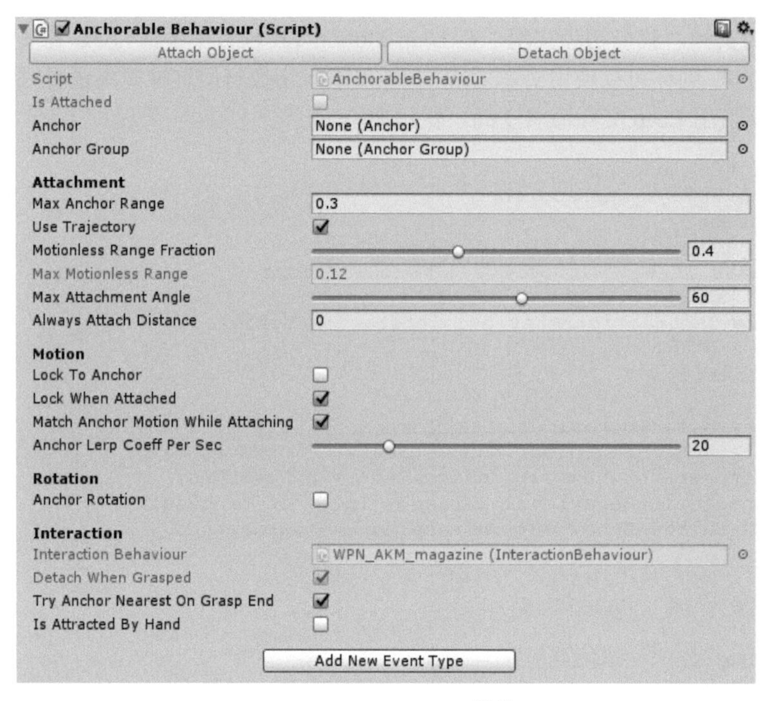

Anchorable Behaviour 组件

4. 按照 12.6 节的介绍，添加两个输入轴向。
5. 在随书资源中，将素材包 Weapons.unitypackage 导入项目中，打开场景文件 Main。
6. 将预制体 Leap Rig 拖入场景，调整位置，然后将预制体 Interaction Manager 拖入场景，作为 Leap Rig 的子物体。
7. 实现枪身部位的抓取效果。选择游戏对象 MainBody，为其添加 Interaction Behaviour 组件，然后添加 Box Collider 组件。为了实现相对准确的抓取，可在同一游戏对象上添加 3 个碰撞体，用来覆盖枪身的基本轮廓。

为游戏对象添加多个碰撞体提高抓取准确度

同时，Leap Motion 是通过红外线对人的手部进行跟踪的，目前精度还不如基于由外而内（Out Side-In）跟踪技术对于控制器的跟踪，所以在本实例中，我们设置所有的部件都不使用重力，并且不与其他物体发生刚体碰撞效果。设置交互对象 Rigidbody 组件的 Use Gravity 属性为 false，Is Kinemic 属性为 true，以下部件设置相同，不再赘述。

8. 设置部件的锚点。选择 MainBody 下的子物体 WPN_AKM_magazine，为其添加 Anchor 组件。不同于 VRTK 的 SnapDropZone，在 Leap Motion 开发工具中，锚点仅需使用组件标记即可，所以交互逻辑（比如高亮显示锚点位置）需要通过事件自行实现。新建 C# 脚本，命名为 PartAnchor.cs，根据 Anchor 发送的靠近、远离、吸附等事件，控制高亮区域的显示和隐藏，编写代码如下。

```
using UnityEngine;
using Leap.Unity.Interaction;

public class PartAnchor : MonoBehaviour
{
    // 高亮材质
    public Material highlightMat;

    private Anchor _anchor;
    private MeshRenderer _meshRenderer;

    void Start()
    {
        // 程序开始时，不显示锚点可视区域
        _meshRenderer = GetComponent<MeshRenderer>();
        _meshRenderer.enabled = false;

        _anchor = GetComponent<Anchor>();
        // 当部件靠近锚定位置时的处理方法
        _anchor.OnAnchorPreferred += highlightAnchor;
        // 当部件锚定后的处理方法
        _anchor.OnAnchorablesAttached += unHighlightAnchor;
        // 当部件离开锚定位置的处理方法
        _anchor.OnAnchorNotPreferred += unHighlightAnchor;
        // 当没有对象被锚定时的处理方法
        _anchor.OnNoAnchorablesAttached += unHighlightAnchor;
    }

    // 高亮显示锚定位置
    private void highlightAnchor()
    {
        _meshRenderer.enabled = true;
        _meshRenderer.material = highlightMat;
    }

    // 取消高亮显示
    private void unHighlightAnchor()
    {
        _meshRenderer.enabled = false;
        _meshRenderer.material = null;
    }
}
```

保存脚本，返回 Unity 编辑器，将脚本挂载到 WPN_AKM_magazine 上，将素材包中的 HighlightMat 指定给组件的 Highlight Mat 属性。

9. 选择游戏对象 Parts 下的子物体 WPN_AKM_magazine，为其添加相应的组件，实现锚定效果。添加 Box Collider 组件，使其能够被感知；添加 Interaction Behaviour 组件，使其能够被手部抓取；添加 Anchorable Behaviour 组件，使其能够被锚定。设置 Anchorable Behaviour 组件属性，勾选 Anchor Rotation 属性，使部件被锚定后保持和锚点相同的旋转角度；将 Anchor Lerp Coeff Per Sec 设置为 100，这样当部件被确定吸附时，能够快速被锁定到指定位置，而不是经过一个短暂的移动效果。需要注意的是，鉴于不同的部件具有不同的尺寸，需要合理设置组件的 Max Anchor Range 属性值，即部件与锚点之间在合理的距离内被感知，以防在距离比较远的位置即被感知，从而影响用户体验。

10. 此时虽然能够实现部件的锚定效果，但是鉴于项目需求，部件需要安装到与之匹配的位置，所以接下来将部件与锚定点建立关联。选择 MainBody 下的子物体 WPN_AKM_magazine，为其添加 Anchor Group 组件，为 Anchors 列表添加成员，并指定为当前游戏对象。

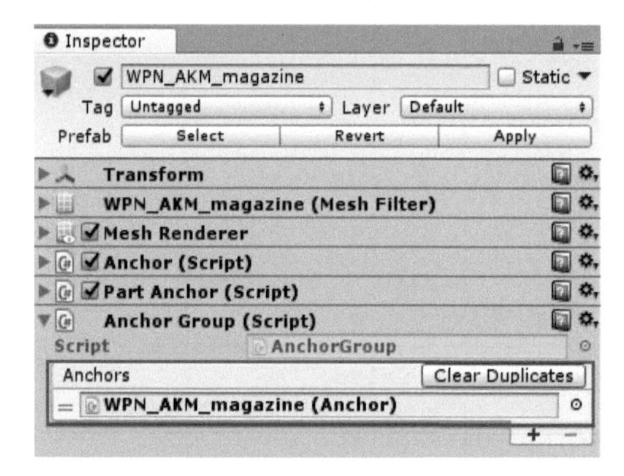

为 Anchors 列表添加成员

在部件方面，选择 Parts 下对应的子物体 WPN_AKM_magazine，在其 Anchorable Behaviour 组件中，将 Anchor Group 属性指定为以上锚点组。当程序运行时，当不匹配的部件移动到锚点附近时，锚点位置不会出现高亮显示的部件提示，若释放部件，也不会自动吸附到该位置。

对于其他部件的配置方法，请重复第 8~10 步。保存场景，运行程序，最终效果如下图所示。

最终效果

第 13 章　VIVE Tracker 的使用

VIVE Tracker 是 VIVE VR 系列产品的配件，可以通过绑定现实世界中的物体，实现追踪物体的位置，继而将对应的虚拟物体呈现在虚拟世界中。从实际使用的角度来看，Trakcer 更像是一个简化版的手柄控制器，因为它具备与控制器相同的 6DOF 追踪信息但没有实体按键。由于其体积小巧，它可以与任意物体或人体关节绑定，实现在虚拟世界中的运动追踪。

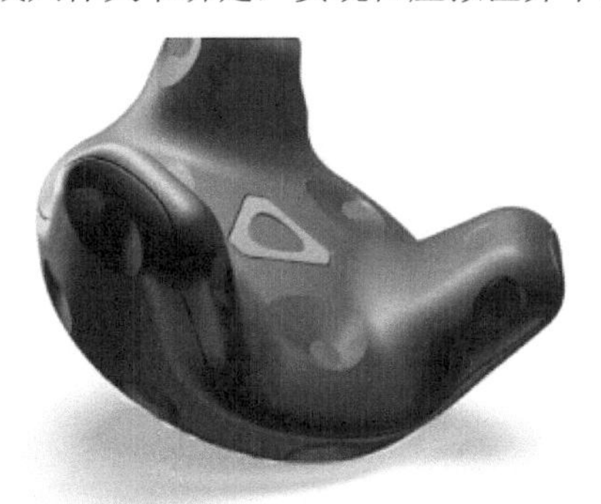

VIVE Tracker

基站可以追踪多个 Tracker 设备，所以在场景中可以存在多个被 Tracker 追踪的对象。

13.1 外观结构

Trakcer 的外观结构如下图所示，从右往左位置介绍如下。

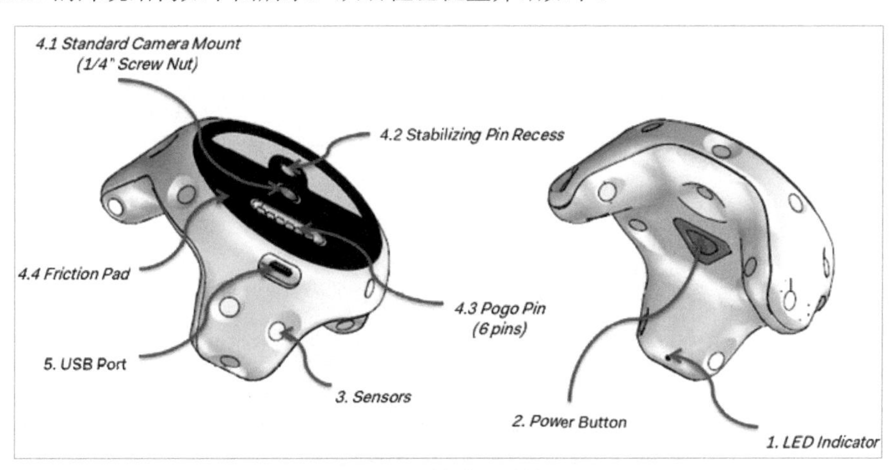

Trakcer 的外观结构

位置 1：LED Indicator（LED 指示灯），用来指示 Tracker 的状态，与手柄相同，如蓝色灯闪烁，则表示该设备尚未配对；如绿色灯闪烁，则表示开始工作并运行正常；如红色灯闪烁，则表示电量低。

位置 2：Power Button（电源按钮），开关方式与 VIVE 控制器相同。

位置 3：Sensor（传感器），与 VIVE 控制器类似，用来接收基站信号的传感器。

位置 4.1：Standard Camera Mount（标准相机支架接口），此处为 1/4 英寸螺丝孔，可以将其固定在标准三脚架云台上，与单反相机相同。

位置 4.2：Stabilizing Pin Recess（稳定针槽），用来加强稳定设备与支架的连接。

位置 4.3：Pogo Pin（弹簧针），弹簧触点型接口，用于电气连接。

位置 4.4：Friction Pad（防滑垫），用于在附件和 Tracker 之间提供稳定的摩擦力，起到防滑的作用。

位置 5：USB Port（USB 接口），一方面用来充电，另一方面用来与电脑通信，比如更新固件等。

关于位置 4.3 的 6 位弹簧针，用户可以自己制作一些电器开关之类的外设与其通信，发送电信号，达到像手柄一样向电脑发送按键触发事件的效果。下图为 6 个针位分别对应的按键信号名称。由此可见，Trakcer 的确是一个简化版的手柄控制器，或者说，像是一个没有按键只有键位开关的键盘。

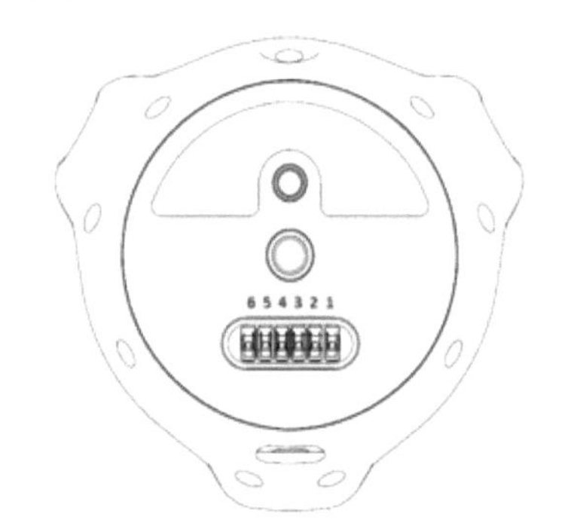

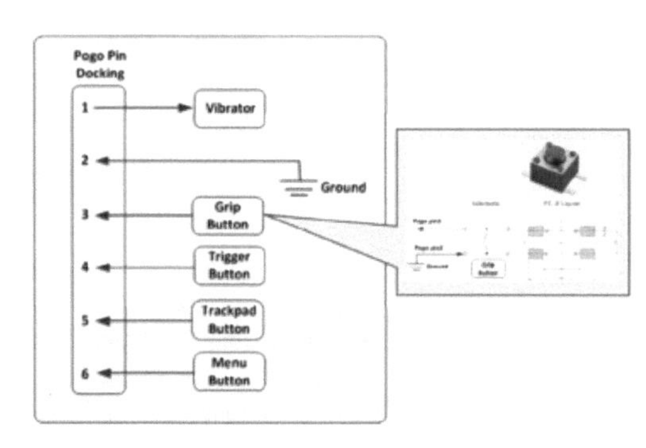

Tracker 的 6 位弹簧针电气图示

13.2 使用场景

Tracker 有很多应用场景，首先比较常用的就是追踪物体，你可以将它绑定到一些物体上，比如球棒、球拍、球杆、座椅等，或者可以绑定一些维修用的工具，如扳手、锤子等，从而达到更加真实的体验。

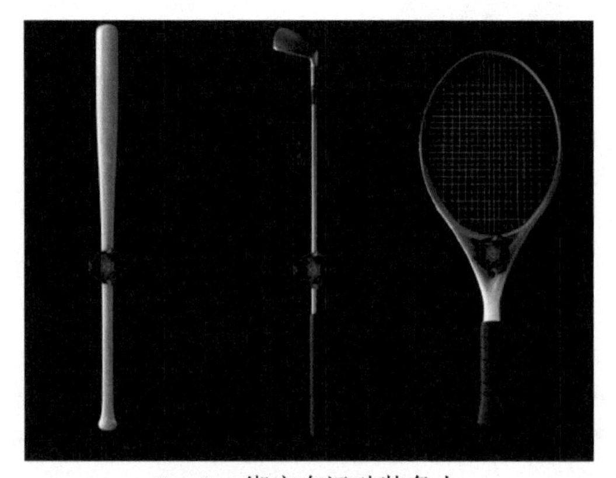

Tracker 绑定在运动装备上

另外，Tracker 还配有弹簧针和 USB 端口，可以制作一些符合特定使用场合的外设，从而更加符合外设的使用习惯。比如典型的 PPGun，通过 USB 端口通信，将原来手柄的按键映射到了枪体相关的功能部件上，如 Trigger 键对应枪体的扳机，Touchpad 映射为枪体的摇杆等。

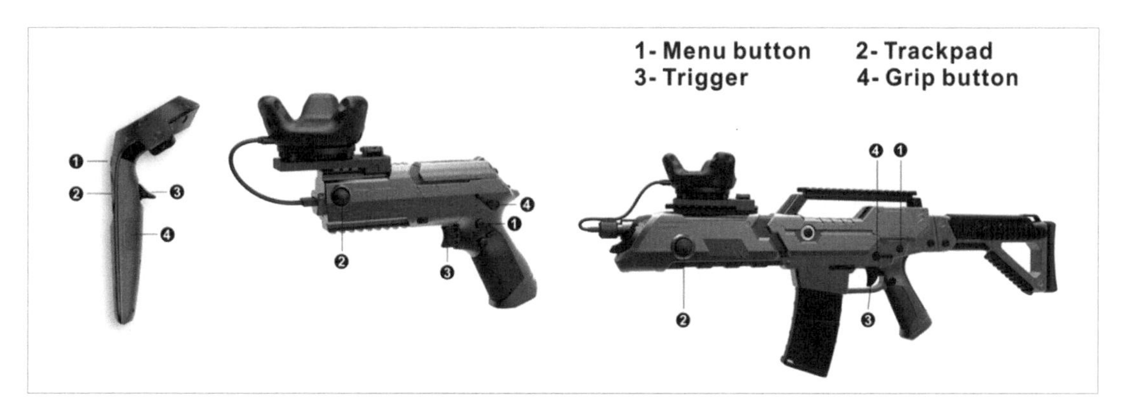

通过电气接口连接 PPGun

另外，Tracker 可以作为动作捕捉设备。现有的 VR 设备，只有手柄和头显，很难实现全身的动作捕捉，使用 Tracker 配合一些反向动力学插件，比如 FINAL-IK，我们就能实现在 VR 中的全身动作捕捉。基站可以跟踪多个 Tracker 设备，所以就可以将多个设备绑定在人的关键部位，比如双脚、膝盖、腰部等，设备越多，捕获的动作就越精确。

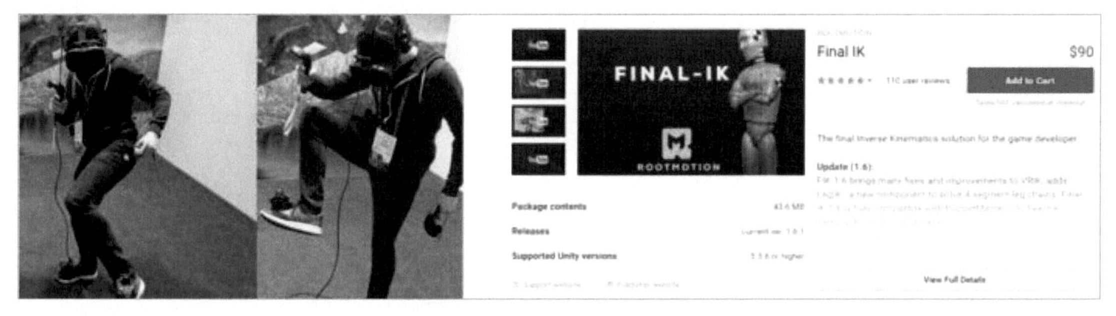

使用 Tracker 作为动捕设备

13.3 初次使用 Tracker

在 Tracker 包装中包含一个无线信号接收器，在同时使用手柄和 Tracker 时，需要将此无线信号接收器连接到电脑，用来接收 Tracker 的信号。在使用时，需要将两个手柄同时打开；如果不使用无线信号接收器，则系统将 Tracker 认为是一个像手柄一样的控制器。

初次使用 Tracker，需要进行设备的配对，当按下开关键后，蓝色灯会闪烁，表示设备正在配对。在 SteamVR Runtime 中右击，在弹出菜单中执行“设备”→“配对控制器”命令，按照提示完成设备的配对。配对成功后，即可看到代表 Tracker 的图标。

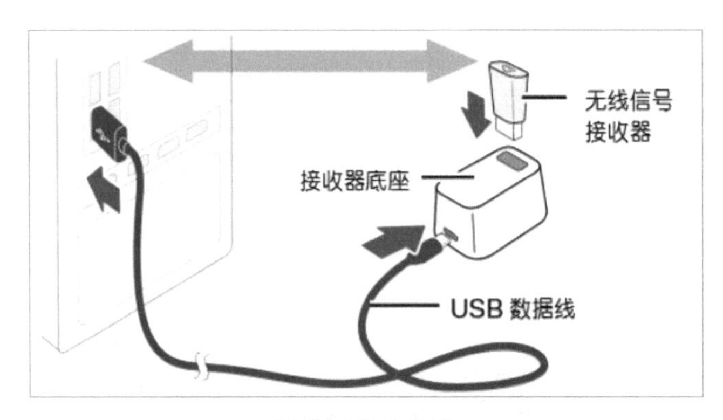

连接无线接收器

Tracker 在 SteamVR 运行时的标识

要使用 Tracker 进行 VR 应用程序开发，需要了解 Tracker 在虚拟环境中的坐标轴朝向，下图为 Tracker 绑定在实体道具枪上的案例示意图，在场景设置中，尤其是在 Tracker 与物体绑定映射的项目中，需要注意坐标轴朝向。

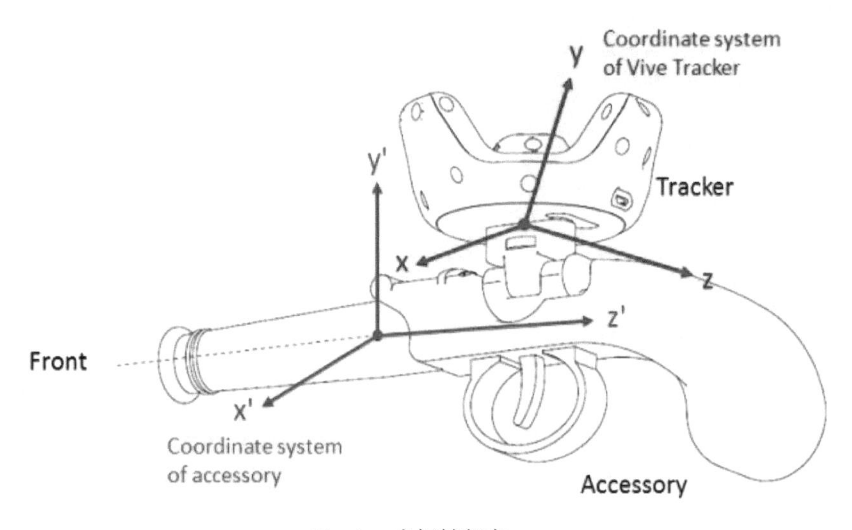

Tracker 坐标轴朝向

 13.4 使用 Tracker 作为控制器

在软件层面，使用 Tracker 进行应用程序开发，不需要特别的 SDK 支持，只需导入 VR 开发

必备的 SteamVR Plugin 即可。在 SteamVR 中，所有基站能够追踪的物体，都认为是 Tracked Object。

1. 在场景中需要一个可视的物体来标记 Tracker；在引擎中，可以新建一个 GameObject 用来标记 Tracker，命名为 Tracker，在其上添加 SteamVR_TrackedObject 脚本。

Steam VR_Tracked Object 组件

添加完毕以后，脚本中的 Index 属性可以在下拉列表中指定可追踪的物体对应的 VR 设备，默认为 HMD，即头显。Device1、Device2 分别对应两个手柄，以此类推（注：此处可以不进行分配）。

2. 为 Tracker 容器添加一个可视化的 3D 物体，这里添加一个 Cube。
3. 选择 CameraRig，在 Steam VR_Controller Manager 组件的 Objects 属性中，将 Tracker 添加到数组元素中。

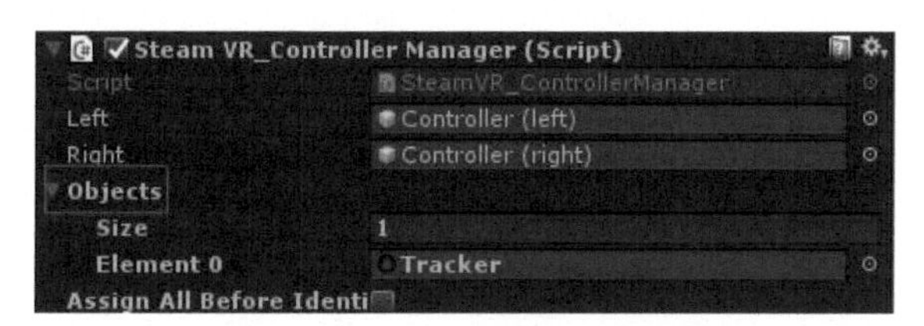

将 Tracker 添加到数组元素中

4. 单击 Play 按钮，可以看到 Cube 标识了 Tracker 的位置以及朝向。

若作为控制器外接电气设备传递按键信号，获取按键事件的方法可参考前文介绍内容。

13.5 使用 Tracker 与现实世界物体进行绑定

Tracker 在 VR 应用程序中更多的应用场景体现在绑定到现实世界的物体上，再将其带入虚拟世界中。通过在 VR 场景中添加一个与现实世界相同的模型进行映射，对于一些不需要控制器按键的应用场景，比如在《水果忍者 VR》、*Beat Saber* 等游戏中，道具仅用于挥舞、移动、击打等操作，使用 Tracker 将现实物体绑定后即可将相同的体验带入到 VR 中，从而使用户能够获得与现实世界一样的真实体验，比如道具的触感、重量等。同时，用户不需要了解虚拟世界中的道具如何使用，只需按照对现实道具的理解操作即可，从而减少了学习成本。

本节我们将通过实例演示如何将 Tracker 绑定到现实世界的道具，并带入 VR 虚拟场景中。本实例需要准备的实体道具为一把剑，将 Tracker 绑定在道具末端，两者的位置和朝向关系如下图所示。

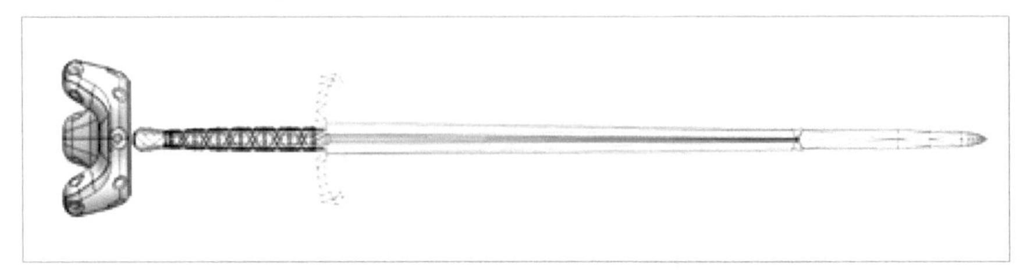

Tracker 与道具在现实世界绑定的位置和朝向关系

操作步骤如下。

1. 新建项目，命名为 VIVETrackerVR。
2. 导入 SteamVR Plugin，将预制体[CameraRig]拖入场景中，删除场景中的 Main Camera，保存场景，命名为 Main。
3. 在 Unity Asset Store 中搜索免费素材“Long Sword with Sheath”，或使用随书资源中关于本章目录下的文件 Long Sword with Sheath.unitypackage，将其导入项目中。
4. 在场景中新建一个空游戏对象，命名为 TrackerGo，为了方便调整与子物体的位置关系，可以给不可见的游戏对象添加可视化标记。为 TrackerGo 添加 SteamVR_TrackedObject 组件，设置组件 Index 属性为 Device 3。

给不可见的游戏对象添加可视化标记

5. 将素材包中的模型 Sword 拖入场景，作为 TrackerGo 的子物体，隐藏或删除道具的剑鞘，即 Sheath。鉴于现实世界中 Tracker 与道具绑定的位置和朝向关系，以及虚拟世界中道具模型的坐标设置，调整 Sword 与容器 TrackerGo 的相对位置和角度，参考值 Position 为（0,0,–0.165），Rotation 为（180,0,0）。

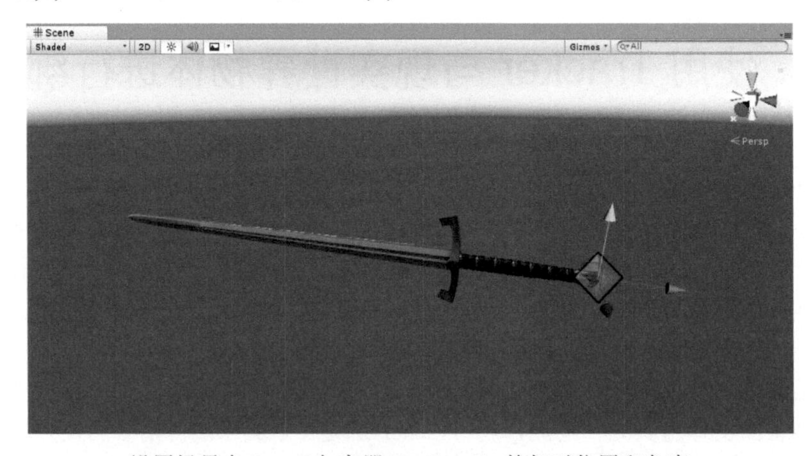

设置场景中 Sword 与容器 Tracker Go 的相对位置和角度

为 Sword 添加碰撞体 Box Collider 和刚体 Rigidbody，以实现与场景中物体的碰撞交互。调整 Box Collider 组件的位置和大小，参考值 Center 为（0,0,0.55），Size 为（0.007,0.054,0.9）；Rigidbody 组件的 Use Gravity 属性为 false，Is Kinematic 属性为 true。

6. 在 Hierarchy 面板中执行 3D Object→Sphere 命令，添加与道具的交互对象，设置 Scale 为 0.5，材质为 ShinyWhiteHighlighted。添加 Rigibody 组件，设置 Use Gravity 为 false。创建多个该游戏对象的副本，随机放置在道具周围。

保存场景，运行程序，当用户拿起实体道具时，VR 场景中对应的道具将随之运动，并且位置和旋转角度均实时对应，同时，道具能够与场景中的游戏对象发生碰撞交互，程序运行效果如下图所示。

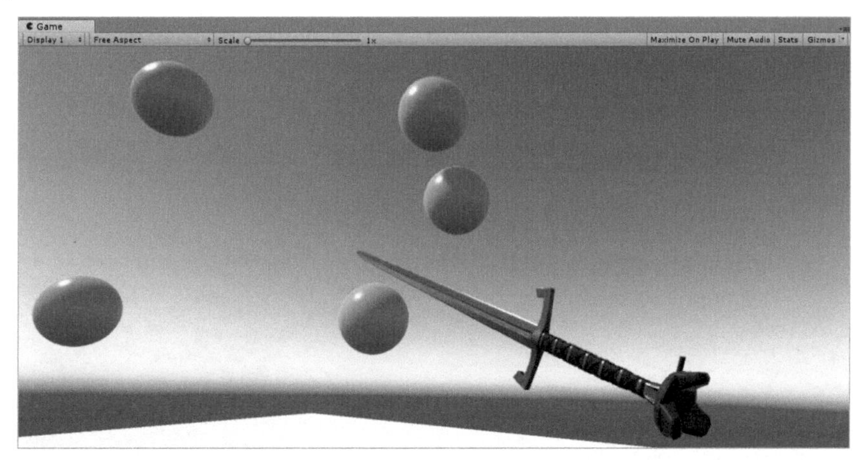

程序运行效果

13.6 小结

本章分享了 VIVE Tracker 的基本使用方法，后续的开发与 Tracker 并没有太多关联，可以归并到 VR 的基本开发路线上。读者可以根据自己的 VR 应用场景，充分发挥想象力，开发出更多有创意的内容。

第 14 章　Unity VR 游戏案例——《水果忍者 VR》原型开发

14.1 项目简介

《水果忍者》曾经是移动平台的爆款游戏，随着 VR 平台的兴起，也随之出现了对应该平台的版本。《水果忍者 VR》将控制器作为切割水果的道具，本章我们将进行这类游戏的原型开发，实现开发一款简单的 VR 版本的游戏。其中涉及的技术包括水果的随机生成、切割水果等功能的实现。

Steam 上的《水果忍者 VR》游戏

14.2 初始化项目

新建 Unity 项目，命名为 FruitNinjaVR。在随书资源中，将场景素材 Environment.unitypackage 导入项目，双击打开素材包含的场景文件 Scene，在 Lighting 面板中按照默认参数对其进行初始全局光照构建，初始游戏场景如下图所示。

初始游戏场景

导入 SteamVR Plugin 和 VRTK，在本项目中，我们不需要玩家进行位置的传送，所以只需要对 VRTK 进行基本配置。在 Project 面板中的路径 VRTK/Examples 目录下，将示例场景文件 002_Controller_Events 拖入 Hierarchy 面板中，将游戏对象拖入当前场景，将示例场景移出，保存场景。

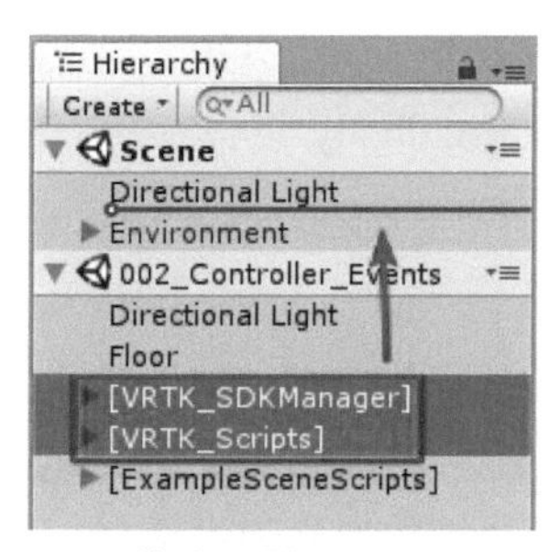

快速配置 VRTK

在游戏对象[VRTK_SDKManager]下，找到[CameraRig]，调整位置，使其位于一个合适的位置，并且朝向面对门内。位置 Position 为（1,–2,–3），旋转角度 Rotation 为（0,–40,0）。若此时[CameraRig]不可见，可将其父物体 SteamVR 设置为可见。保存场景，运行程序，此时便完成了项目的初始设置。

14.3 配置武士刀

游戏中的道具为武士刀。对于道具的添加和设置，执行以下步骤。

1. 在随书资源中关于本章目录下，将道具素材包 Katana.unitypackage 导入项目。
2. 鉴于本实例中的道具没有需要控制器按键触发的交互功能，所以为了实现游戏开始时使用道具替代控制器模型，可直接将道具作为控制器的子物体。将素材包中的预制体 Katana 拖入 Hierarchy 面板，命名为 L_Katana，作为左手持握的道具；按下 Ctrl+D 组合键，创建其副本，命名为 R_Katana，作为右手持握的道具。将游戏对象 L_Katana 作为 LeftController 的子物体，调整位置及旋转，位置 Position 为（0.0045,–0.05,0.38），旋转角度 Rotation 为（–7.2,0.4,0.16）。使用相同的方式对 R_Katana 进行设置，最终道具与控制器的位置关系如下图所示。

道具与控制器的位置关系

3. 此时控制器的渲染模型将不再使用，可将其隐藏。找到游戏对象[CameraRig]，分别将 Controller（left）和 Controller（right）下的子物体 Model 设置为隐藏。
4. 切割水果的过程基于刚体的碰撞。分别选择 L_Katana 和 R_Katana 下的子物体 Katana，为它们添加 MeshCollier 和 Rigidbody 组件。其中在 Rigidbody 组件中，取消勾选 Use Gravity 属性，同时勾选 Is Kinematic 属性，即道具参与碰撞，但是我们不希望它们具有碰撞后的物理运动。

作为可选项，为了游戏具有更加酷炫的效果，可为武士刀添加一些特效，比如剑气。实现此效果可使用 Unity Asset Store 中的工具 X-WeaponTrail。由于受版权限制，读者可自行在 Unity Asset Store 中购买该插件，以下为应用这款插件的步骤。

1. 将插件导入项目后，找到插件包含的预制体 X-WeaponTrail，分别拖入游戏对象 L_Katana 和 R_Katana 下作为其子物体。该预制体挂载了 X Weapon Trail 组件，其中 Point Start 和 Point End 属性指定了剑气出现的范围，我们需要手动调整这两个游戏对象的位置，以达到我们想要的效果。

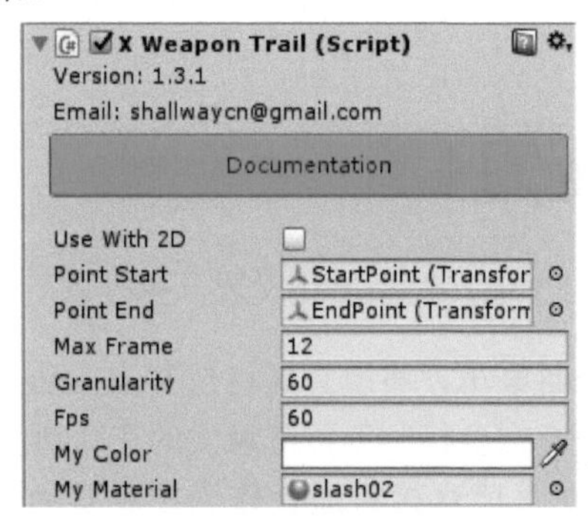

X Weapon Trail 组件

2. 在游戏对象 X-WeaponTrail 下的两个子物体均有可视化元素，方便在场景中进行调节，将每个子物体 EndPoint 调整至刀尖位置，位置 Position 为（0,0.1,0.62）；将每个子物体 StartPoint 调整至刀柄顶端，位置 Position 为（0.001,0.06,–0.2）。
3. 保存场景，运行效果如下图所示。

应用 X-Weapon Tail 后的效果

若 X-WeaponTrail 不显示，可打开 XWeaponTrail.cs 脚本，将 `OnDisable()` 函数内容注释掉，代码如下。

```
void OnDisable() {
    //Deactivate();
}
```

或另行编写脚本，道具武士刀设置完毕。

14.4 编写水果生成逻辑

本节我们将对切割对象水果进行添加，同时编写水果的生成逻辑，操作步骤如下。

1. 在随书资源中，将水果素材包 Fruits.unitypackage 导入项目。该素材包含四种水果，我们将在游戏过程中随机生成不同的水果种类，将 Banana 预制体等四种水果预制体拖入场景。

水果模型

2. 如前文所述，切割的原理基于碰撞，所以同时选择四个游戏对象，为它们添加 MeshCollider 和 Rigidbody 组件，并勾选 MeshCollider 组件的 Convex 属性。在单击各游戏对象在属性面板上的 Applay 按钮后将它们删除。
3. 在场景中新建一个空游戏对象，命名为 SpawnPoint，调整位置，使其在[CameraRig]前方且玩家使用道具所及的位置，同时与玩家保持相同的朝向，即 *Z* 轴指向城门，位置 Position 为（0,–1.5,–1），旋转角度 Rotation 为（0,–30,0）。
4. 接下来我们通过脚本实现水果的生成逻辑，实现的功能为：每隔一秒钟生成任意指定的水果，使其做上抛运动，水果的生成位置在游戏对象 SpawPoint 的水平方向左右 1 米范围内的一个随机位置，同时水果自身有不同的旋转速度。

新建 C#脚本，命名为 SpawPoint，编写脚本代码如下。

```
    using System.Collections;
    using UnityEngine;

    public class SpawnPoint : MonoBehaviour
    {
        // 水果数组
        public GameObject[] fruitPreb;

        void Start()
        {
            ini();
        }

        // 公共函数，供 GameManager 调用
        public void ini()
        {
            // 开启协程，每两秒钟生成一个水果
            StartCoroutine(createFruit());
        }

        /// 生成水果
        IEnumerator createFruit()
        {
            while (true)
            {
                // 根据提供的水果数组实例化游戏对象
                GameObject fruitClone = Instantiate(fruitPreb[Random.Range(0, 
fruitPreb.Length)]);
                Rigidbody rb = fruitClone.GetComponent<Rigidbody>();
                // 给每个水果一个向上的速度，由于重力，水果在到达一个顶点后开始下落，从而实现上
抛运动
                rb.velocity = new Vector3(0, 8.0f, 0);
                // 使水果具有随机的旋转速度
                rb.angularVelocity = new Vector3(Random.Range(-5f, 5f), 0, Random.Range
(-5f, 5f));
                // 获取生成点坐标
                Vector3 pos = transform.position;
                // 在出生点水平位置 1 米范围内获取随机位置
                pos.x += Random.Range(-1f, 1f);
                fruitClone.transform.position = pos;
                yield return new WaitForSeconds(2f);
            }
        }
    }
```

5. 保存脚本，返回 Unity 编辑器，将脚本挂载到游戏对象 SpawnPoint 上，设定 Fruit Prefab 数组的 Size 为 4，依次在 Project 面板中将预制体 Fruits 下的四个子物体指定给数组的每一个元素。

保存场景，运行程序。此时观察 Hierarchy 面板，随着时间的增加，水果实例会逐渐增多而不会销毁，这样将占用不必要的内存，体现在用户角度，程序将越来越卡顿。考虑到性能，对于已经下落并低于地面以下的水果，已经不再具有存在价值，所以通过脚本将它们销毁。

新建 C#脚本，命名为 Fruit.cs，在 `Update()` 函数中，编写代码如下。

```
using UnityEngine;

public class Fruit : MonoBehaviour
{
    void Update()
    {
        if (transform.position.y < -10)
            Destroy(gameObject);
    }
}
```

保存脚本，返回 Unity 编辑器，将脚本挂载到 Project 面板中的四种水果预制体上。此时运行程序，当水果位置低于地面时，系统便将其销毁。

另外，在测试过程中，我们发现新生成的水果在上升过程中会与下落的水果容易发生碰撞，所以需要在 Unity 的物理系统中对碰撞层进行管理。新建一个层（Layer），命名为 Fruits，在 Project 面板中将预制体 Fruits 所在的层命名为 Fruits。执行 Edit→ProjectSettings→Physics 命令，打开 Physics Manager 面板，在层碰撞矩阵中，取消勾选横向和纵向 Fruits 层相交的复选框。

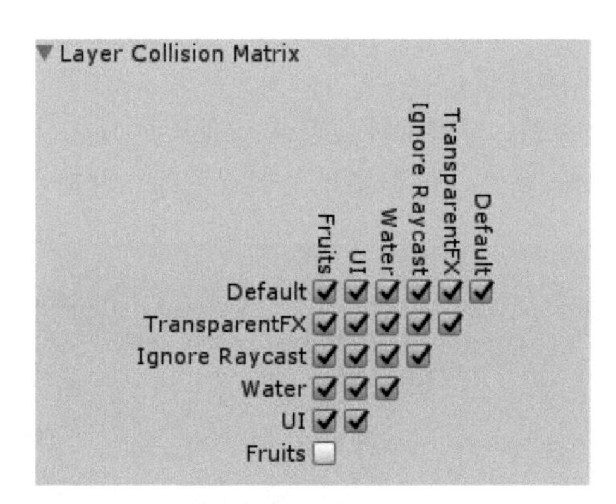

设置层碰撞矩阵

在程序运行时，生成的水果将不再与其他水果发生碰撞。

14.5 实现切割水果的效果

要实现切割水果的效果，我们将借助一款网格切割工具，在随书资源中，将工具 BLINDED_AM_ME.unitypackage 导入项目。新建 C#脚本，命名为 SwordCutter.cs，在 MonoBehaviour 类预置的 `OnCollisionEnter()` 函数中编写相关逻辑，代码如下。

```
using UnityEngine;

public class SwordCutter : MonoBehaviour
{
    /// 切面材质
    public Material capMat;

    private void OnCollisionEnter(Collision collision)
    {
        // 确定切割对象
        GameObject target = collision.gameObject;
        // 通过游戏对象数组引用被切割后的目标成员
        GameObject[] pieces = BLINDED_AM_ME.MeshCut.Cut(target, transform.position,
transform.right, capMat);

        // 如果切割后的另外一半没有刚体组件，则为其添加，使其能够受重力下落
        if (!pieces[1].GetComponent<Rigidbody>())
        {
            pieces[1].AddComponent<Rigidbody>();
        }

        // 将切割后的两瓣水果延时销毁
        Destroy(pieces[0], 3.0f);
        Destroy(pieces[1], 3.0f);
    }
}
```

对于切割方法，参数说明如下：

```
public static GameObject[] Cut(GameObject victim, Vector3 anchorPoint, Vector3
normalDirection, Material capMaterial)
```

方法传递了四个参数，其中 victim 为切割目标，通过 anchorPoint 和 normalDirection 确定切平面，capMaterial 为切面显示的材质。

保存脚本，返回 Unity 编辑器，将脚本挂载到两个道具 Katana 上，同时将工具包自带的 Cut_Victim_cap 材质指定给 Cap Mat 属性。保存场景，运行程序，此时便实现了切割水果的功能。

切割水果的效果

14.6 制作分数和游戏结束 UI

对于一款游戏，必不可少的是信息提示元素，本节我们将通过构建 VR 中的 UI 技术，在城门的匾额处显示两个提示信息——分数和剩余时间，操作步骤如下。

1. 新建一个 Canvas，命名为 HUDCanvas，按照前文介绍的内容，将其转换为世界空间渲染模式，其中缩放设为 0.01，设置位置和尺寸，使其贴近于城门匾额处，参考值如下图所示。

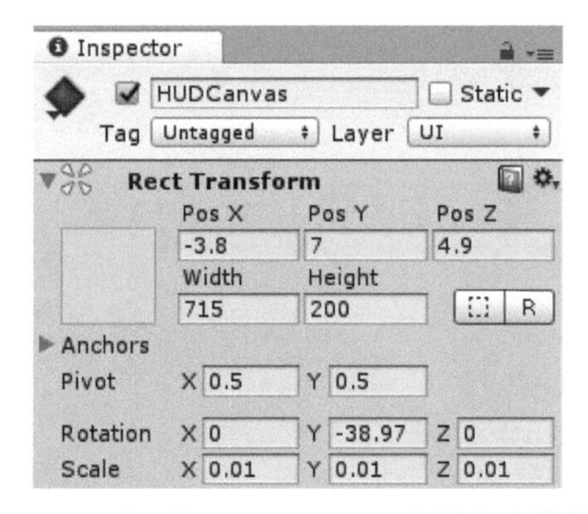

HUDCanvas 的 Rect Transform 组件各参数值

2. 选择 HUDCanvas，新建四个 Text 元素作为其子物体，分别命名为 Score、ScoreText、Time、TimeTxt，设置字号为 45，颜色为黑色。其中 Score 和 Time 仅呈现静态文字，内容分别为“分数：”和“时间：”，ScoreText 和 TimeTxt 用于呈现动态文字，故将其文字内容清空，最终 UI 模块位置及结构如下图所示。

UI 模块位置及结构

在游戏结束时，将在玩家面前呈现游戏结束 UI，玩家通过切割模块中的水果，可以重新开始游戏，操作步骤如下。

1. 将水果素材中的 Banana 预制体拖入场景，命名为 RestartModule，取消勾选其 Rigidbody 组件的 use Gravity 属性。新建 Canvas，按照相同的方式设置其位置和大小，将其作为 Banana 的子物体，添加一个 Text，命名为 RestartTxt，设置文本内容为“重新开始”。由于使用相同的水果预制体，在后续脚本中我们希望当切割重新开始模块中的水果时，执行重新开始的逻辑，而不是加分（见下节 GameManager 类代码），所以新建一个 Tag，命名“UI”，将 GameOverModule 的 Tag 设置为此 Tag。
2. 将 RestartModule 拖入 Project 面板，将其转换为预制体，同时删除场景中的游戏对象。
3. 为游戏结束模块指定显示位置。新建一个空游戏对象，命名为 RestartModulePos，置于玩家（即[CameraRig]）前方附近。

游戏结束 UI

14.7 编写计分、计时和游戏结束等逻辑

根据上节制作的 UI 模块，本节我们将通过脚本实现计分、计时、游戏结束，以及重新开始的游戏逻辑。

在随书资源中，将 UnitySingleton.cs 导入当前项目，该脚本为单例模板类，继承自该类的子类均可作为单例模式使用。另外，对于重新开始模块的展示，我们将使用 HOTWeen 插件来实现模块显示的缓动效果，所以需要预先导入 HOTWeen 插件，并进行初始化设置。

新建 C#脚本，命名为 GameManager.cs，使其继承 UnitySingleton，代码如下。

```
using UnityEngine;
using UnityEngine.UI;
using DG.Tweening;

public class GameManager : UnitySingleton<GameManager>
{
    /// 分数文本框
    public Text scoreTxt;
```

```
/// 时间文本框
public Text timeTxt;
/// 重新开始模块预制体
public GameObject RestartModulePrefab;
/// 游戏是否结束
public bool isGameOver;
// 游戏结束 UI 显示位置
public Transform RestartModulePos;
// 当前分数
private int totalSocre;
/// 剩余时间
private float timeRemain;
/// 游戏时间
private float countTime = 60;
/// 游戏开始时间
private float startTime;

private SpawnPoint spawnPoint;

void Start()
{
   spawnPoint = GetComponent<SpawnPoint>();
   ini();
}

// 初始化游戏
private void ini()
{
   totalSocre = 0;
   scoreTxt.text = "0";
   timeTxt.text = "00:00";
   isGameOver = false;
   startTime = Time.time;

   spawnPoint.ini();
}

// 分数增加
public void AddScore(int score)
{
   totalSocre += score;
   scoreTxt.text = totalSocre.ToString();
}


public void FixedUpdate()
{
   if (isGameOver)
      return;

   timeRemain = countTime - (Time.time - startTime);
   timeTxt.text = formateTime(timeRemain);
   if (timeRemain <= 0)
   {
      onGameOver();
```

```
            }
        }

        // 格式化要显示的时间
        private string formateTime(float time)
        {
            string timeStr;
            int timeFormated = (int)time;
            timeStr = time > 10 ? "00:" + timeFormated.ToString() : "00:0" +
timeFormated.ToString();
            return timeStr;
        }

        // 游戏结束处理函数
        private void onGameOver()
        {
            isGameOver = true;
            // 生成游戏结束模块的实例
            GameObject restartUI = Instantiate(RestartModulePrefab);
            restartUI.transform.position = RestartModulePos.position;
            restartUI.transform.localScale = Vector3.zero;
            restartUI.transform.DOScale(Vector3.one * 20, 0.3f);
            // 停止生成水果
            spawnPoint.OnGameOver();
        }

        // 重新开始游戏
        public void RestartGame()
        {
            // 延时调用初始化函数
            Invoke("ini", 1);
        }
    }
```

在 `FixedUpdate()` 函数中，根据设定的时间长度 countTime 进行倒计时，当剩余时间为 0 时，游戏结束。使用 `FixedUpdate()` 而不是 `Update()` 的原因是，前者是固定时间间隔，而后者与应用程序性能相关，帧率越低，时间间隔越长。

对于原来的 SpawnPoint 类，现在的水果生成机制已由 GameManager 类来调用其 `ini()` 函数实现，所以删除其 `Start()` 函数。另外，需要在 SpawnPoint 类中添加游戏结束处理函数，即停止继续生成水果，修改 SpawnPoint.cs 脚本，添加函数，如下所示。

```
    public void OnGameOver()
    {
        // 停止所有协程，不再继续生成水果
        StopAllCoroutines();
    }
```

在 SwordCutter 类中的 `OnCollisionEnter()` 函数内，添加代码实现加分和重新开始，如下所示。

```
    private void OnCollisionEnter(Collision collision)
    {
        ...
```

```
        if (target.tag == "UI")
        {
            // 如果碰撞的水果 tag 为"UI"，则重新开始游戏
            GameManager.Instance.RestartGame();
        }
        else
        {
            // 否则进行加分处理
            GameManager.Instance.AddScore(5);
        }
    }
```

保存各脚本，返回 Unity 编辑器，将 GameManager 脚本挂载到场景中的游戏对象 SpawnPoint 上，为属性指定相关游戏对象。将 HUDCanvas 下的子物体 ScoreTxt 和 TimeTxt 分别指定给 Score Txt 和 Time Txt 属性；将 Project 面板中的 RestartModule 指定给 Restart Module Prefab；将游戏对象 RestartModulePos 指定给 Restart Module Pos 属性。

保存场景，运行程序。至此，我们完成了《水果忍者 VR》原型的制作，最终效果如下图所示。

最终效果

第 15 章　Unity VR 案例——*Tilt Brush* 原型开发

15.1 项目分析

Tilt Brush 是一款由 Google 开发的虚拟现实绘画应用，用户可以在虚拟空间中充分发挥自己的想象力，使用丰富的笔刷工具在三维空间进行绘画创作。在绘画过程中，左手控制器会变为工具箱供用户选择颜色、笔刷、特效等，右手控制器会变为画笔供用户自由挥洒，同时，基于位置追踪，用户可以在作品之间来回穿梭，自由发挥创意，从而颠覆了传统的平面创作方式。

Tilt Brush

本章要开发的 *Tilt Brush* 原型的核心是通过控制器对 Line Render 组件进行控制。在 VR 交互中，通过控制器，当按下 Trigger 键时，不断地增加 Positions 中的点以及点的坐标，实现画线的效果。其中，点的坐标由控制器瞬时位置指定。本章我们将实现该绘画过程的产品原型。

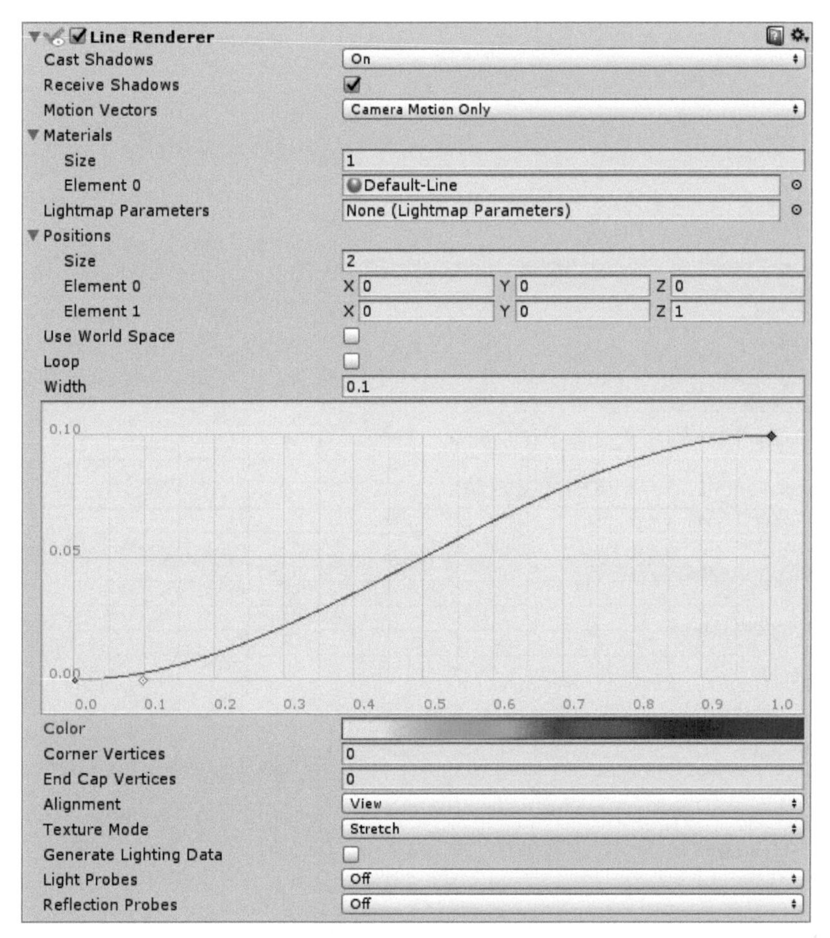

Line Render 组件

15.2 初始化项目并编写脚本

本项目初始化的工作比较简单，操作步骤如下。

1. 新建 Unity 项目，命名为 Tilt Brush，保存场景，命名为 Main。
2. 在本项目中，我们不需要添加比较复杂的场景，仅添加地面即可。在场景中新建一个 Plane，命名为 Floor，重置其 Transform 组件。
3. 导入 SteamVR Plugin 插件，将预制体[CameraRig]拖入到场景中，重置其 Transform 组件。
4. 删除场景中原有的 Main Camera，保存场景。

我们将通过脚本实现绘制的功能，同时通过拇指在 TouchPad 上滑动，调整笔刷大小，其原理为：当按下 Trigger 键时，生成一个 GameObject，为它添加 Line Render 组件，此时在手柄移动过程中，不断添加位置点，并将位置点坐标设置为控制器的瞬时位置，当松开 Trigger 键时，结束线段的绘制；对于控制笔刷大小，当触摸 TouchPad 键时，记录触摸点在 X 轴向的坐标，当结束触摸时，通过两个位置的比对，计算改变大小，从而重新设定 Line Render 组件的 StartWidth 属性。

新建一个 C#脚本，命名为 LineManager.cs，双击打开，编写代码如下。

```
using UnityEngine;

public class LineManager : MonoBehaviour
{
    // 线段材质
    public Material lineMat;
    public SteamVR_TrackedObject trackedObject;
    // 当前绘制的线段
    LineRenderer curLine;
    // 线段宽度
    float lineWidth = 0.1f;
    float maxLineWidth = 0.1f;
    float minLineWidth = 0.01f;

    // 记录 TouchPad 上 x 轴方向的改变值
    float detalValue = 0;
    // 记录接触 TouchPad 时 x 轴上的值
    float startValue;

    void Update()
    {
        if (trackedObject == null)
            return;

        int deviceIndex = SteamVR_Controller.GetDeviceIndex(SteamVR_Controller.
DeviceRelation.Rightmost);
        if (deviceIndex == -1)
            return;
        // 获取到控制器的引用
        SteamVR_Controller.Device device = SteamVR_Controller.Input(deviceIndex);

        if (device.GetTouchDown(SteamVR_Controller.ButtonMask.Trigger))
        {
            // 按下 Trigger 键时，生成线段实例，添加 LineRender 组件
            GameObject go = new GameObject();
            curLine = go.AddComponent<LineRenderer>();
            // 设置 LineManager 的相关属性
            curLine.positionCount = 0;
            curLine.startWidth = lineWidth;
            curLine.material = new Material(lineMat);
        }
        else if (device.GetTouch(SteamVR_Controller.ButtonMask.Trigger))
        {   // 保持 Trigger 键为按下状态时，不断生成组成线段的点
            // 并设置它们的位置为控制器瞬时位置
            curLine.positionCount++;
            curLine.SetPosition(curLine.positionCount - 1, trackedObject.
transform.position);
        }
        else if (device.GetTouchUp(SteamVR_Controller.ButtonMask.Trigger))
        {
            // 当松开 Trigger 键时，将引用置空
            curLine = null;
        }
        else if (device.GetTouchDown(SteamVR_Controller.ButtonMask.Touchpad))
        {
```

```
            // 当开始触摸 TouchPad 键时，记录触摸点的 x 坐标
            Vector2 axis = device.GetAxis(Valve.VR.EVRButtonId.k_EButton_SteamVR_
Touchpad);
            startValue = axis.x;
        }
        else if (device.GetTouchUp(SteamVR_Controller.ButtonMask.Touchpad))
        {
            // 当松开 TouchPad 键时，比对两个点的距离，作为线段宽度的增量
            Vector2 axis = device.GetAxis(Valve.VR.EVRButtonId.k_EButton_SteamVR_
Touchpad);
            detalValue = axis.x - startValue;
            lineWidth += detalValue * 0.01f;
            // 将线段宽度设定在固定的区间
            lineWidth = Mathf.Clamp(lineWidth, minLineWidth, maxLineWidth);
        }
    }
}
```

保存脚本，返回 Unity 编辑器，新建一个空游戏对象，命名为 LineManager，将脚本挂载到该游戏对象上。指定组件属性，新建一个材质，设定默认颜色为红色，命名为 LineMat，指定给 line Mat 属性；类似 Tilt Brush，我们也将使用右手控制器实现画线效果，将[CameraRig]下的 Controller（right）指定给 tracked Object 属性。

保存项目，运行程序，使用右手控制器，按下 Trigger 键以后，开始绘制一条线段，松开 Trigger 键完成线段的绘制。当使用右手拇指在控制器的 TouchPad 键上触摸时，调整笔刷大小，绘制的线段会呈现不同的宽度。

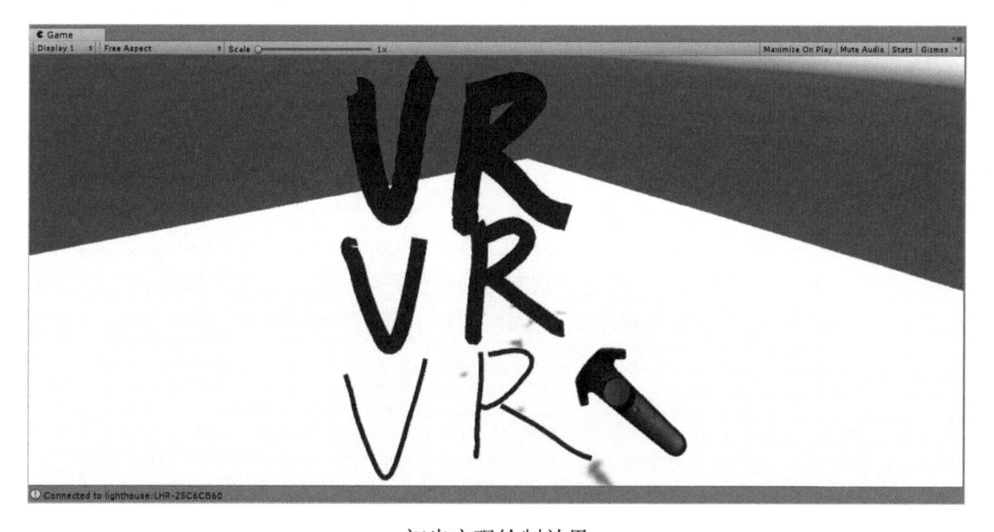

初步实现绘制效果

15.3 实现修改笔刷颜色功能

在 Unity Asset Store 搜索“Simple Color Picker”，下载并导入插件到项目中。在 Project 面板中，将预制体 ColorPicker 拖入到场景中，缩放 Scale 设置为 0.005，并调整合适的位置和旋转角度。

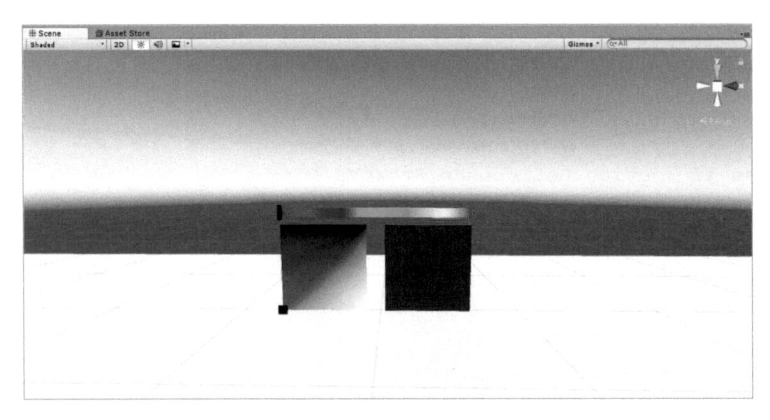

ColorPicker 模块设置

该插件是一款面向 PC 端的颜色拾取工具，通过 Script 目录下的脚本 Draggable.cs 实现鼠标点击的交互操作，代码如下。

```
using UnityEngine;

public class Draggable : MonoBehaviour
{
    ...
    void FixedUpdate()
    {
        if (Input.GetMouseButtonDown(0)) {
            ...
        }
        if (Input.GetMouseButtonUp(0)) dragging = false;
        if (dragging && Input.GetMouseButton(0)) {
            ...
        }
    }
    ...
}
```

所以，我们需要将其修改为能够响应 VR 设备交互的版本。按照上节相同的方式，获取到右手控制器的引用，用按下、松开 Trigger 键的状态替换源代码中按下、松开鼠标左键的对应状态，修改代码如下。由于篇幅所限，我们仅展示涉及改动的代码，主要集中在 `FixedUpdate()` 函数内。

```
using UnityEngine;

public class Draggable : MonoBehaviour
{
    // 声明对控制器的引用
    public SteamVR_TrackedObject trackedObject;
    ...

    void FixedUpdate()
    {
        if (trackedObject == null)
            return;

        int deviceIndex = SteamVR_Controller.GetDeviceIndex(SteamVR_Controller.
DeviceRelation.Leftmost);
        if (deviceIndex == -1)
            return;
        // 获取到控制器的引用
```

```
            SteamVR_Controller.Device device = SteamVR_Controller.Input(deviceIndex);

            if (device.GetTouchDown(SteamVR_Controller.ButtonMask.Trigger))
            {
                dragging = false;
                // 取代原来基于摄像机的射线生成方式
                Ray ray = new Ray(trackedObject.transform.position, trackedObject.
transform.forward);
                RaycastHit hit;
                if (GetComponent<Collider>().Raycast(ray, out hit, 100))
                {
                    dragging = true;
                }
            }
            if (device.GetTouchUp(SteamVR_Controller.ButtonMask.Trigger)) dragging =
false;
            if (dragging && device.GetTouch(SteamVR_Controller.ButtonMask.Trigger))
            {
                Ray ray = new Ray(trackedObject.transform.position, trackedObject.
transform.forward);
                RaycastHit hit;
                if (GetComponent<Collider>().Raycast(ray, out hit, 100))
                {
                    var point = hit.point;
                    point = GetComponent<Collider>().ClosestPointOnBounds(point);
                    SetThumbPosition(point);
                    SendMessage("OnDrag", Vector3.one - (thumb.position - GetComponent
<Collider>().bounds.min) / GetComponent<Collider>().bounds.size.x);
                }
            }
        }
        ...
    }
```

保存脚本，返回 Unity 编辑器，设置在 ColorPicker 中所有挂载了该脚本的子物体，分别选择 ColorHuePicker 和 ColorSaturationBrightnessPicker，将 Controller（left）指定给脚本的 Tracked Object 属性。

基于以上代码发现，颜色的选择基于射线碰撞，但是 Ray 类并不是一条可视化的射线，当使用控制器进行选择时，作为体验者很难准确选择自己需要的颜色，所以我们需要为控制器添加一条可视化的射线。选择 Controller（left），添加 SteamVR_LaserPointer 组件，设置 Color 属性为红色。保存场景，运行程序，效果如下图所示。

ColorPicker 效果

此时还不能将选择的颜色应用于将要绘制的线段，因为 Draggable 类实现的功能仅是颜色值的选择，然后通过 SendMessage() 函数向接收对象发送消息，所以我们需要编写接收消息的脚本，以改变笔画的材质颜色。观察插件自带的示例场景，在场景中的 ColorPicker 上挂载了示例脚本 ExampleColorReceiver.cs，该脚本通过 OnColorChange() 函数接收传递的颜色值，代码如下。

```
using UnityEngine;

public class ExampleColorReceiver : MonoBehaviour {

    Color color;

     void OnColorChange(HSBColor color)
     {
        this.color = color.ToColor();
     }

    ...
}
```

所以在本项目中，也实现类似接收机制即可。在随书资源中，将 UnitySingleton.cs 脚本导入项目中。新建脚本，命名为 ColorManager.cs，继承自 UnitySingleton，通过 OnColorChange() 函数得到当前选择的颜色值，通过公共函数 GetSelectedColor() 为调用者提供当前颜色值，代码如下。

```
using UnityEngine;

public class ColorManager : UnitySingleton<ColorManager>
{
     // 默认颜色为红色
    private Color color = Color.red;

    // 颜色改变时，获取颜色值
    void OnColorChange(HSBColor color)
    {
        this.color = color.ToColor();
    }

    // 给调用者返回当前颜色值
    public Color GetCurColor()
    {
        return this.color;
    }
}
```

保存脚本，返回 Unity，将其挂载到场景中的 ColorPicker 上。我们在开始绘制时，先得到当前材质的颜色，所以继续为 LineManager 类添加代码，在右手控制器按下 Trigger 键开始绘制线段时，通过 ColorManager 单例类获取选择的材质颜色，代码如下。

```
if (device.GetTouchDown(SteamVR_Controller.ButtonMask.Trigger))
{
    ...
    lineMat.color = ColorManager.Instance.GetCurColor();
    curLine.material = new Material(lineMat);
}
```

保存脚本，返回 Unity 编辑器，运行程序，最终效果如下图所示。通过选择颜色，绘制的线段分别具有了不同的颜色。

最终效果

15.4 扩展内容：将绘制交互修改为 VRTK 版本

本项目仅使用 SteamVR Plugin 来实现 VR 中的交互功能，并没有使用 VRTK，作为扩展内容，我们可将项目中绘制的部分功能，即 LineManager 类修改为使用 VRTK 来实现，读者可体会两者之间的区别。

创建当前场景的副本，命名为 TiltBrush_VRTK，删除场景中的游戏对象 LineManager 和 [CameraRig]，快速配置 VRTK，将 VRTK 示例目录 Examples 下的场景 002_Controller_Events 拖到 Hierarchy 面板中，将[VRTK_SDKManager]和[VRTK_Scripts]拖到当前场景，移除示例场景并保存项目。

新建 C#脚本，命名为 LineManager_VRTK.cs，代码如下。

```
using UnityEngine;
using VRTK;

public class LineManager_VRTK : MonoBehaviour
{
    // 线段材质
    public Material lineMat;
    // 获取控制器事件
    VRTK_ControllerEvents events;
    // 当前绘制的线段
    LineRenderer curLine;
    // 线段宽度
    float lineWidth = 0.1f;
    float maxLineWidth = 0.1f;
    float minLineWidth = 0.01f;

    bool startDraw = false;
    // 记录 TouchPad 上 x 轴方向的改变值
    float detalValue = 0;
    // 记录接触 TouchPad 时 x 轴上的值
    float startValue;
    // Use this for initialization
```

```
    void Start()
    {
        events = GetComponent<VRTK_ControllerEvents>();
        events.TriggerPressed += onTriggerPressed;
        events.TriggerReleased += onTriggerReleased;
        events.TouchpadTouchStart += onTouchStart;
        events.TouchpadTouchEnd += onTouchEnd;
    }

    private void onTriggerPressed(object sender, ControllerInteractionEventArgs e)
    {
        startDraw = true;
        GameObject go = new GameObject();
        curLine = go.AddComponent<LineRenderer>();
        curLine.positionCount = 0;
        curLine.startWidth = lineWidth;
        curLine.material = new Material(lineMat);
    }

    private void onTriggerReleased(object sender, ControllerInteractionEventArgs e)
    {
        startDraw = false;
        curLine = null;
    }

    private void onTouchEnd(object sender, ControllerInteractionEventArgs e)
    {
        detalValue = e.touchpadAxis.x - startValue;
        lineWidth += detalValue * 0.01f;
        lineWidth = Mathf.Clamp(lineWidth, minLineWidth, maxLineWidth);
    }

    private void onTouchStart(object sender, ControllerInteractionEventArgs e)
    {
        startValue = e.touchpadAxis.x;
    }

    void Update()
    {
        if (startDraw)
        {
            curLine.positionCount++;
            curLine.SetPosition(curLine.positionCount - 1, events.gameObject.
transform.position);
        }
    }
}
```

保存脚本，返回场景，将脚本挂载到[VRTK_Scripts]的子物体 RightController 上，将材质 LineMat 指定给脚本的 Line Mat 属性，运行程序，同样能够实现绘制和调整笔刷大小的功能。

本节旨在通过使用 VRTK 实现交互功能，尤其是在获取控制器按键事件方面，与 SteamVR Plugin 进行对比，感兴趣的读者可自行实现使用 VRTK 进行颜色选择的交互功能。

15.5 异常处理

若在应用程序运行时，所有手柄没有出现在场景中，并且没有报错提示，可检查编辑器的 XR 设置是否正确。执行 Edit→Project Settings→Player 命令，打开 Player Settings 面板，在 XR

Settings 栏中，检查是否只有 OpenVR 作为可选择的 SDK，若出现如下图所示的设置，可将“None”选项删除，重新运行程序测试。

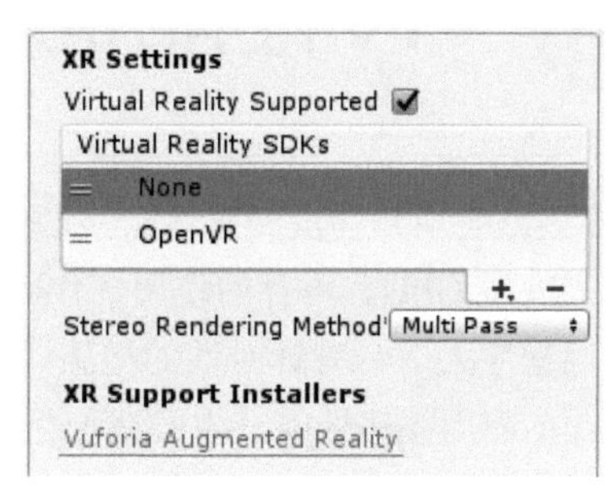

XR Settings 设置

第 16 章　Unity VR 性能优化工具和方法

在 VR 中，应用程序的性能直接影响用户的沉浸感体验，流畅稳定的帧率是性能良好的体现，而这通常与多种因素相关，包括 CPU、GPU、内存的使用、代码的编写、UI 的组织、网络通道的占用等，所以需要开发者对应用程序采取具有针对性的措施。Unity 提供了一系列工具和方法帮助开发者定位性能瓶颈，优化 VR 应用程序性能。本章我们将介绍一些在 Unity 中常用的性能分析工具和优化方法。

16.1 Unity Profiler

在 Unity 编辑器菜单栏执行 Window→Profiler 命令，打开 Profiler 窗口。在程序运行时，单击窗口顶部的 Record 按钮开始或停止性能分析。

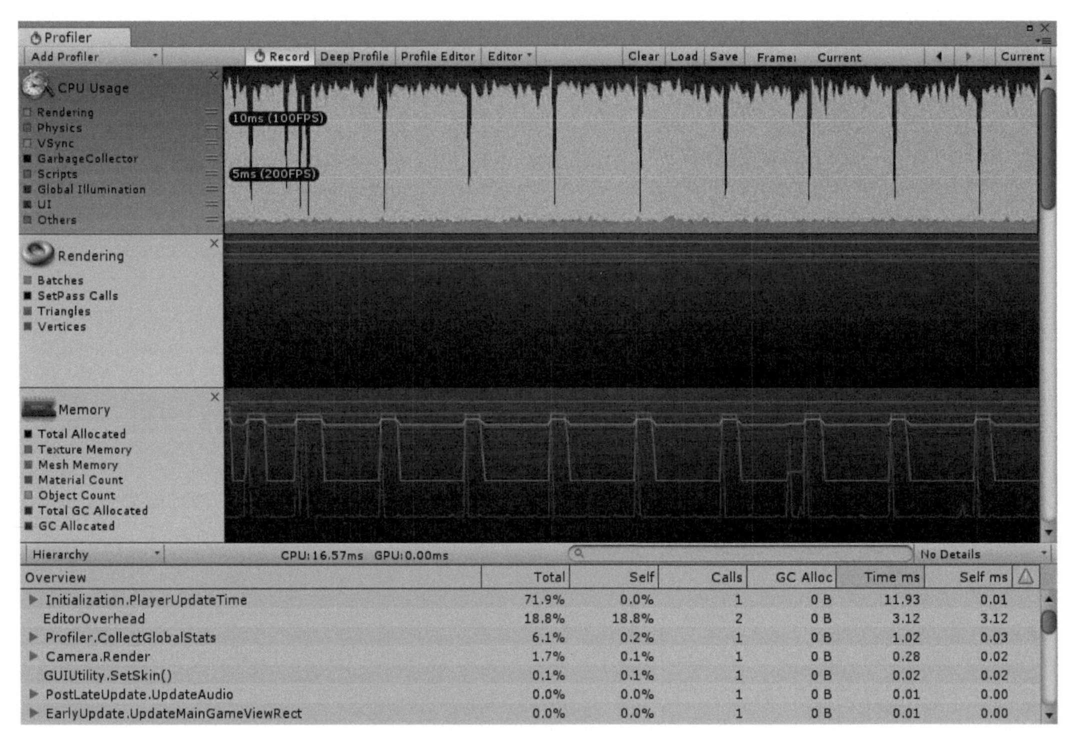

Profiler 窗口

Profiler 工具能够对多种资源的使用情况进行分析，包括但不限于 CPU、GPU、内存、网络、物理等，可通过单击 Add Profiler 下拉列表选择不同类型的分析器。当分析图表中出现明显的资源占用增加时，可单击相应位置，此时应用程序暂停，指针停留在所选帧上，窗口下部列出当前帧中对应的资源使用情况，例如，当在 CPU Usage 标签栏中单击帧率下降的某一帧时，下方列表会列出当前帧中进行的所有任务，以及这些任务所使用的 CPU 时间，开发者可按照占用时间从长到短的顺序查看各任务，采取可以减少 CPU 占用时间的措施。

16.2 Memory Profiler

对于内存开销的专项分析，可使用 Unity 的 Memory Profiler 工具，该工具能够通过可视化的分析图表诊断 VR 项目中存在的内存问题。Memory Profiler 工具并不内置于 Unity 编辑器，而是作为 Unity 的开源项目被托管在 Bitbucket 开源平台，可使用随书资源中关于本章目录下的 Unity-Technologies-memoryprofiler 项目。

要使用 Memory Profiler 进行内存分析，需要将项目目录下的 Editor 文件夹复制到待分析项目的 Assets 目录下，或直接将 Editor 文件夹拖入 Unity 编辑器的 Project 面板中。在菜单栏执行 Window→MemoryProfiler 命令，打开内存分析窗口。

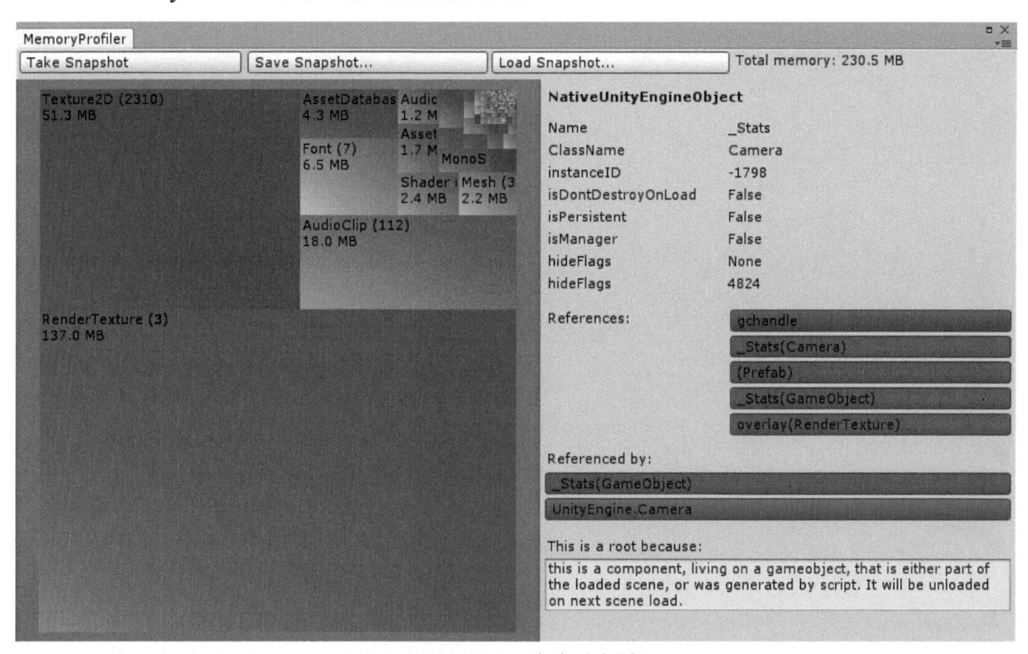

Memory Profiler 内存分析窗口

要对项目进行内存使用分析，可单击窗口中的 Take Snapshot 按钮，此时启动分析任务，分析结束后，呈现如上图所示的图形化界面，不同的色块代表不同类型的资源，色块越大，表示该类型资源所用的内存越大，双击色块，即可在窗口右侧显示对应的内存占用信息，包括名称、ID、引用该资源的对象等。

16.3 Frame Debugger

在 Unity 编辑器菜单栏执行 Window→Frame Debugger 命令，打开 Frame Debugger 窗口。在程序运行时，单击 Enable 按钮即可开启分析功能。窗口左侧列表列出了当前帧中的所有 Draw Call，即绘制调用，单击任意列表成员，可以查看该 Draw Call 所完成的工作，例如 Draw Mesh（绘制网格）等，其中信息“Why this draw call can’t be btached with the previous one”会告诉开发者为什么该 Draw Call 没有被批处理，例如因为其材质与其他材质不同等。

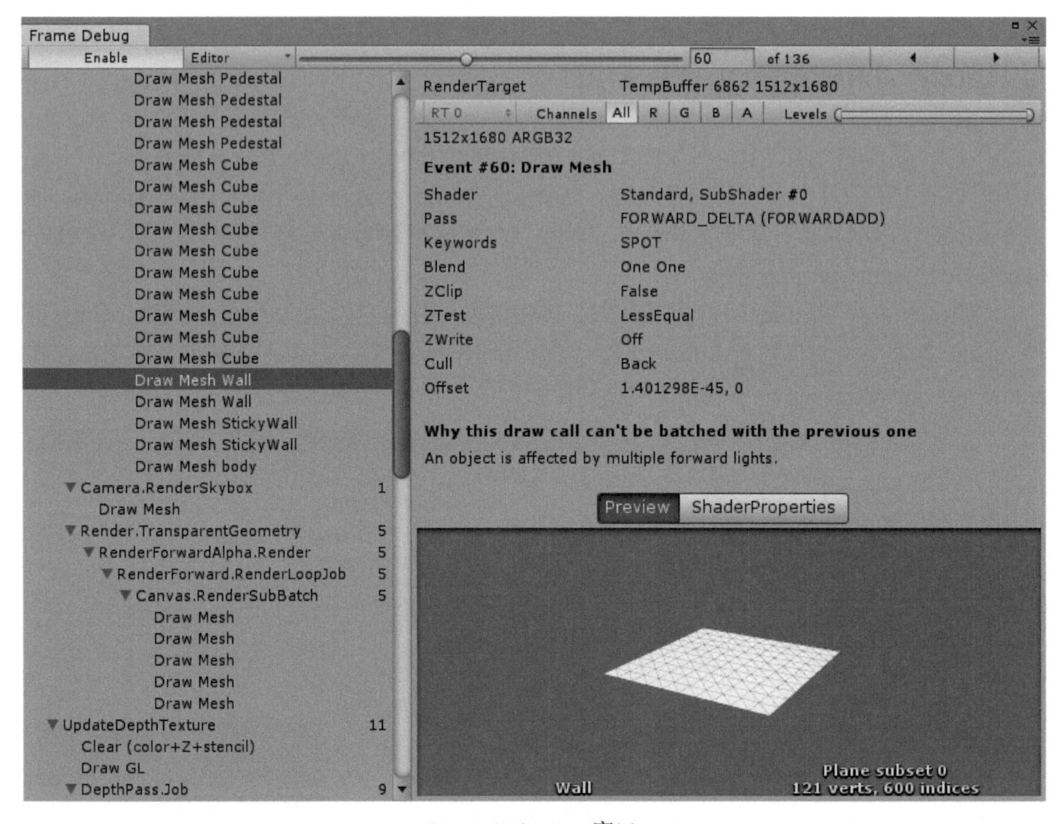

Frame Debugger 窗口

单击任意列表成员，同时会在 Hierarchy 面板中高亮与其相关的游戏对象。

16.4 优化原则和措施

VR 应用程序性能优化的基本原则是：在整个 VR 体验过程中，尽可能提高应用程序的帧率，并保持帧率的稳定性。较低帧率和频繁掉帧，容易引起体验者的不适。本节将介绍几种基本的应用程序优化手段。

16.4.1 LOD 技术

使用 LOD（Levels Of Detail）技术能够有效保持帧率的稳定性，该技术能够根据物体与体验者的距离，切换关于当前物体不同细节程度的模型。当体验者距离物体较近时，放置一个多边形且面数较多的模型（比如 10000 个面）；当距离较远时，放置一个多边形且面数较少的模型（比如 5000 个面）。这样能够有效减少系统资源的使用，减少硬件的工作量，而体验者在此过程中并不会察觉到这些改变。

在 Unity 中，通过 LOD Group 组件实现 LOD 技术。

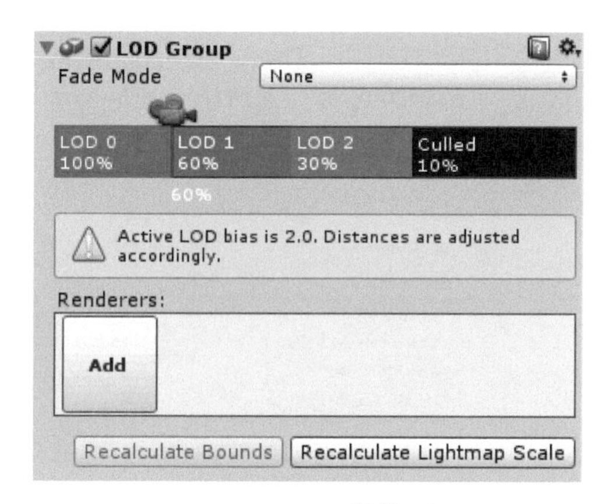

LOD Group 组件

组件中不同的色块代表不同的 LOD 级别，选择不同的 LOD 级别，单击下方的 Add 按钮，即可选择添加在此级别下要展示的模型，通过拖动摄像机图标可以在场景中预览在此级别下的模型表现。

16.4.2 较少 Draw Call 数量

为了将游戏对象绘制在屏幕上，Unity 需要请求图形 API（如 OpenGL、Direct3D 等）完成。Unity 将着色器、网格、纹理等资源分批次上传给 GPU 进行处理，Draw Call 表示绘制调用，一次上传请求会引起一次 Draw Call。可在 Profiler 工具中的 Renderring 标签栏中查看每一帧的 Draw Call 数量。

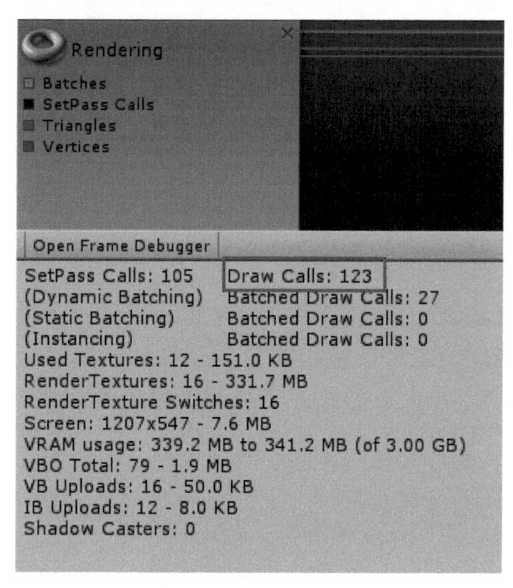

查看 Draw Call 数量

Draw Call 数量越多，带来的 CPU 端的性能开销就越大，所以在进行 VR 应用程序性能优化时，要有目的地减少 Draw Call 的数量。对于在 PC 端上的 VR 应用，可将应用程序每帧的 Draw Call 数量控制在 500~1000 个；在移动端上的 VR 应用，由于硬件性能相对较低，需要将每帧 Draw Call 控制在 50~100 个。

使用批处理是减少 Draw Call 数量的有效方法，批处理分为静态批处理和动态批处理。对于动态批处理，由 Unity 自动完成，在此过程中，Unity 将使用面数较少的网格或使用相同材质的网格合并作为一次 Draw Call；对于静态批处理，需要将参与批处理的游戏对象标记为静态，此时该游戏对象在程序运行中不能被移动、旋转、缩放。

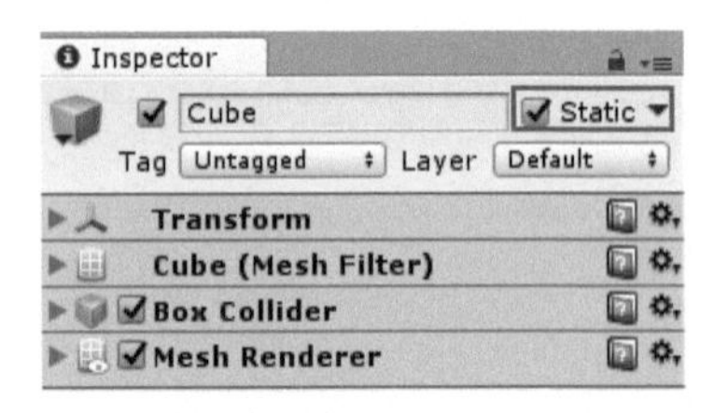

将游戏对象标记为静态

可在程序运行时，单击 Game 视图中的 Stats 按钮，查看 Unity 的批处理次数，以及通过批处理减少 Draw Call 的次数。

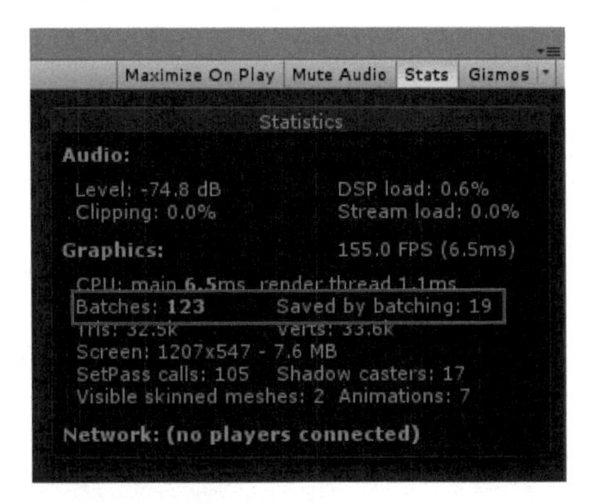

通过 Game 视图查看 Unity 的批处理次数

鉴于动态批处理的特性——将使用相同材质的网格合并作为一次绘制调用，可使用纹理图集的方式减少材质的数量。在模型和材质制作阶段，使多个网格共享一套 UV。例如在第 8 章中的椅子实例，椅子的各个部件仅使用一套 UV，材质纹理基于该 UV 制作，在 Unity 中仅创建一个材质，而不是为各部件单独制作不同材质。

另外，还可使用 GPU Instancing 技术减少 Draw Call 数量。若场景中存在大量同一网格的副本，比如树木或草地等，GPU Instancing 能够将这些使用相同网格的副本作为一次绘制调用。

要启用 GPU Instancing，在 Project 面板中选择网格使用的材质，在材质的属性面板中，勾选 Enable GPU Instancing 即可。

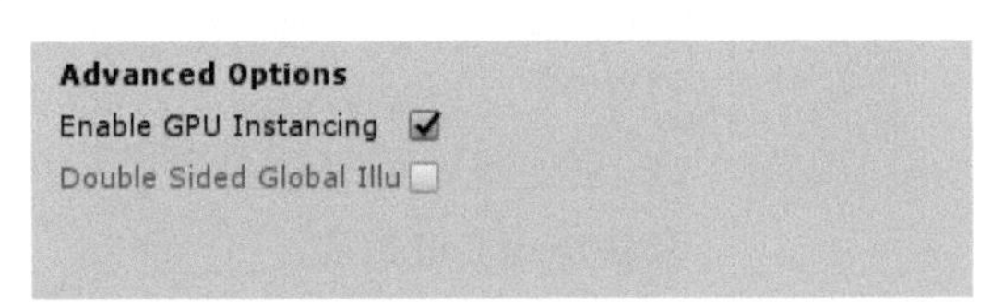

开启材质 GPU Instancing

16.4.3 使用单通道立体渲染

在 Unity 中可启用单通道立体渲染（Single-Pass Stereo Rendering）提高 CPU 和 GPU 的性

能。Unity 默认使用多通道立体渲染模式（Multi-Pass Stereo Rendering），使用该模式会运行 2 个完整的渲染过程，并占用大量的系统资源。而单通道立体渲染会将两个屏幕的图像同时渲染成一个 Render Texture，所以整个场景只需渲染一次。

开启单通道立体渲染模式，打开 Player Settings 面板，在 XR Settings 栏中，将 Stereo Rendering Method 设置为 Single Pass 即可。

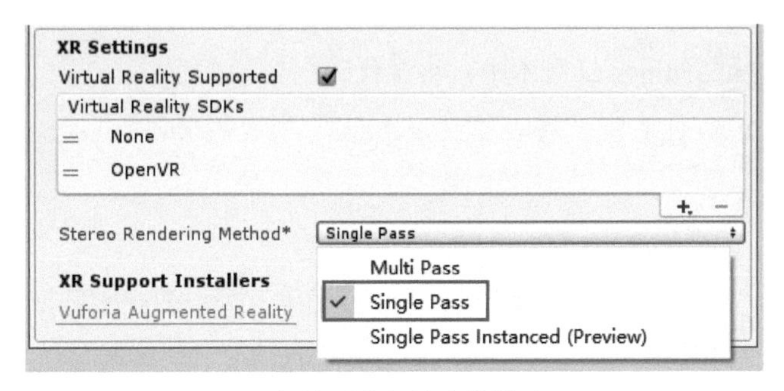

开启单通道立体渲染模式

同时，在 Unity 2017.2 及以上版本，还提供了 Single Pass Instanced 模式，目前为预览版，并且仅适用于运行在 Window 10 的桌面 VR 应用程序或 Hololens。个别着色器或后期处理特效也不支持 Single Pass Instanced 模式。

16.4.4　使用 The Lab Renderer

基于 PC 端的 VR 应用程序，可使用 The Lab Renderer 来提升应用程序性能。The Lab Renderer 是 Valve 开发的在 VR 中应用 The Lab 的一套渲染方案，可在 Unity Asset Store 搜索“The Lab Renderer”，下载插件并导入到项目中使用。

The Lab Renderer 提供了单通道前向渲染（Single-Pass Forward Rendering）、MSAA 抗锯齿、自适应品质、专用着色器、GPU Flushing 等功能，有效地提升了 VR 应用程序的渲染性能。

要应用这套渲染器，需要严格执行以下步骤。

1. 为场景中的摄像机添加 Valve Camera 组件。
2. 为场景中的实时灯光添加 Valve Realtime Light 组件。
3. 在菜单栏执行 Valve→Shader Devs→Convert Active Materials to Valve Shaders 命令，在场景中的所有材质将使用 Valve/vr_standard 着色器。
4. 在 XR Settings 中确保 Unity 使用 OpenVR 作为 VR SDK。

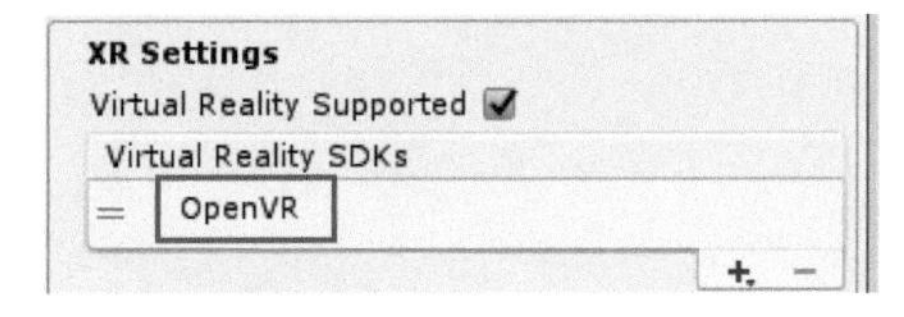

确保 Unity 使用 OpenVR 作为 VR SDK

5. 禁用 Unity 实时阴影。在菜单栏执行 Edit→Project Settings→Quality 命令，在 Quality Settings 面板中的 Shadow 栏中，将 Shadows 属性值设置为 Disable Shadows，禁用 Unity 实时阴影。

Shadows

Shadows	Disable Shadows
Shadow Resolution	High Resolution
Shadow Projection	Stable Fit

禁用 Unity 实时阴影

随着 Unity 版本的升级，在 Unity 2017 及以后的版本中导入 The Lab Renderer 会出现报错，可按如下方法修改代码。

在 ValveAutoUpdateSettings.cs 脚本中，将源代码：

```
    var devices = UnityEditorInternal.VR.VREditor.GetVREnabledDevices
(BuildTargetGroup.Standalone);
```

改为：

```
    var devices = UnityEditorInternal.VR.VREditor.GetVREnabledDevicesOnTargetGroup
(BuildTargetGroup.Standalone);
```

将源代码：

```
    UnityEditorInternal.VR.VREditor.SetVREnabledDevices(BuildTargetGroup.Standalo
ne, newDevices);
```

改为：

```
    UnityEditorInternal.VR.VREditor.SetVREnabledDevicesOnTargetGroup(BuildTargetG
roup.Standalone, newDevices);
```

若不显示阴影，可修改着色器文件 vr_lighting，将源代码：

```
    float objDepth = ( vPositionTextureSpace.z );
```

改为：

```
    float objDepth = 1 - vPositionTextureSpace.z ;
```

16.4.5 小结

本章介绍了 Unity 中常用的性能分析工具和优化方法，更多优化技术还需要在实际工作中不断总结和归纳。不同的硬件平台具有不同的硬件规格，所以需要考虑各硬件平台的特性。另外，各平台多数也提供专门的优化工具，比如 Oculus 的 Rift Performance Tools，Google 的 Performance HUD 等。需要注意的是，对于 VR 应用程序的性能优化不应该等到项目开发完毕后才进行，这是一个在项目制作的各个阶段都需要考虑的问题，包括资源的准备、代码的编写等阶段。

附录 A　XR 技术词汇解释

下列词汇是现阶段 XR 技术中常见的技术名词及其解释，供读者在日常的工作学习中作为参考，无论是查看英文资料还是英文原版视频，都会有所帮助。名词按照首字母进行排序。

1. 360 Video：360 视频。360 视频通常称为全景视频，可同时展示当前位置全部视角的内容，这类视频的制作方式一般是通过专业全景相机或摄像机阵列进行拍摄的，后期通过软件进行剪辑，处理画面拼接产生的接缝。360 视频形式可以是通过摄像机捕捉到的现实世界的视频，也可以是通过 CG 技术制作的动画（比如在 Unity 中使用 Timeline 技术制作的动画），甚至是通过后期处理加入特效的视频。用户需要佩戴 VR 头显对 360 视频进行观看。
   360 视频可以是非交互形式的，也可以是交互形式的。当观看非交互式的 360 视频时，用户只能通过旋转头部从不同角度查看视频内容；而当观看交互式的 360 视频时，用户可以通过控制器或凝视的方式与视频内容（例如 UI 和可交互对象）进行交互。
2. Ambisonic Audio：环绕立体声音频。这种音频技术能够呈现垂直于体验者方向上的声音，“全球面”技术还能够呈现水平方向上的不同位置的声音。环绕立体声音频以多通道格式存储，同时，声场能够根据 XR 中体验者的头部朝向而进行旋转。
3. Anti-Aliasing：抗锯齿。这是一种平滑 3D 物体边缘锯齿状线条的技术，通过各种算法使边缘的颜色平均。抗锯齿技术在 VR 中尤为重要，明显的锯齿边缘会破坏体验的沉浸感。
4. API：英文全称为 Application Programming Interface，即应用程序编程接口，是软件开发中的一个常见概念。同时也贯穿整个 AR 和 VR 应用程序开发，开发者通过 XR 厂商提供的 API，调用能够使用的资源，从而制作出能够运行在相应平台上的应用程序。
5. ARCore：Google 的 AR 体验解决方案，适用于 Google 认证的运行 Android Nougat（Android 7.0）及以上系统的智能手机，能够实现与 ARKit 类似的 AR 体验。同时，ARCore 的 SDK 与 ARKit 也具有类似的功能。
6. ARCore SDK for Unity：使用 Unity 进行 ARCore 应用程序开发的工具包。
7. ARKit：一套能够为 iPhone 和 iPad 制作和发布 AR 应用程序的软件技术框架。
8. ARKit plugin：一个使用 Unity 进行 ARKit 应用程序开发的插件。
9. AR Light Estimation：AR 光源感知。在 AR 会话中，根据摄像头捕获的图像，对 AR 场景中的光源信息进行近似估算。
10. Audio Spatializer：音频空间化。一项能够改变音频在三维空间中传播方式的功能，根据 AudioListener 和 AudioSource 之间的距离和角度来调节声音在左右耳的不同增益，从而为体验者提供声音的方向指示。
11. Audio Spatializer SDK：音频空间化 SDK。
12. Augmented Reality（AR）：增强现实。增强现实是数字内容在现实世界之上的叠加，能够使用户在现实世界和数字元素进行交互。

13. Augmented Virtuality：增强虚拟化，也就是将现实世界的对象带入可以与之交互的虚拟世界中。在混合现实体验中，增强虚拟化介于 AR 和 VR 之间。

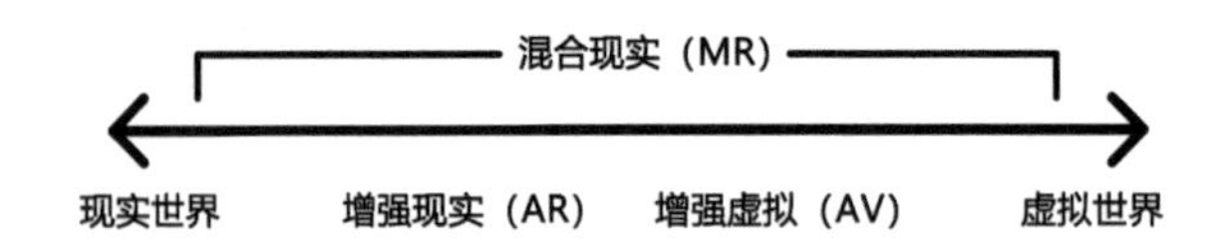

混合现实中现实与虚拟的连续性

14. Cinematic VR：VR 电影。VR 技术为电影制作人和观众提供了一种新的叙事模式，利用 VR 的沉浸式体验，能够显著提高观众的临场感。
15. Cyber Sickness：晕动症。类似于晕车体验，当人在物理空间移动而大脑感知为静止时，通常会引起这种感受。在 VR 中，当体验者静止，而体验到非静止的图像画面时，也会引起晕动症的发生。
16. Direct3D Transformation Pipeline：Direct3D 转换管线。这是一种面向 Windows Direct3D 图形 API 的图形转换管线。
17. Eye Tracking：眼动追踪。通过头显内部的摄像头跟踪人眼的注视方向。眼动追踪提供了一种新的输入交互方式，能够使体验者以更加舒适自然的方式与 VR 内容进行交互，例如在游戏中瞄准目标。
18. Face Tracking：面部追踪。在检测到人脸的前提下，在后续帧中继续捕获人脸的位置及其大小等信息，包括人脸的识别和人脸的跟踪技术。
19. Field-of-View：缩写为 FOV，视场。视场是在任一瞬间经由视觉可以看见的世界，也称为视野。
20. Foveated Rendering：注视点渲染。这是一种新型的图形计算技术，凭借降低注视点周围图像的分辨率来大幅降低计算复杂度，主要应用在集成了眼动追踪技术的 VR 头显中。
21. Frames-Per-Second：缩写为 FPS，帧率。这是用于测量显示帧数的量度，单位是每秒显示帧数。帧率是 VR 中的重要性能指标，因为帧数过低或掉帧，容易引起晕动症的发生。
22. Frustum Culling：视椎体剔除。场景中的摄像机通常具有近平面（near clip plane）和远平面（far clip plane）两个属性，决定了视点的起始位置，两个平面均垂直于摄像机方向，近平面决定摄像机能够渲染的最近位置，远平面决定了摄像机所能渲染的最远位置。两个平面与视场（FOV）共同决定了一台摄像机所能看到的椎体空间。视椎体剔除技术使不在视椎体以内的对象不被渲染，从而提升了 VR 应用程序的性能。
23. Gaze Tracking：凝视追踪，同眼动追踪。追踪用户眼睛的方向和运动，有时将追逐数据用于输入。
24. Graphics Transformation Pipeline：图形转换管线。这是一种将使用 Unity 等引擎创建的对象实现在用户视图中的方法，通常由 OpenGL、Direct3D 这样的应用程序接口完成。
25. Haptics：触觉反馈。通过向用户施加力、振动或运动来模拟虚拟场景中的触觉，能够增强 VR 体验中的沉浸感。
26. Headset：在 XR 语境下，也常称为 Head-Mounted Display，缩写为 HMD，头戴式显示器，简称为头显。通常采用类似护目镜的设备形式，用户佩戴于头部，覆盖或包围眼睛。VR 头显通常包含用于观看虚拟环境的屏幕和镜头，增强现实头显则包含用于观看虚拟内容的半透明屏幕。

27. Head Tracking：头部追踪。通过头显传感器得到用户头部的位置和朝向信息，从而进行XR 中基本的输入和交互。例如，如果用户的头部向一侧倾斜，头部追踪技术会将数据传递给计算机，使体验者在头显中看到对应倾斜后的场景内容。
28. Immersion/Immersive Experiences：沉浸/沉浸式体验。在 XR 语境下，沉浸是指体验者在感官上完全忘记现实世界中的感受而参与到虚拟世界中的交互中。沉浸式体验则是 VR 体验的关键特征，在 VR 中，体验者的眼睛、耳朵，甚至是手和身体都会参与其中，从而阻挡了任何来自现实世界的感觉或暗示。
29. Immersive Entertainment/Hyper-Reality：沉浸式娱乐/超现实体验。这是 XR 技术结合现实世界物理特性的娱乐、营销和体验内容，如 The Void VR 主题公园。
30. Inertial Measurement Unit：缩写 IMU，惯性测量单元。这是测量物体三轴姿态角（或角速率）以及加速度的装置。一个 IMU 内会装有三轴陀螺仪和三个方向的加速度计，用来测量物体在三维空间中的角速度和加速度，并以此算出物体的姿态。在 VR 情境下，IMU 可用于头部追踪，以确定头显呈现的视图方向。与任何运动追踪系统一样，延迟和准确性是 IMU 的关键因素。 三星的 GearVR 包括一个专用的 IMU，而 Google Cardboard 和 Daydream，则是依靠智能手机内置的 IMU。
31. Input：输入。输入提供了人与机器、计算机或其他设备进行交互的方式。在 VR/AR 情境下，输入是指通过各种途径与虚拟物体交互的方法，包括使用控制器、游戏手柄、手势识别、语音控制等。
32. Inside-Out/Outside-In Tracking：由内而外的运动追踪/由外而内的运动追踪。详见本书第 6.7 节相关介绍。
33. Interpupillary Distance：缩写为 IPD，瞳距，即人的两眼瞳孔之间的距离。体验者通过头显内部的两个透镜观看虚拟现实内容，为了能够匹配不同用户的瞳距，一些头显能够手动调节两个透镜之间的水平距离，以达到良好的观看效果。
34. Latency：延迟。延迟是虚拟世界对用户的运动做出反应的速度，是影响 XR 整体体验质量的重要因素。越低的延迟，体验会越舒适流畅。从经验上来说，延迟低于 20 毫秒通常能够带来比较良好的体验。
35. Light Field Technology：光场技术。光场描述的是空间中某一点沿着一定方向的光线辐射度值，该空间所有的有向光线集构成了光场数据库。光场技术将各种计算机图形显示技术、硬件和图像处理解决方案组合在一起，可以先拍摄图像或视频，光圈和焦点可以在后期进行调整。该技术由 Lytro 公司首创，光场相机的工作方式与现代数码相机基本类似，但是需要使用由大约 200000 个微小镜头构成的“微透镜阵列”，用于捕捉无数不同的视角。
36. Light Field Video：光场视频。利用光场技术，结合传统的数码单反相机和 Lytro Illum 相机进行拍摄的视频，在视频处理后期中对画面进行重新聚焦、改变视图、改变光圈等。
37. Low-Persistence Display：低余晖显示技术。受限于早期 VR 技术，在用户快速移动的过程中，屏幕容易导致视觉模糊并出现拖影，即余晖现象。低余晖显示技术是解决此问题的方法。在 Google Daydream 提供的规范中，低余晖显示便是其中一项重要指标；而在三星 GearVR 方案中，当手机插入头显时便启用该技术，在头显外部看来，屏幕呈现快速闪烁的状态。
38. Mixed Reality：缩写为 MR，混合现实。混合现实是将用户的真实环境和使用数字技术创建的 CG 内容无缝连接，两种环境可以共存并相互交互。MR 被认为是一种 VR 和 AR 结合的连续统一形态。

39. Mixed Reality Capture：混合现实捕捉。混合现实捕捉功能可将现实世界的对象放入 VR 环境中，将来自现实世界的图像与虚拟世界的图像混合。该技术使用外部摄像头针对绿屏捕捉现实世界的图像，然后将这些图像与 VR 应用程序生成的场景组合，用于创建单一混合场景。用户随后可与该 VR 场景互动，并可创建出展示用户在现实世界中的互动与 VR 体验叠加的视频。

通过混合现实捕捉技术生成的视频内容

40. Motion-to-Photon Latency：运动到光子延迟。这是在现实世界中发生实际运动与眼睛从头显屏幕接收到反映此变化的光子之间的时间。
41. Motion Tracking：运动追踪。追踪、记录用户和物体在现实世界的运动，将追踪信息输入并在虚拟世界中复现这些运动。
42. Multi-Pass Stereo Rendering：多通道立体渲染。在 VR 头显中，为了能够给体验者提供立体 3D 图像，需要为每只眼睛渲染场景画面，然后呈现到对应的左右眼屏幕上，多通道立体渲染性能要低于单通道立体渲染（Single-Pass Stereo Rendering）。
43. Non-Gaming Virtual Reality/Augmented Reality：除游戏外的 VR 体验内容，如使用 VR 技术开发的教育应用程序、医疗培训软件、建筑可视化、军事模拟、营销体验，零售应用、创意工具等。这些类型的体验是目前 VR 内容的重要部分。随着越来越多的行业逐渐开始使用 VR 技术，VR 行业生态也在逐渐完善。
44. OpenGL Transformation Pipeline：OpenGL 图形转换管线，OpenGL 是用于渲染 2D、3D 矢量图形的跨语言、跨平台的应用程序接口（API）。OpenGL 转换发生在 OpenGL 管线中，具有与一般图形转换管线相同的过程（可参见 Graphics Transformation Pipeline 词条）。
45. OpenVR SDK/API：由 Valve 发布的 SDK 和 API，用于为基于 SteamVR 运行的 VR 设备开发应用程序。相比之下，OpenXR 是一个更广泛的工作组，旨在建立一套通用标准，以支持与 VR/AR 相关的内容、工具、硬件的创建和分发。
46. OpenXR：OpenXR 是由 Khronos Group 管理的一个工作组，旨在设计一个面向虚拟现实（VR）和增强现实（AR）的统一标准，解决行业标准碎片化的问题。Khronos Group 于 2017 年 2 月 27 日在 GDC 2017 期间宣布了 OpenXR。
47. Panoramic 2D/3D Video：全景 2D/3D 视频，同 360 视频词条。

48. Positional Tracking：位置追踪。位置跟踪是实时记录用户移动和对象移动的技术，可检测空间中的头显、控制器以及其他对象的精确位置，然后将数据再现为虚拟世界中的交互。
49. Post FX for VR：用于 VR 中的后处理特效，或称为后处理堆栈（Post Processing Stack），提供在 VR 场景创建后应用的各种视觉效果。后处理堆栈将一整套图像效果组合到一个后处理流水线中，能够产生高品质的画面效果。
50. Presence（或 Sense of Presence）：临场感。类似于沉浸感，使用户在虚拟世界中获得与现实世界无异的体验。
51. Render Loop/Render Pipeline：渲染管线。这是一套决定如何将一帧画面渲染呈现的逻辑架构。典型的渲染管线可按照如下顺序进行：剔除>阴影>不透明>透明>后处理>呈现。图形转换管线（见词条 Graphic Transformation Pipeline）负责将对象的空间坐标转换为屏幕坐标，渲染管线则负责将对象呈现在屏幕上。
52. Render Target：渲染目标。这是被指定绘制场景中的一部分，引擎会将其存储在内存缓冲区或渲染纹理（Render Texture）中，然后叠加呈现在用户的头显或屏幕上。
53. Render Texture：渲染纹理。渲染纹理是唯一一种在运行时创建和更新的纹理。在 Unity 中，可以创建一个 Render Texture，用于在程序运行时呈现指定摄像机的渲染内容。
54. Scene Graph：场景图。这是一种组织和管理三维虚拟场景的数据结构。
55. Screen Resolution：屏幕分辨率。屏幕分辨率是指屏幕上显示的像素数量。就像电脑显示器或电视一样，存在的像素越多，图像质量就越高。对于 VR 头显的屏幕分辨率，因为图像距离人眼距离较近，所以需要更高的屏幕分辨率，使用户不会察觉到各个像素之间的间隙。分辨率较低的头显屏幕，容易产生“纱窗效应”。
56. Single-Pass Stereo Rendering：单通道立体渲染。这是一种将两只眼睛的图像同时渲染到一个渲染纹理（Render Texture）中的技术，也就是说整个场景只渲染一次。
57. Six Degrees of Freedom：六自由度，缩写为 6DOF，是指物体在三维空间中的运动自由度，包括三个位置轴与三个旋转轴，即位置和旋转。相对应的，三自由度（3DOF）只包括旋转自由度。
58. SLAM：是 Simultaneous Localization and Mapping 的缩写，即同步定位与地图构建，指搭载特定传感器的主体，在空间运动过程中建立环境的模型，是自动驾驶汽车、家用机器人和 AR 应用的关键计算机视觉技术。
59. Spatial Audio/3D Audio：空间音频。这是一套可以操控立体声扬声器、环绕声扬声器、扬声器阵列或者耳机所产生声音的音频技术。空间音频使体验者能够在 VR 虚拟环境中判定声源的位置，对 VR 体验的临场感和沉浸感具有重要意义。
60. Stereoscopy：立体成像。这是一种通过双目立体视觉创建或增强图像深度错觉的技术。该技术提供了同一场景的两个不同图像，一个用于体验者的左眼，另一个用于右眼，体验者的大脑将两个图像组合起来构建出具有深度和透视的 3D 场景，VR 头显中的左右眼成像便是基于这一原理的。
61. Stereo Instancing：立体实例化。这是单通道立体渲染技术的演变形式，能够进一步优化 VR 应用程序性能。
62. Tracked Pose Driver：跟踪姿态驱动。这是 Unity 内置的跨平台驱动程序组件，通过将真实设备或对象的位置和旋转与其姿势（相应虚拟对象的位置）相匹配，简化了对玩家移动和外围设备的跟踪设置。

63. Uncanny Valley：恐怖谷理论。这是一个关于人类对机器人和非人类物体的感觉的假设。
64. Vestibular System：前庭系统。这是内耳中主管头部平衡运动的一组装置，使人类能够平衡和理解自己的运动，视觉和前庭系统感觉的不匹配是产生晕车和 VR 中晕动症的原因。
65. Volumetric Video：体积视频。这是一种新兴的视频形态，包含空间数据信息并且允许用户在其内部移动。
66. WebAR：这是一种 AR 开放标准，使用户可以在浏览器中体验 AR，而不必下载安装应用程序。WebAR 对移动设备尤为重要，网站可以通过智能手机浏览器提供 AR 体验。
67. WebVR：这是一种 VR 开放标准，提供通过浏览器体验 VR 的方式，而不必下载安装指定的应用程序。用户仅使用头显和网页浏览器即可获得更易于访问的 VR 内容，而不需要引入高端计算硬件，这为内容创作者提供了更大的潜在受众群体。
68. XR：XR 中的 X 可以看作 V（R）、A（R）、M（R）的占位符，也可以看作是以上三种技术形态的统称。

附录 B　Unity 编辑器基础小贴士

本文基于 Unity 2018.3 版本，总结了在使用 Unity 过程中的一些小贴士，能够帮助读者更加熟练掌握编辑器的使用。

1. 高亮选择

在 Scene 面板右上角的 Gizmos 下拉列表中，可以通过设置 Selection Outline 选项决定是否在选中物体时显示边缘高亮的标识。

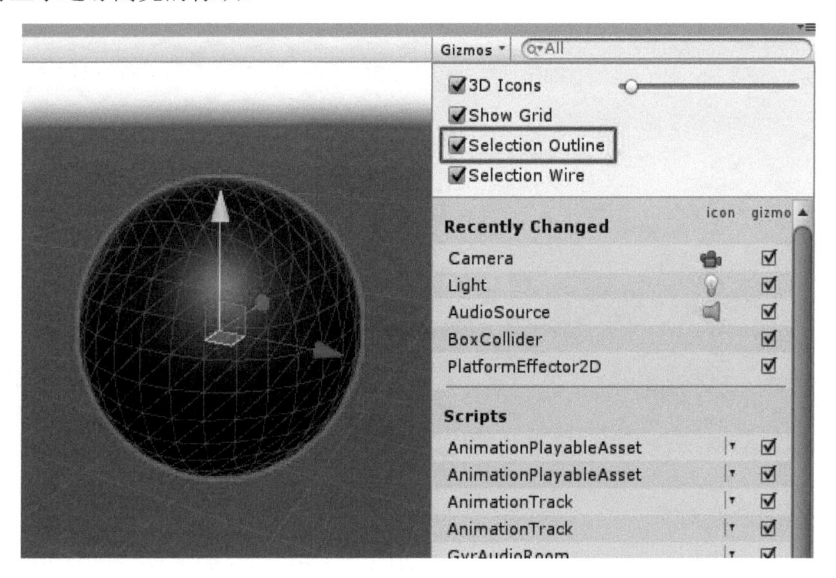

2. Pixel Perfect Camera

在摄像机上挂载 Pixel Perfect Camera 组件能够使 2D 像素风格的游戏画面更加整洁、清晰。此组件需要使用 Package Manager 安装 2D Pixel Perfect 包。

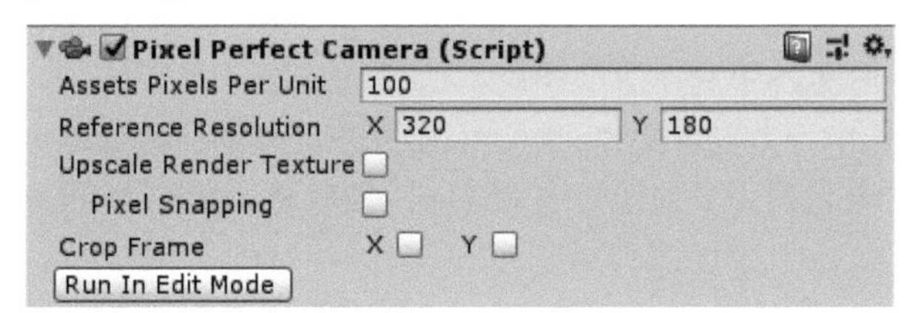

3. 以 *Y* 轴为依据进行 Sprite 排序

对于 2D 游戏，在菜单栏执行 Edit→Project Settings→Graphics 命令打开 Graphics 对话框，将 Transparency Sort Mode 设置为 Custom Axis，然后设置 Transparency Sort Axis，场景中的 Sprite 可以根据 *Y* 轴进行排序。如下图所示，当设置为（0,1,0）时，*Y* 坐标相对较大的 Sprite 排在 *Y* 坐标相对较小的 Sprite 之下，当设置为(0,-1,0)时，则相反。

Graphics

Scriptable Render Pipeline Settings

None (Render Pipeline Asset)

Camera Settings

Transparency Sort Mode　　Custom Axis

Transparency Sort Axis

X 0　Y 1　Z 0

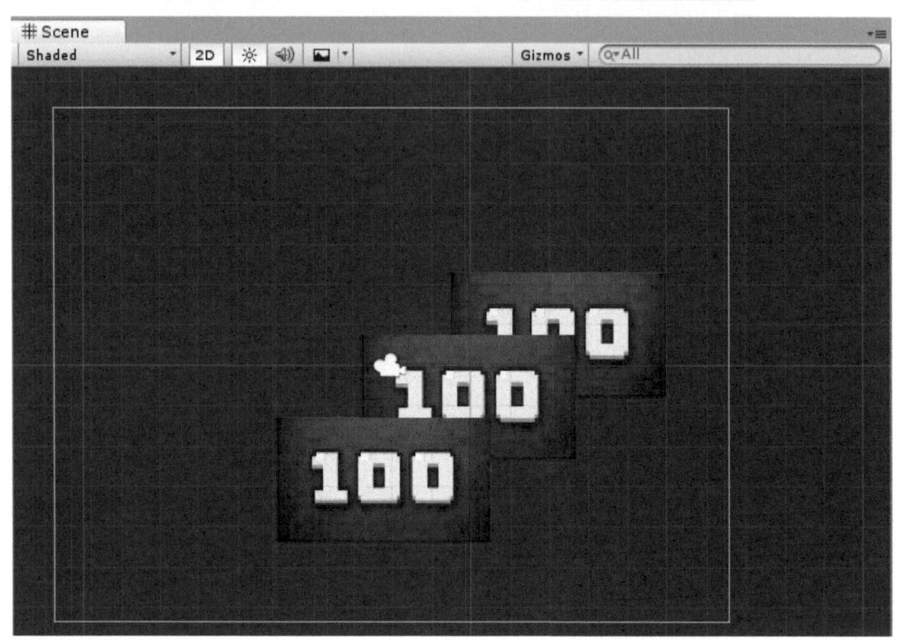

4. 延迟销毁游戏对象

在默认情况下，使用 `Destroy()` 方法会立即销毁游戏对象，如果想延迟一段时间再销毁，可在此方法中传递一个时间参数，如下：

```
Destroy(gameObject,2f);
```

以上代码实现的效果就是经过 2 秒后销毁游戏对象。

5. 快速新建基于自定义Shader的材质

在 Project 面板中选中一个自定义 Shader，右击并在打开的快捷菜单中执行 Create→Material 命令，材质默认使用的着色器为之前选择的 Shader，同时材质名称为 Shader 的名称。

6. 脚本不挂载到游戏对象执行

在通常情况下，新建的脚本要挂载到游戏对象上才能运行，如果在脚本中的方法前使用 [RuntimeInitializeOnLoadMethod(RuntimeInitializeLoadType.AfterSceneLoad)]，可以不用挂载到任何游戏对象上即可在程序运行时执行此方法，方便在程序初始化前做一些额外的初始化工作，代码如下所示。

```
[RuntimeInitializeOnLoadMethod(RuntimeInitializeLoadType.AfterSceneLoad)]
public static void DoSomething()
```

```
{
    Debug.Log("It's the start of the game");
}
```

7. 保存程序运行时组件属性的改变

在程序运行时改变组件的各属性值，当停止运行后，这些改变将重置为编辑状态下的数值。程序在运行时改变了组件的属性值，可以单击组件右上角的齿轮按钮，执行 Copy Component 命令，停止播放后，在相同的组件上，执行 Paste Component Value 命令，从而保存在运行时对该组件做出的改变。

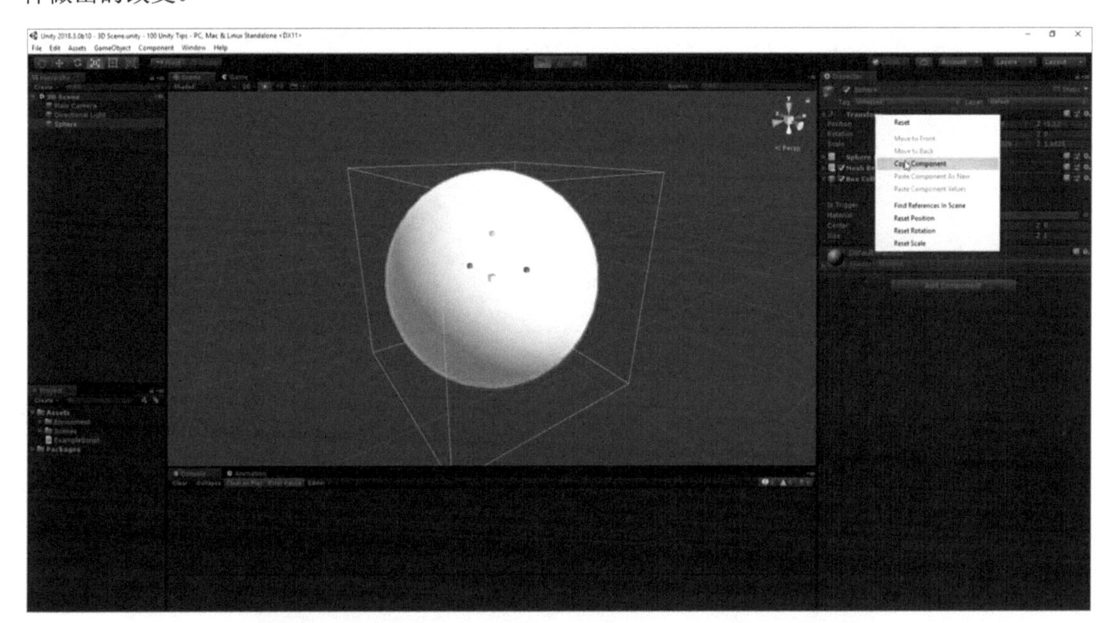

8. 获取一个随机布尔值

我们知道 Random.value 能够返回 0~1 之间的随机数，所以让此随机数与 0.5f 进行比较，就能够获取一个随机的布尔值 True 或者 False，代码如下。

```
bool trueOrFalse = (Random.value > 0.5f);
```

9. 使用struct代替Class

如果数据结构仅保存了有限的几个数值变量，可以考虑使用 struct 代替 Class，因为 Class 实例由垃圾回收机制来保证内存的回收处理；而使用完 struct 变量后会立即自动解除内存分配。

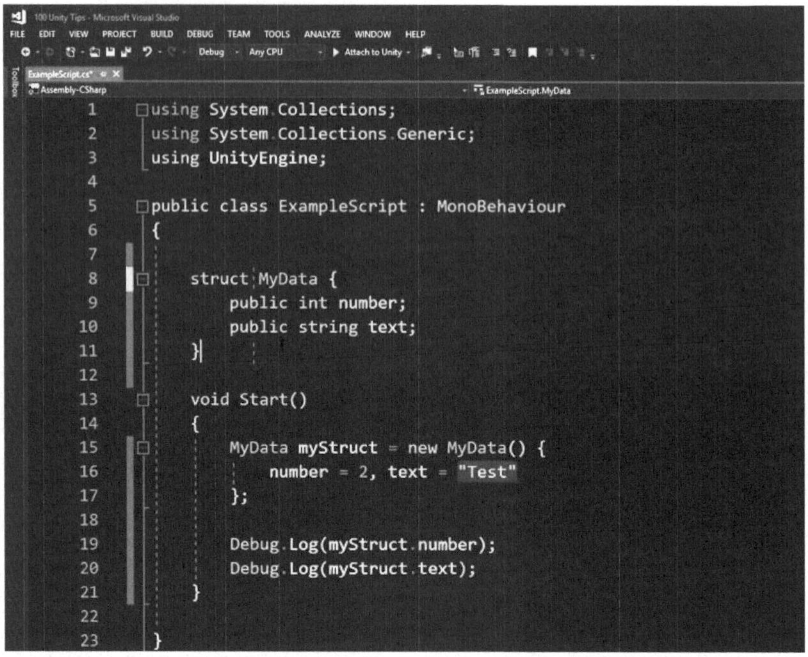

```
1  using System.Collections;
2  using System.Collections.Generic;
3  using UnityEngine;
4
5  public class ExampleScript : MonoBehaviour
6  {
7
8      struct MyData {
9          public int number;
10         public string text;
11     }
12
13     void Start()
14     {
15         MyData myStruct = new MyData() {
16             number = 2, text = "Test"
17         };
18
19         Debug.Log(myStruct.number);
20         Debug.Log(myStruct.text);
21     }
22
23 }
```

10. Visual Studio 自动语句补全

当使用 Visual Studio 进行代码编写时，可双击 Tab 键来辅助完成如 `if`、`for`、`switch` 等语句的补全。

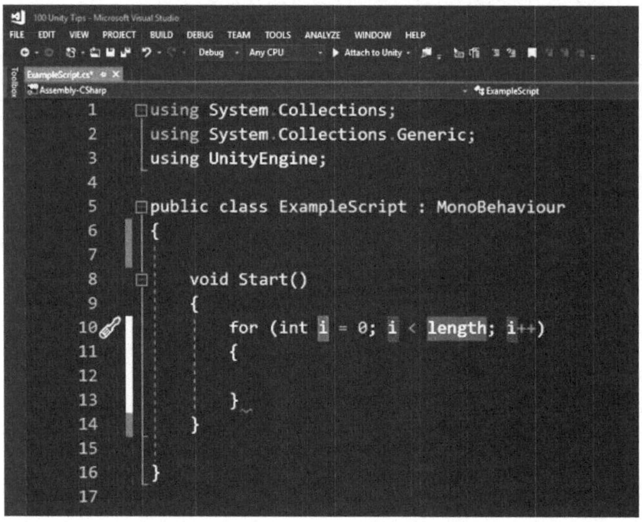

```
1  using System.Collections;
2  using System.Collections.Generic;
3  using UnityEngine;
4
5  public class ExampleScript : MonoBehaviour
6  {
7
8      void Start()
9      {
10         for (int i = 0; i < length; i++)
11         {
12
13         }
14     }
15
16 }
17
```

11. 协程嵌套

在一个协程里开启另外一个协程，可使用以下方法。

```
void Start()
{
    StartCoroutine(FirstCo());
}

IEnumerator FirstCo()
```

```
    {
        yield return StartCoroutine(SecondCo());
    }

    IEnumerator SecondCo()
    {
        yield return 0;
    }
```

12. 脚本变量参与动画制作

使用 Animation 工具还可以改变脚本的变量。

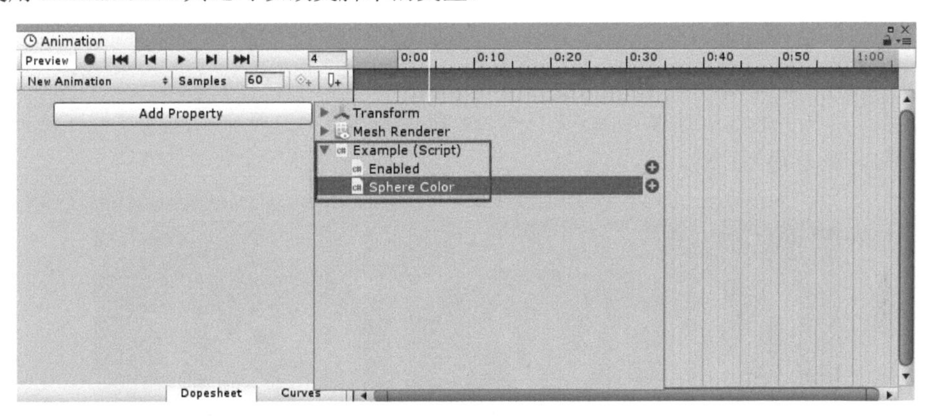

13. Animation窗口快捷键

在 Animation 窗口中，按下 Ctrl+A 组合键，所有关键帧将集中显示在窗口中；选择某些关键帧，按下 F 键，可将它们居中显示在窗口中；按下 C 键，可以在曲线视图和关键帧视图间切换；按下 K 键添加关键帧。

14. 反向播放动画

在 Animator 窗口中，设置动画的 Speed 属性为-1，可使动画片段反向播放。

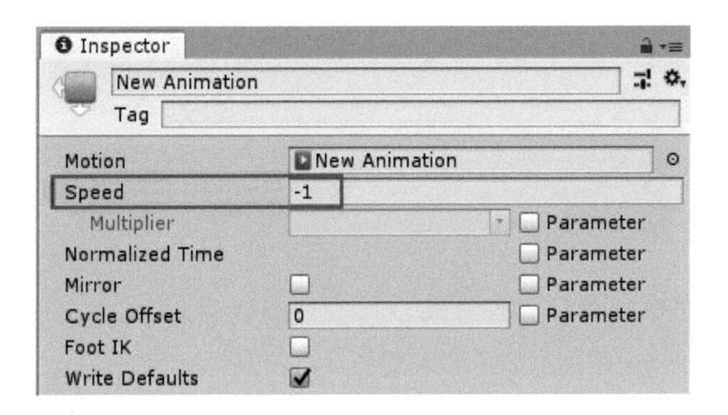

15. 快速比较距离

将两点之间的距离与一个固定距离进行比较时，可使两点相减后取平方（即 sqrMagnitude），然后用该值与某个距离值的平方进行比较。不建议使用 `Vector3.Distance` 方法获取两点之间距离，然后与给定的距离值进行比较。因为`Vector3.Distance(a,b)`相当于`(a-b).magnitude`，即求平方根，而 sqrMagnitude 方法省去了求平方根的操作，所以比 magnitude 执行快。

建议：

```
if ((pointA - pointB).sqrMagnitude < dist * dist)
{
}
```

不建议：

```
if (Vector3.Distance(pointA, pointB) < dist)
{
}
```

16. 使用TextMeshPro

使用 TextMeshPro 能够获得更多的文字控制自由度，并且能够有效防止文字边缘模糊。如下图所示，第一行文字通过执行 Create→UI→Text 命令创建，第二行文字通过执行 Create→UI→TextMeshPro - Text 命令创建。

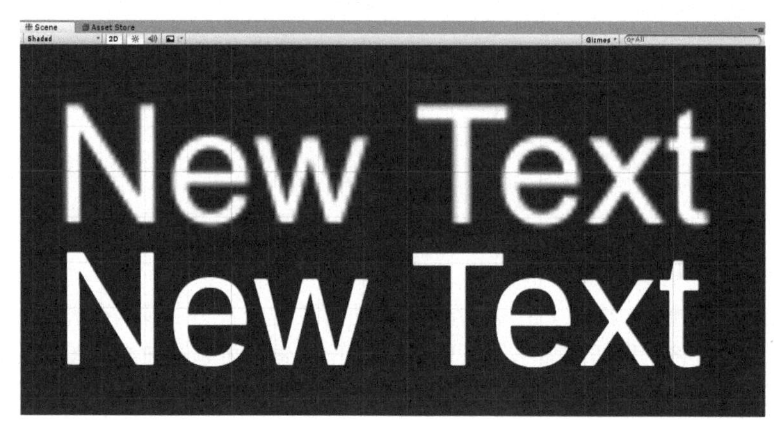

17. 在Inspector面板中显示私有变量

将私有变量标记为 SerializeField，可在 Inspector 面板中将其显示。

```
[SerializeField]
private int myNumber = 20;
```

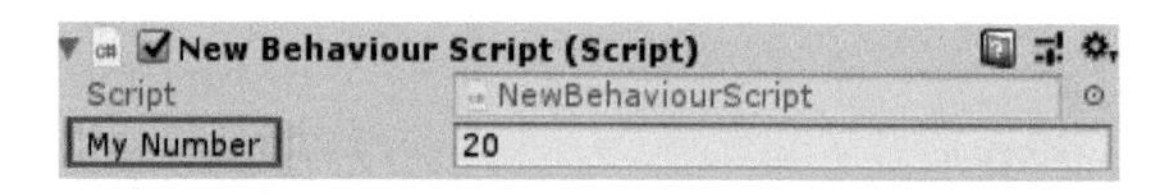

18. 在Inspector面板中隐藏公有变量

如果不希望在 Inspector 面板中显示公有变量，可将其标记为[HideInInspector]。

```
[HideInInspector]
public int myNumber = 20;
```

19. 变量重命名后继续保持值

当变量重命名后，如果希望继续保留其数值，可使用 FormerlySerializedAs，代码如下。

```
[FormerlySerializedAs("hp")]
public int myNumber = 20;
```

需要引用命名空间：

```
using UnityEngine.Serialization;
```

20. 使用文件夹快捷方式

可将经常访问的文件夹的快捷方式拖入 Project 面板中，双击快捷方式可快速打开此目录。

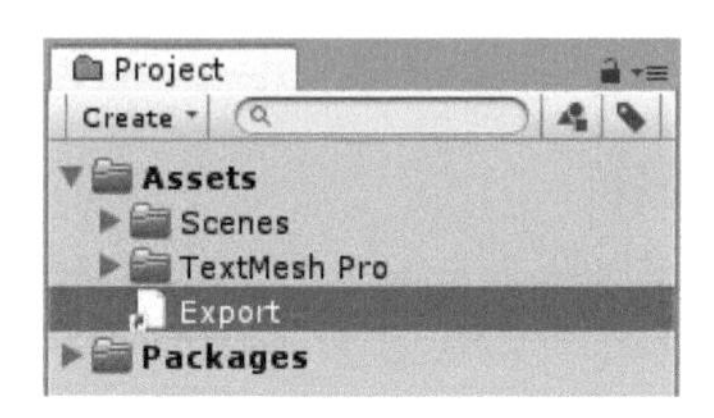

21. F键与Shift+F组合键

选择游戏对象，按下 F 键，可将 Scene 的视口中央移动到该游戏对象处；按下 Shift+F 组合键，可将视口与该游戏对象锁定，即无论如何移动游戏对象，视口中央始终跟随此游戏对象。

22. 对齐Scene与Game视图

在 Hierarchy 面板中选择摄像机，按下 Ctrl+Shift+F 组合键，可将摄像机移动到能够呈现 Scene 窗口中内容的位置。

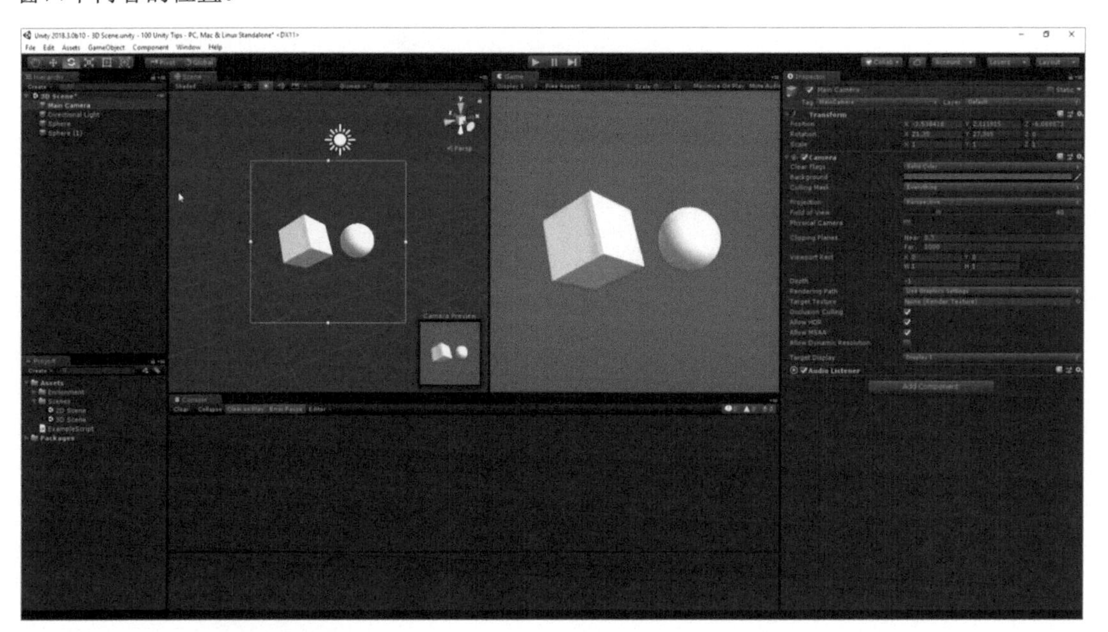

23. CompareTag方法

当对游戏对象的 Tag 进行比对时，从性能考虑，可使用 `CompareTag` 方法，不建议使用双等号进行判断。

建议：

```
if (gameObject.CompareTag("Enemy"))
{
```

```
{

}
```

不建议：

```
if (gameObject.tag == "Enemy")
{

}
```

24. 使用空游戏对象作为分隔符

在 Hierarchy 面板中，可以使用名称中带有分隔符的空游戏对象进行组织管理。

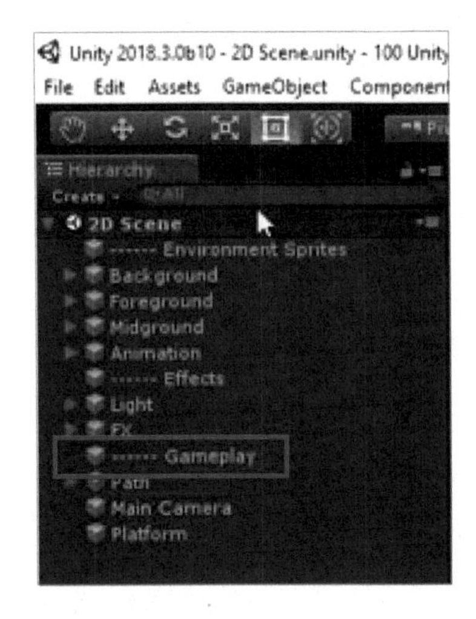

25. 查找含有某组件的游戏对象

如果需要查找挂载了某个组件的游戏对象，直接在 Hierarchy 面板的搜索框中输入组件名称即可，需要注意组件名称中的空格，比如搜索“meshrenderer”而不是“mesh renderer”。

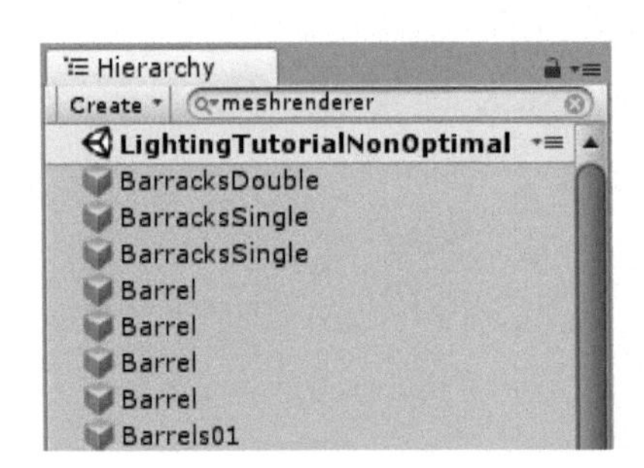

26. 查找某种类型的资源

在 Project 面板中的搜索框中输入“t:+资源类型”，可以过滤显示某种类型的资源，比如输入“t:scene”，会过滤出所有场景文件，输入“t:texture”，则会显示所有贴图。

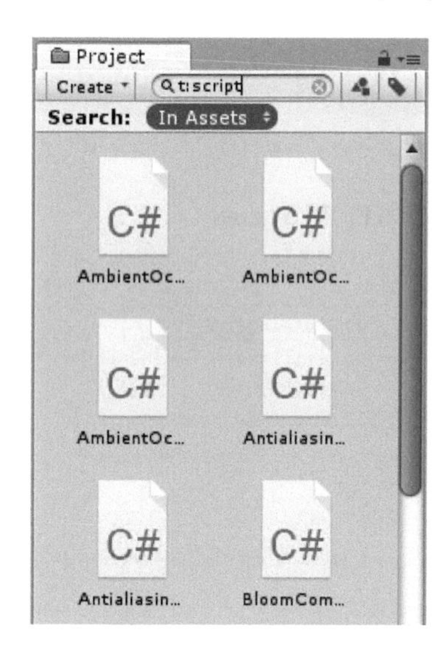

27. 移动代码行

在 Visual Studio 中，按下 Alt+上下组合键，可以在代码块中快速上移/下移光标所在的代码行，不用复制粘贴。

28. 快速查看组件文档

单击组件右上角的文档按钮，可快速打开关于当前组件的文档。建议下载离线文档，以便更加快速打开文档，如果没有下载，Unity 将打开在线文档。

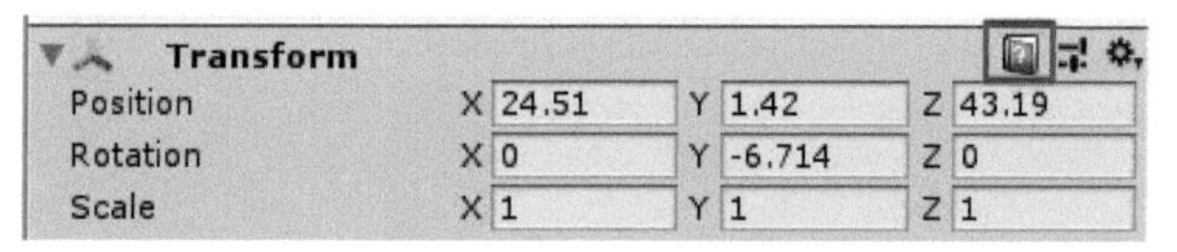

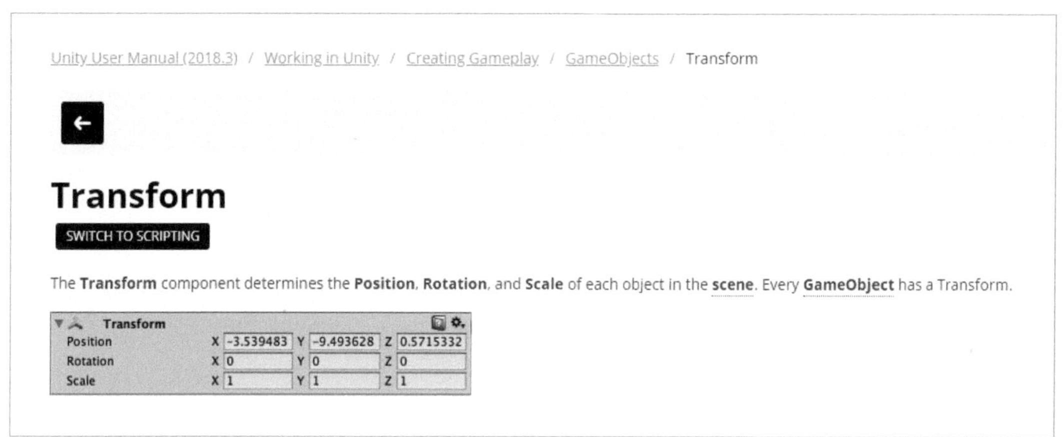

29. 文档版本历史

在 Unity 文档中单击 Documentation versions 链接，可查看不同版本的文档。

unity | DOCUMENTATION

Version: **2018.3** (switch to 2019.1a or 201

Unity Manual

Unity User Manual (2018.3)

Documentation versions

- Switching between Unity versions in the documentation
- Offline documentation
- Documentation editorial review

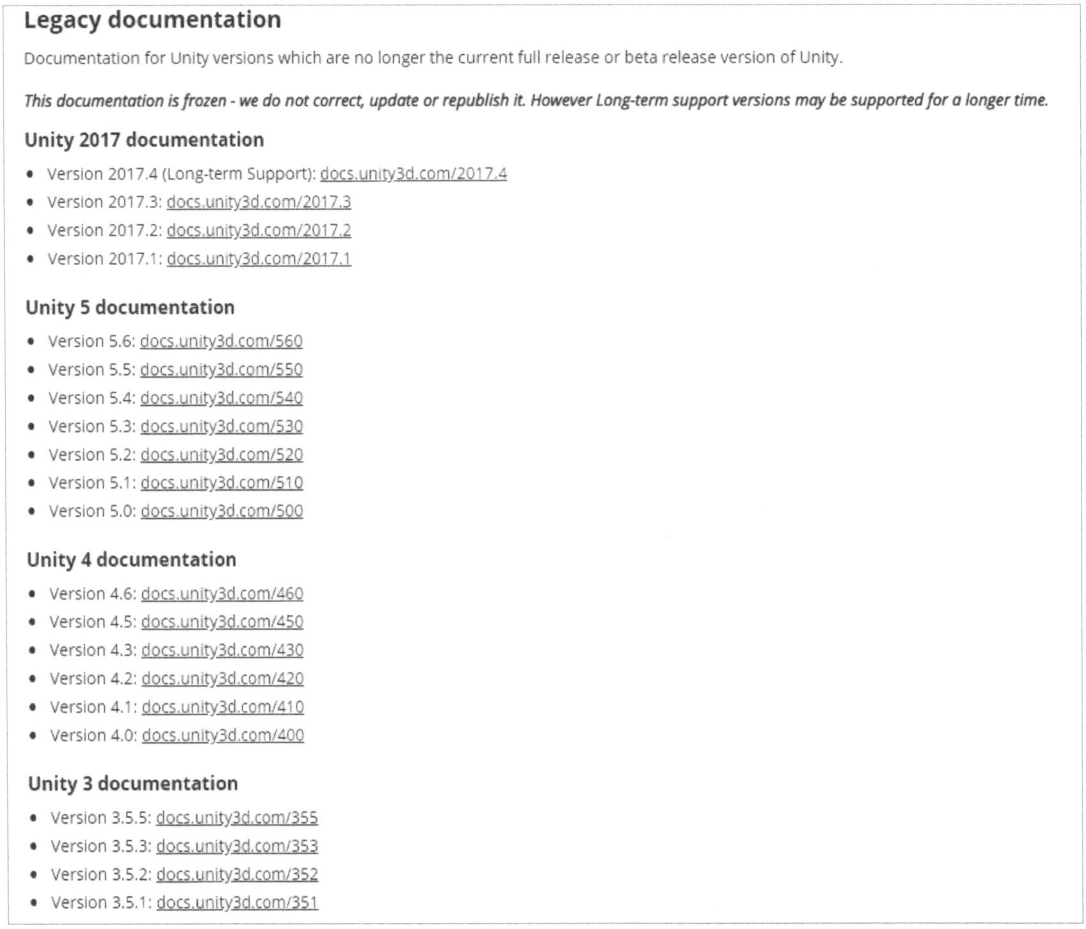

Legacy documentation

Documentation for Unity versions which are no longer the current full release or beta release version of Unity.

This documentation is frozen - we do not correct, update or republish it. However Long-term support versions may be supported for a longer time.

Unity 2017 documentation

- Version 2017.4 (Long-term Support): docs.unity3d.com/2017.4
- Version 2017.3: docs.unity3d.com/2017.3
- Version 2017.2: docs.unity3d.com/2017.2
- Version 2017.1: docs.unity3d.com/2017.1

Unity 5 documentation

- Version 5.6: docs.unity3d.com/560
- Version 5.5: docs.unity3d.com/550
- Version 5.4: docs.unity3d.com/540
- Version 5.3: docs.unity3d.com/530
- Version 5.2: docs.unity3d.com/520
- Version 5.1: docs.unity3d.com/510
- Version 5.0: docs.unity3d.com/500

Unity 4 documentation

- Version 4.6: docs.unity3d.com/460
- Version 4.5: docs.unity3d.com/450
- Version 4.3: docs.unity3d.com/430
- Version 4.2: docs.unity3d.com/420
- Version 4.1: docs.unity3d.com/410
- Version 4.0: docs.unity3d.com/400

Unity 3 documentation

- Version 3.5.5: docs.unity3d.com/355
- Version 3.5.3: docs.unity3d.com/353
- Version 3.5.2: docs.unity3d.com/352
- Version 3.5.1: docs.unity3d.com/351

30. 展开/折叠所有节点

在 Hierarchy 面板中，按下 Alt 键，单击树形节点，可展开/折叠当前节点下的所有子节点。

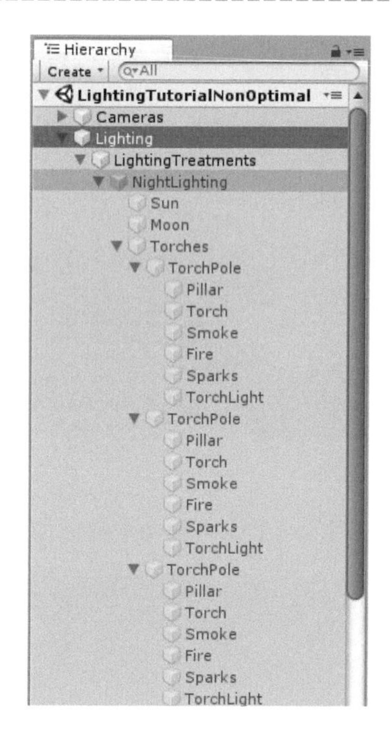

31. 保存编辑器窗口布局

可自定义 Unity 窗口布局，调整完毕后，如果希望以后继续沿用此布局，单击编辑器右上角的 Layout 下拉列表，执行 Save Layout 命令，可将当前窗口布局进行保存。

32. 改变编辑器颜色

执行 Editor→Preferences 命令，可自定义编辑器当前主题的颜色。

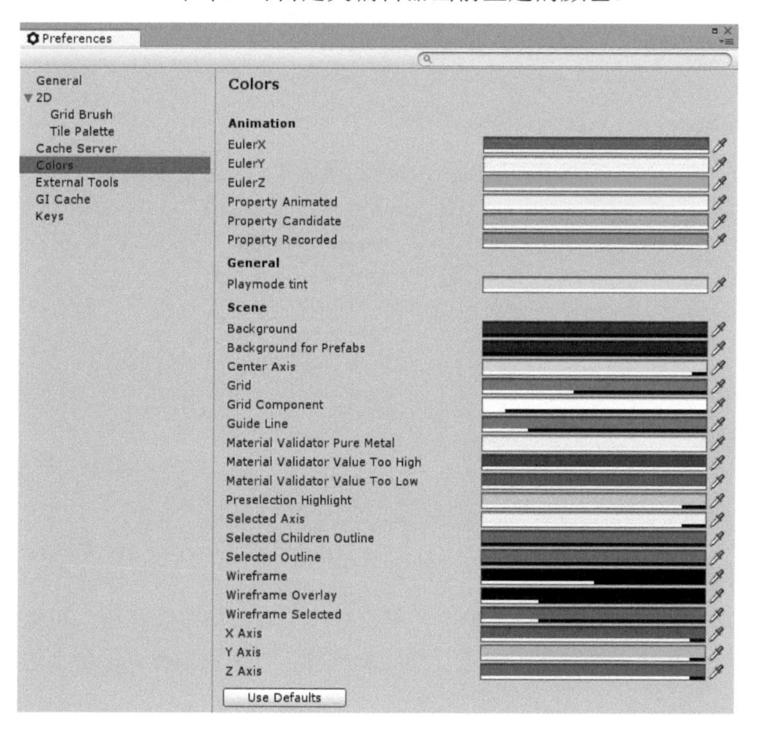

修改 Playmode tint 的颜色值，可以改变编辑器在运行模式时的颜色，以提醒开发者此时为运行模式。

33. 开关场景特效

在 Scene 面板顶部的图片下拉列表中，可选择开关某种类型的特效。

34. MenuItem属性

要在编辑器的菜单栏中选择编写的函数，可在函数前添加 MenuItem 属性，代码如下。

```
[MenuItem("MyMenu/Do Something")]
static void DoSomething()
{

}
```

35. ContextMenu

使用 ContextMenu 属性标记函数，能够在脚本所在的上下文菜单中调用，代码如下。

```
[ContextMenu("Do Something")]
void DoSomething()
{

}
```

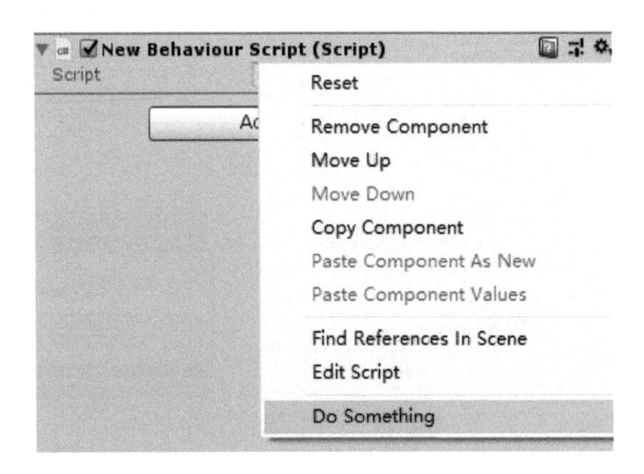

36. 隐藏和锁定层

在编辑器右上角的 Layers 下拉列表中，单击对应层右侧的眼睛按钮，可以隐藏或显示某个层上的对象；单击锁按钮，可对某个层进行锁定或解锁，当被锁定后，该层上的所有对象将不能被选择。

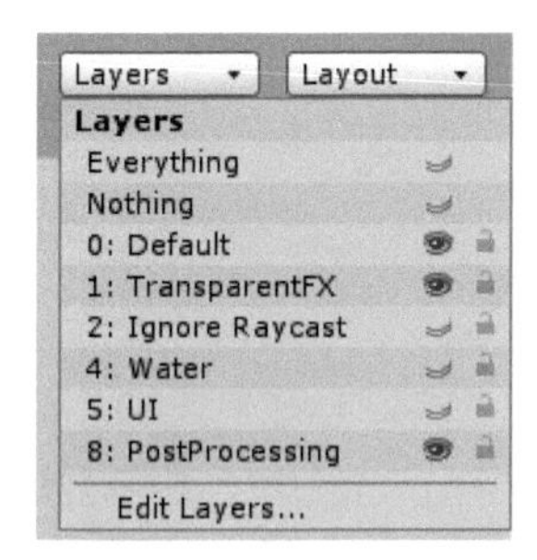

37. 层的子菜单

当创建层时，使用斜杠符进行路径式命名，可以为层添加子菜单，更好地组织项目。

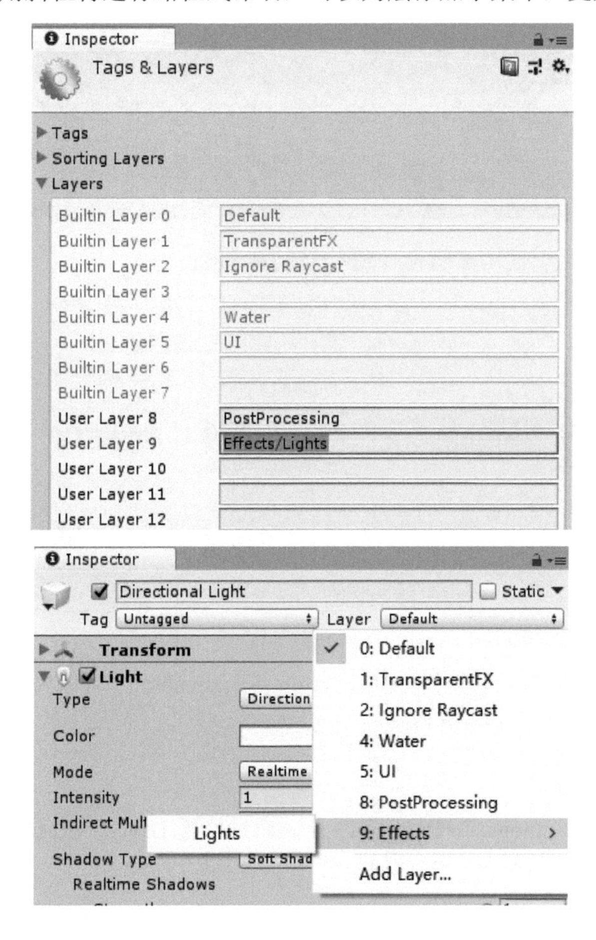

38. 使用Scripting Define Symbols定义脚本

在不同的目标平台下添加 Scripting Define Symbols（执行 Project Settings→Player→Scripting Define Symbols 命令），以分号分隔，可以将这些符号像使用 Unity 内置标签一样用作#if 指令的条件。

39. 颜色

在使用 Color 控件的滴管工具进行颜色选择时，可以拾取 Unity 编辑器之外的颜色。

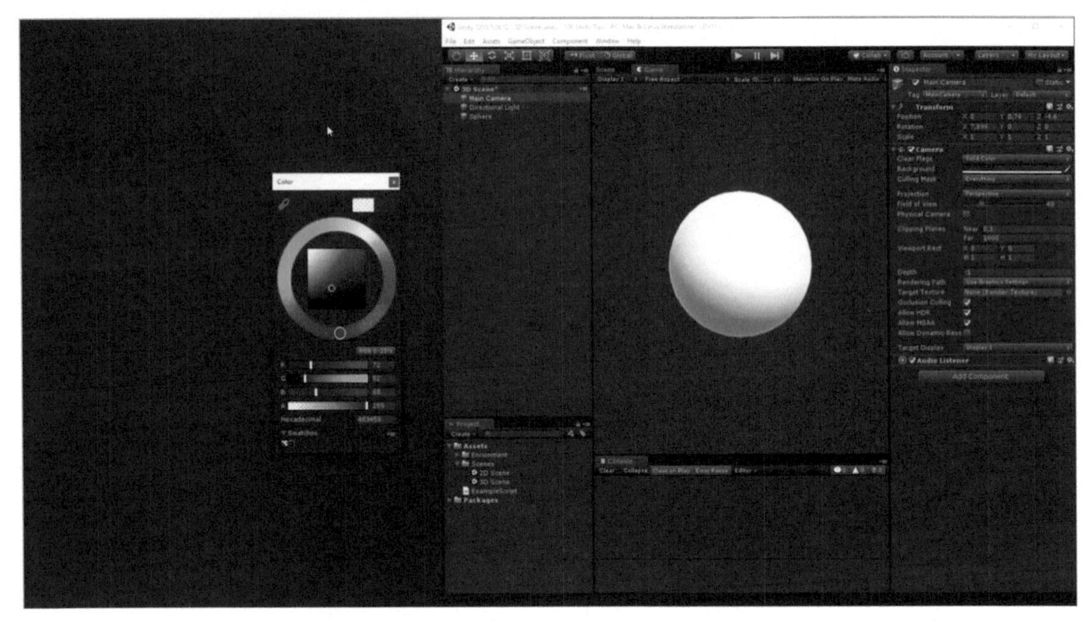

在颜色属性之间也可以使用右键命令进行复制和粘贴。

40. 最大化窗口

按下 Shift+空格组合键，可以快速最大化鼠标所在的窗口，而不用选择窗口右上角的 Maximize 命令。

41. 序列化struct和Class

在数据类型 struct 和 Class 声明前使用[System.Serializable]，可以将其显示在 Inspector 面板中赋值。

42. 碰撞矩阵

执行 Edit→Project Settings...→Physics 命令，通过设置 Layer Collision Matrix 可以决定能够互相碰撞的层。

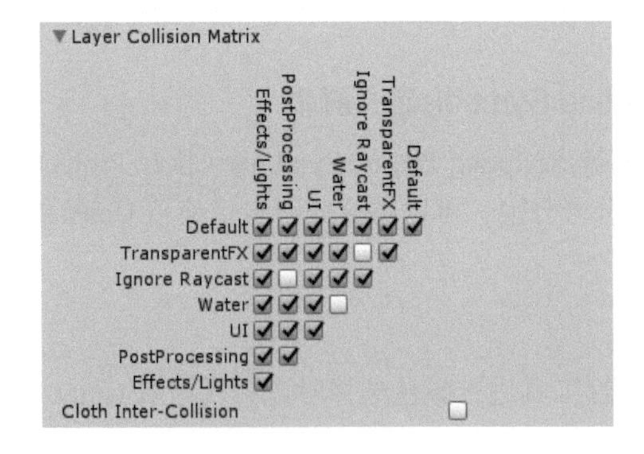

43. Collider相互作用矩阵

当两个对象发生碰撞时，会发送不同的碰撞事件，如 OnTriggerEnter、OnCollisionEnter 等，这取决于具体的碰撞体设置，下表列出了不同类型的碰撞体发生碰撞时所能发出的事件类型。

Collider interaction matrix

	Static Collider	Rigidbody Collider	Kinematic Rigidbody Collider	Static Trigger Collider	Rigidbody Trigger Collider	Kinematic Rigidbody Trigger Collider
Static Collider		collision			trigger	trigger
Rigidbody Collider	collision	collision	collision	trigger	trigger	trigger
Kinematic Rigidbody Collider		collision		trigger	trigger	trigger
Static Trigger Collider		trigger	trigger		trigger	trigger
Rigidbody Trigger Collider	trigger	trigger	trigger	trigger	trigger	trigger
Kinematic Rigidbody Trigger Collider	trigger	trigger	trigger	trigger	trigger	trigger

44. 数值输入

在 Inspector 面板中涉及数值输入的字段，不仅可以直接输入数据，还可以在输入框中输入数学表达式，按下回车键后 Unity 会将计算结果填充到输入框中。

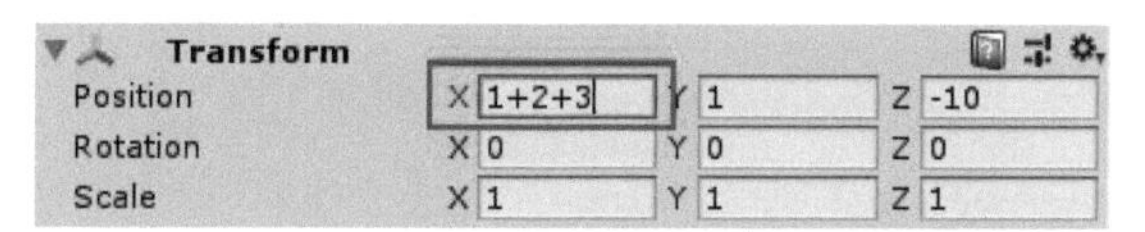

45. 锁定Inspector

单击 Inspector 右上角的锁定按钮，或在上下文菜单中执行 Lock 命令，可以将当前选中游戏对象的 Inspector 面板锁定。然后执行 Add Tab→Inspector 命令，添加一个 Inspector，这样能够在两个游戏对象之间互相复制组件数据。

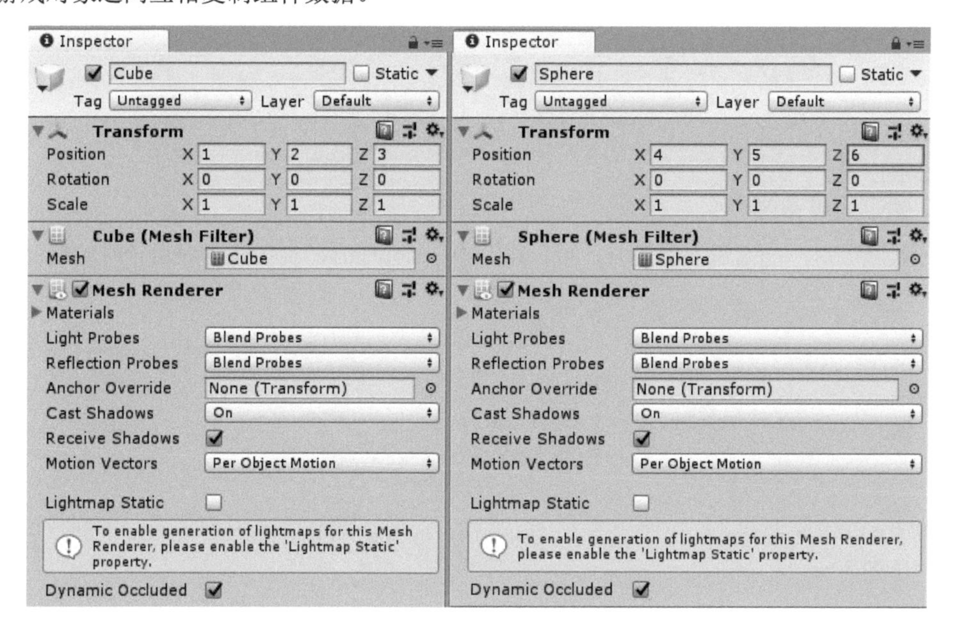

46. Inspector调试模式

在 Inspector 面板右上角的下拉菜单中，执行 Debug 命令，启动调试模式，此时将显示组件包含的所有变量，包括私有变量。当运行编辑器时，可以实时查看各组件所有变量的变化。

47. 高亮显示Debug.Log对应的游戏对象

当使用 Debug.Log 方法输出信息时，可将 gameObject 作为此方法的第二个参数，当程序运行时，单击 Console 面板中对应的输出信息，可在 Hierarchy 面板中高亮显示挂载了此脚本的游戏对象。

```
void Start()
{
    Debug.Log("this is a message",gameObject);
}
```

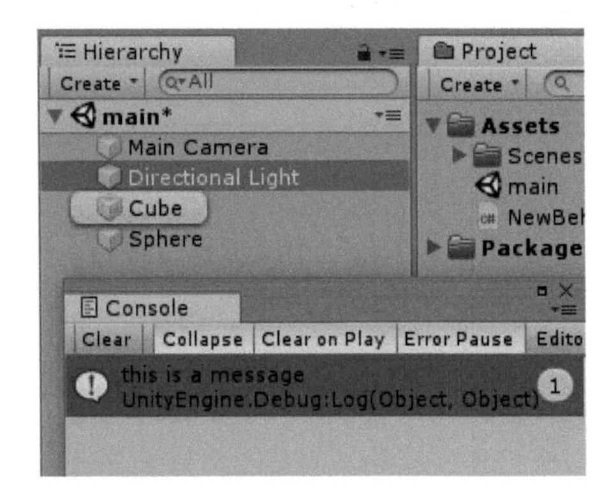

48. 风格化Debug.Log的输出信息

当 Debug.Log 方法的输出消息是字符串时，可以使用富文本标记来强调内容，代码如下。

```
Debug.Log("<color=red>Fatal error:</color> AssetBundle not found");
```

输出效果如下图所示。

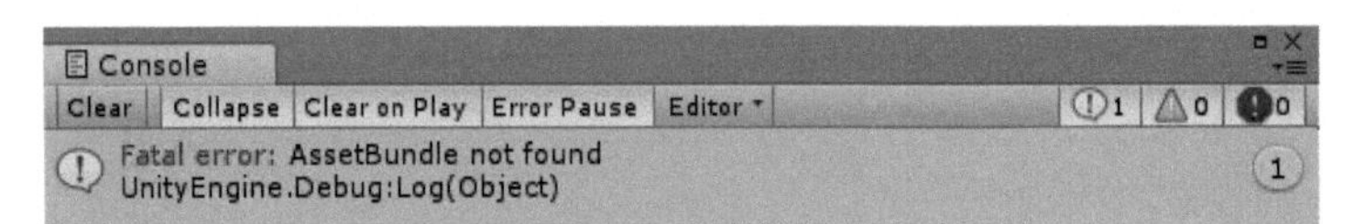

49. 绘制调试数据

当变量随着时间的推进而改变时，可使用 AnimationCurve 实例在程序运行时绘制此数据，代码如下所示。

```
public AnimationCurve plot = new AnimationCurve();
void Update()
{
    float value = Mathf.Sin(Time.time);
    plot.AddKey(Time.realtimeSinceStartup, value);
}
```

返回 Unity 编辑器，运行程序，单击 plot 属性，此时会随着时间的推进动态绘制数据的变化情况，如下图所示。

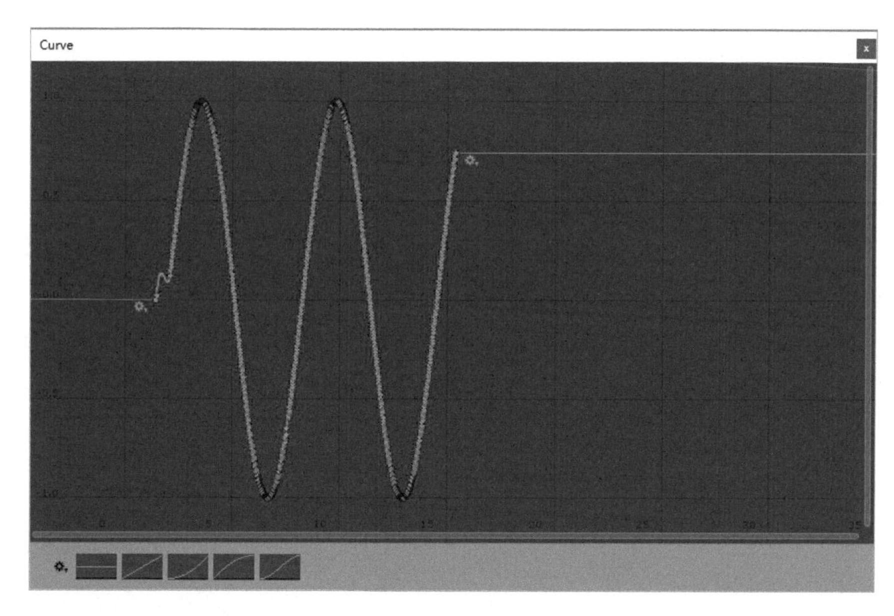

50. 快速新建脚本并挂载到游戏对象上

选择游戏对象，在 Inspector 面板上单击 Add Component 按钮，在搜索框中输入新建的脚本名称并按下回车键，可新建脚本并挂载到目标游戏对象上，双击脚本名称进行脚本编写。

51. 导入第三方项目文件

Unity 能够读取部分第三方创作工具保存的项目文件，比如 Photoshop 的 PSD、Blender 的源文件等，不需要从这些软件导出中转文件格式，比如 Jpg、FBX 等。

52. 导入后保留PSD文件的图层结构

将 PSD 文件另存为 PSB 格式，将其导入 Unity 后可保留文件图层结构，此时需要在 Package Manager 中安装 2D PSD Importer，并且在文件的导入属性中设置 Texture Type 为 Sprite (2D and UI)。

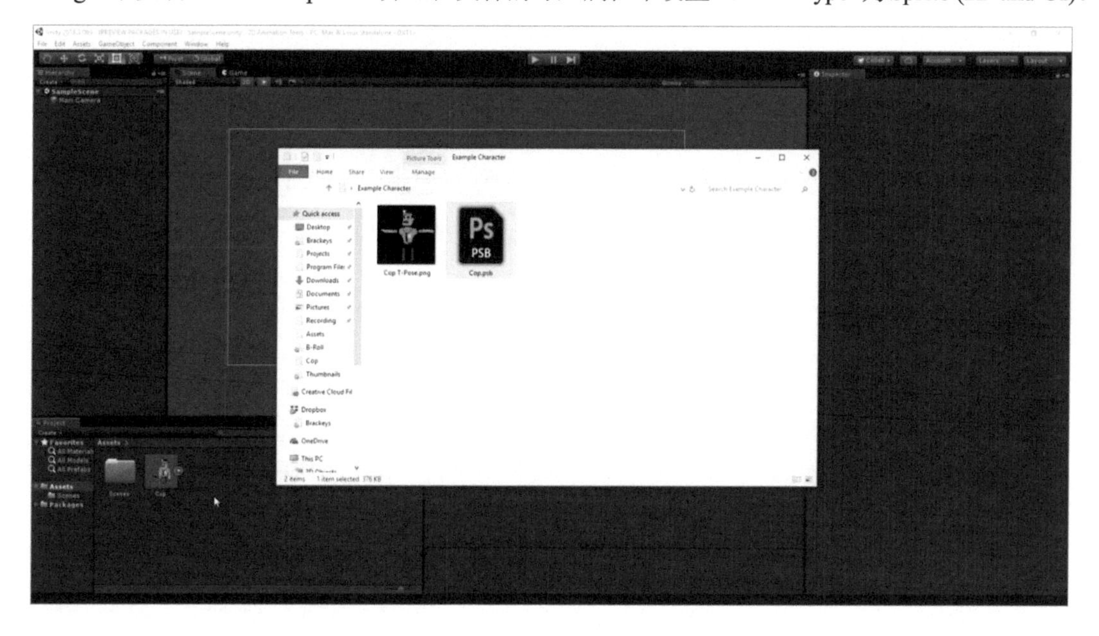

53. 为游戏对象指定/自定义图标

单击游戏对象 Inspector 面板左上角的下拉菜单，可为游戏对象指定一个特定颜色的标识，这对空游戏对象的可视化也比较有用。单击 Other...按钮，可以用自己的图片进行标识。

54. 显示/隐藏Gizmos

单击 Scene 面板右上角的 Gizmos 下拉列表，可以选择显示或隐藏某类组件的图标和 Gizmos 标识；也可单击 Game 面板右上角的 Gizmo 按钮，显示或隐藏所有资源的图标和 Gizmos。

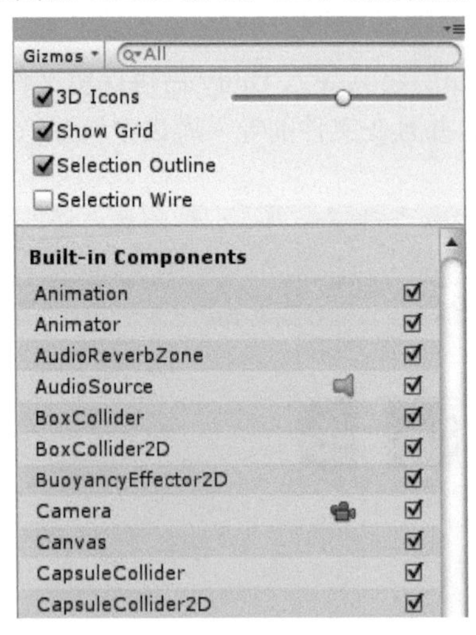

55. 字符串拼接

可使用 StringBuilder 进行字符串的拼接，不要使用字符串相加的形式，因为这样会带来额外的内存垃圾，代码如下。

```
StringBuilder myStr = new StringBuilder();
myStr.Append("Hello").Append("The").Append("World");
```

不建议：

```
string myStr = "Hello" + "the" + "world";
```

使用 StringBuilder 需要引用命名空间 System.Text。

56. 使用ScriptableObjects管理游戏数据

对于游戏数据比如武器、成就等，可使用 ScriptableObjects 在编辑器中进行有效组织，代码如下所示。

```
using UnityEngine;

[CreateAssetMenu(fileName = "New Item", menuName = "Item")]
public class NewBehaviourScript : ScriptableObject
{
    public string ItemName;
    public int ItemLevel;
    public Texture2D ItemIcon;
}
```

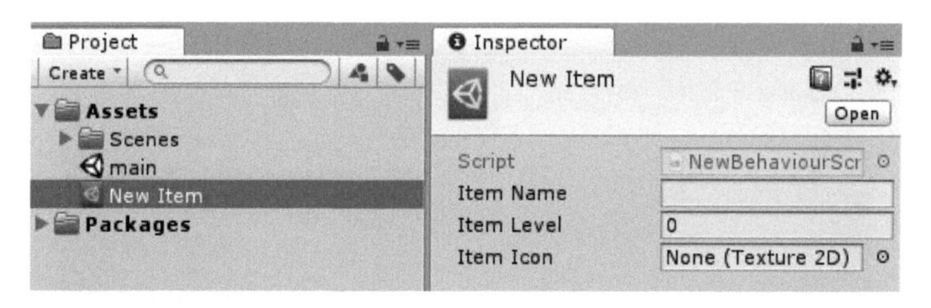

57. 编辑器播放时修改脚本后的处理

执行 Edit→Preferences→General 命令，在 Script Changes While Playing 中，可以设置编辑器在播放状态下如果脚本发生改变后的处理方式，比如停止播放并重新编译等。

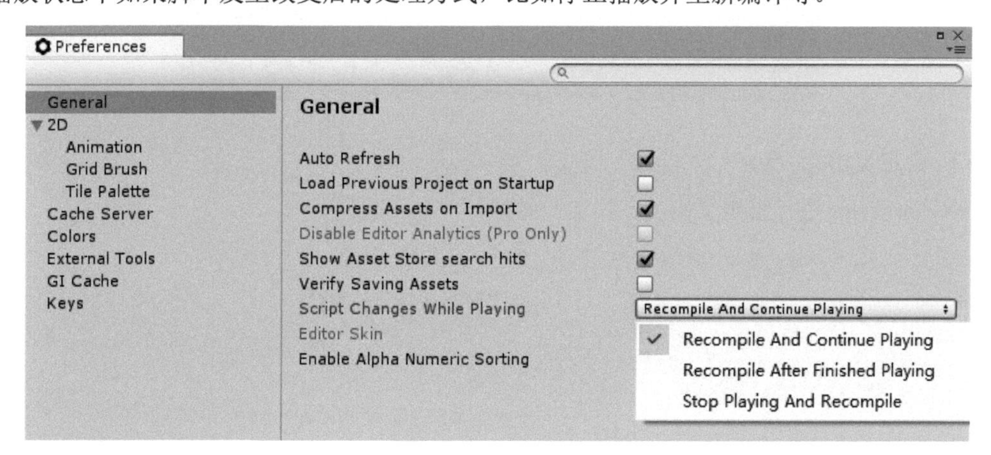

58. 自定义窗口

将类继承自 EditorWindow，可以添加自定义窗口，在此基础上编写一些命令和工具，代码如下所示。

```
using UnityEngine;
using UnityEditor;
```

```
public class ExampleWindow : EditorWindow
{
    [MenuItem("Window/Example")]
    public static void ShowWindow()
    {
        GetWindow<ExampleWindow>("Example");
    }
}
```

执行效果如下图所示。

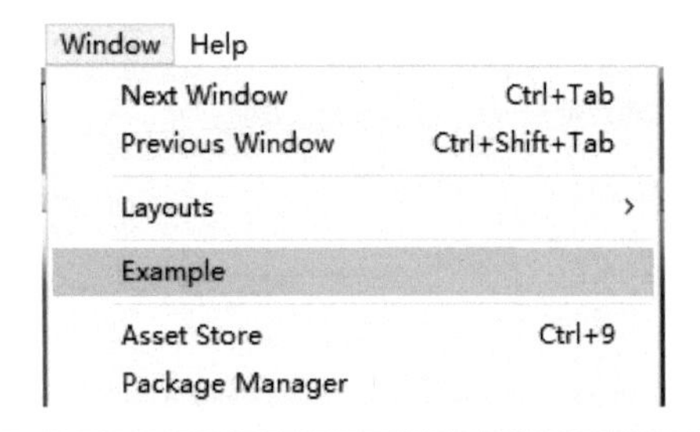

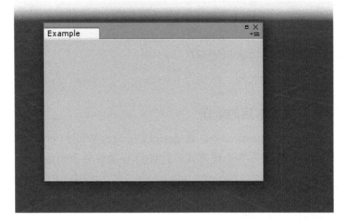

59. 自定义Inspector

可对 Inspector 进行自定义修改，添加一些控件，如下代码。

```
using UnityEngine;
using UnityEditor;

[CustomEditor(typeof(Sphere))]
public class SphereEditor : Editor
{
    public override void OnInspectorGUI()
    {
        GUILayout.Label("自定义 Inspector");
        GUILayout.Button("确定");
    }
}
```

执行效果如下图所示。

60. 工具快捷键

使用 Q、W、E、R、T、Y 快捷键切换移动、旋转、缩放等工具。

61. 使用RectTransform工具缩放 3D物体

RectTransform 工具一般用于缩放 2D 物体，对 3D 物体使用该工具可以在某个二维平面对其进行缩放，这取决于物体与视口的关系。

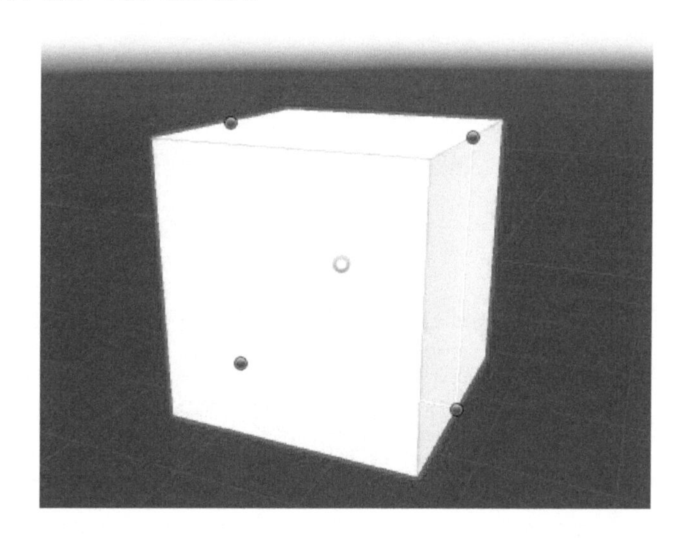

62. 吸附

按下 Ctrl 键对游戏对象进行移动、旋转、缩放，将以步进的形式进行操作，执行 Editor→Snap Settings...命令，可设置步进大小。

Snap settings

Move X	1
Move Y	1
Move Z	1
Scale	0.1
Rotation	15

Snap All Axes | X | Y | Z

按下 V 键，在游戏对象上选择顶点进行拖动，将以此顶点为基础，把游戏对象吸附到其他顶点的位置。

63. 管理程序集

在 Project 面板中执行 Create→Assembly Definition 命令，创建程序集文件，然后将其拖动到指定的文件夹中，定义脚本依赖关系，可以确保脚本更改后，只会重新生成必需的程序集，从而减少编译时间。

64. WaitForSecondsRealtime

当时间缩放为 0 时（即 Time.timeScale=0f），waitForSeconds 方法将不会停止等待，后续代码也不会执行，此时可使用 WaitForSecondsRealtime 方法，代码如下所示。

```
Time.timeScale = 0f;
yield return new WaitForSecondsRealtime(1f);
```

65. 缓存组件引用

当某组件需要被频繁访问时，可在初始化时预先获取该组件的引用，从而避免在访问时由于重复获取引起的性能开销。

```
private Rigidbody rb;

void Start()
{
    rb = GetComponent<Rigidbody>();
}

void Update()
{
    rb.AddForce(0f, -2f, 0f);
}
```

在同样的情况下，也不要使用 Camera.main 获取摄像机组件，尤其避免使用类似以下的方法：

```
Camera cam = GameObject.FindGameObjectWithTag("MainCamera").GetComponent<Camera>();
```

这样会带来更大的性能消耗。

66. 字符串性能优化

如果某字符串在整个应用过程中不会改变且被频繁使用，可将其存储在静态只读变量中，从而节省内存分配，代码如下。

```
static readonly string Fire1 = "Fire1";

void Update()
{
    Input.GetAxis(Fire1);
}
```

不建议：

```
void Update()
{
    Input.GetAxis("Fire1");
}
```

67. 方便使用的属性

为变量添加一些属性可使它们在 Inspector 面板中更容易被使用。在变量前添加 Range 属性，可将其限定在某个范围内并使用滑块调节，代码如下。

```
[Range(0f,10f)]
public float speed = 1f;
```

执行效果：

两个变量声明之间加入[Space]可在 Inspector 中添加一个空行；添加 Header 可在 Inspector 面板中加入一段文字，代码如下。

```
[Header("Player Settings")]
public float speed = 1f;
public int size = 10;
```

执行效果：

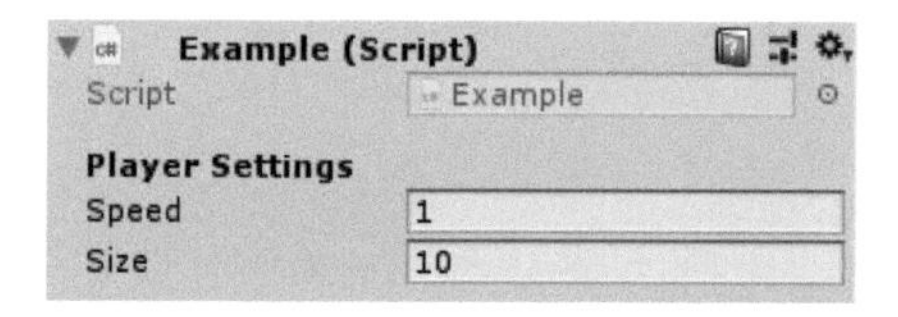

在变量前加入 Tooltip，当鼠标光标悬停在 Inspector 面板中的变量上时，可显示关于此变量的说明，代码如下。

```
[Tooltip("移动速度")]
public float speed = 1f;
```

执行效果：

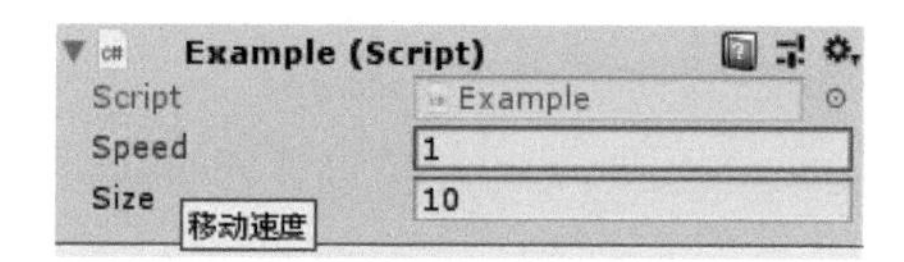

68. 在Unity编辑器中访问Unity Asset Store

可在 Unity 编辑器和网页浏览器中访问 Unity Asset Store。

69. 合并场景

在 Project 面板中，将一个场景文件拖动到另外一个上，可将场景进行合并。

70. 创建游戏对象/数组元素副本快捷键

选择一个游戏对象，按下 Ctrl+D 组合键可快速创建该游戏对象的副本，用同样的方法可创建数组元素的副本。

71. 组件预设

当完成某个组件的属性设置后，可单击组件右上角的预设按钮，将当前属性设置保存为预设，方便后续进行设置组件时使用。

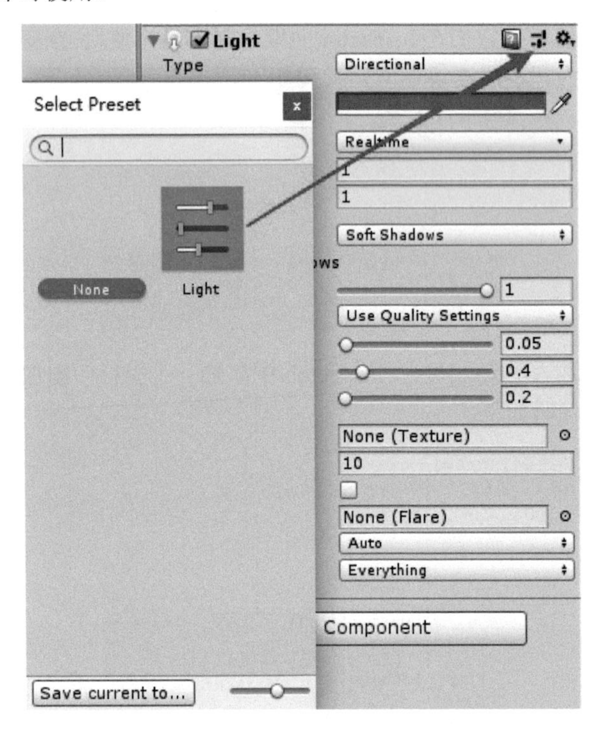

72. 遍历游戏对象所有子物体

可使用 foreach 循环遍历游戏对象的所有子物体，代码如下。

```
foreach (Transform child in transform)
{
    Debug.Log(child.name);
}
```

73. 通过脚本改变游戏对象在Hierarchy中的顺序

使用 transform.SetSiblingIndex 方法可以设置游戏对象在 Hierarchy 面板中的顺序，代码如下。

```
transform.SetSiblingIndex(1);
```

以上代码实现在游戏运行时，设置游戏对象在 Hierarchy 面板中的顺序为同级节点中的第二个。

74. 保存选择状态

当选择了多个游戏对象后，可在 Edit→Selection 的子菜单中选择一个 Save Selection 选项，暂存当前选择状态。选择 Load Selection+对应的序号，即可恢复某个选择状态。此方法对跨节点选择多个对象的情况非常适用，这样将不必依次展开节点重新进行查找选择。

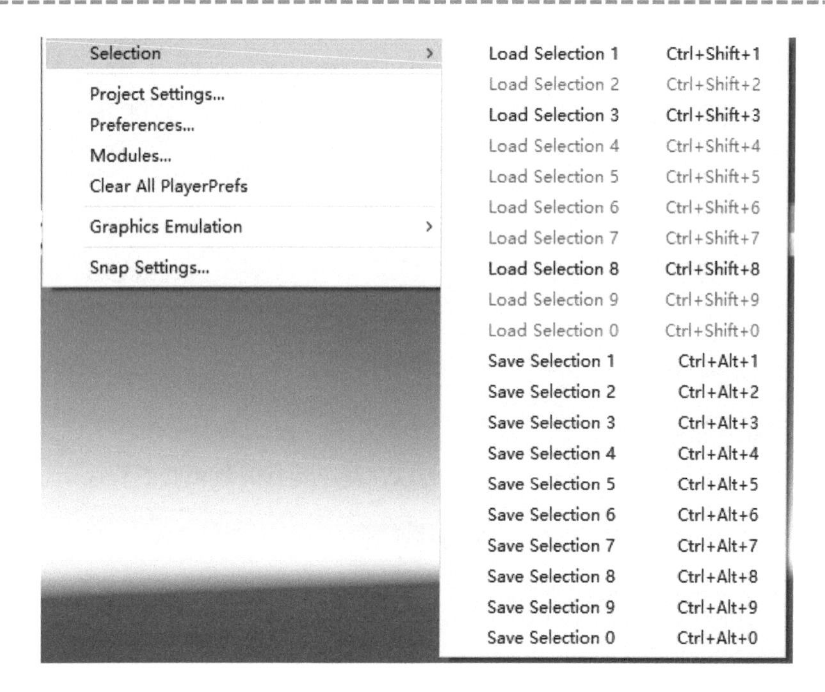

75. #region和#endregion

使用#region 和#endregion 可以将两者之间包含的代码折叠，方便阅读。

```
1    using System.Collections;
2    using System.Collections.Generic;
3    using UnityEngine;
4
5    public class Crafter : MonoBehaviour
6    {
7
8        #region Singleton
9
10       public static Crafter instance;
11
12       private void Awake()
13       {
14           instance = this;
15       }
16
17       #endregion
18
19       variables
33
34       functions
182
183  }
```

76. 通过脚本暂定编辑器播放

使用 EditorApplication.isPaused，可通过代码在编辑器播放时将其暂停，代码如下。

```
void Update()
{
    if (Time.time >= 10f)
    {
        EditorApplication.isPaused = true;
    }
}
```

需要引用命名空间 UnityEditor。

77. 逐帧查看程序运行

单击暂停按钮右侧的步进（Step）按钮，可以在程序运行时逐帧查看程序运行状态。

78. 查看游戏性能统计

单击 Game 窗口右上角的 Stats 按钮可以查看游戏性能统计数据，如帧率、批处理等指标。

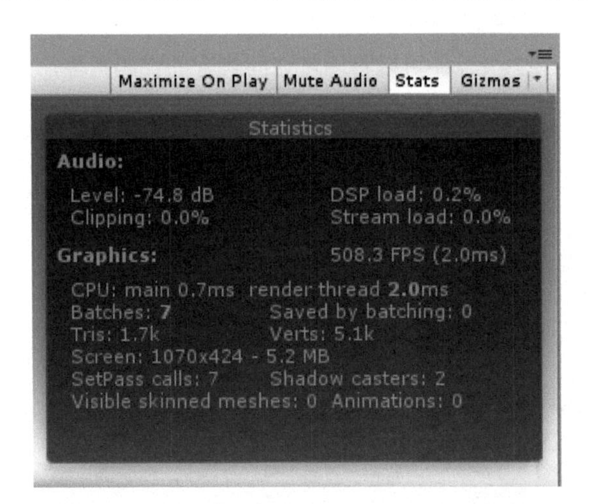

查看更加详细的分析数据，可执行 Window→Analysis→Profiler 命令；使用 Profiler.BeginSample 和 Profiler.EndSample 方法可在 Profiler 中查看函数的资源使用情况，代码如下。

```
Profiler.BeginSample("expensive");
CalculateSomething();
Profiler.EndSample();
```

需要引入 UnityEngine.Profiling 命名空间。

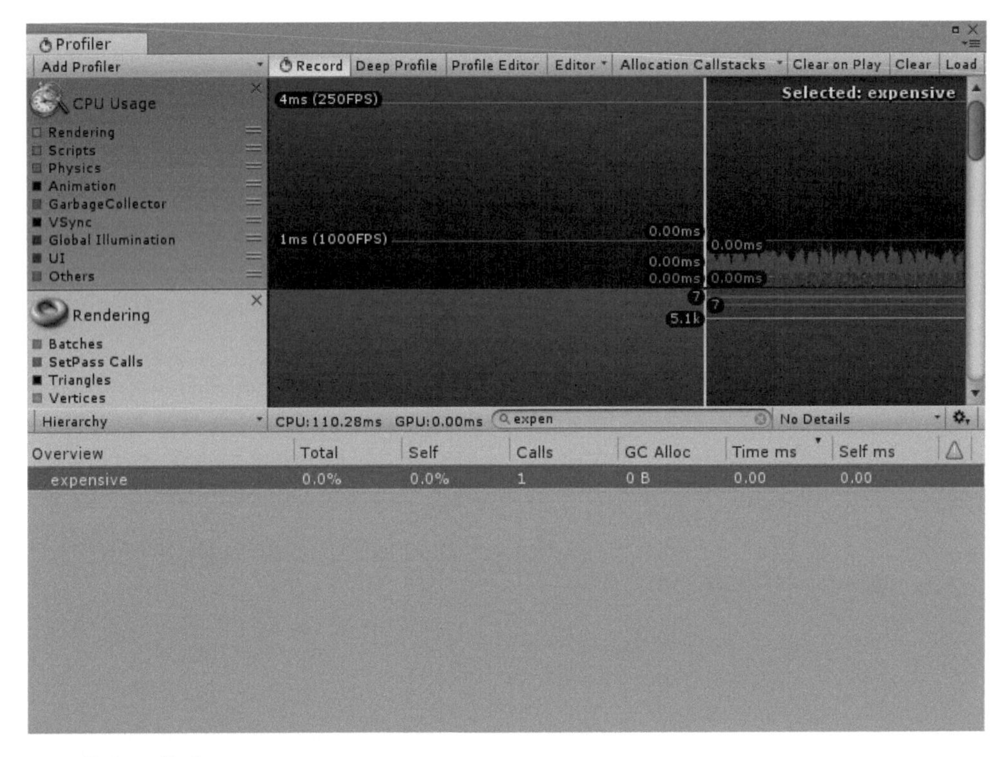

79. 弹出预览窗口

在通常情况下，项目资源在 Inspector 面板底部均有一个预览窗口。右击预览窗口顶部，可将该窗口弹出，作为独立窗口，放置在编辑器的任意位置。

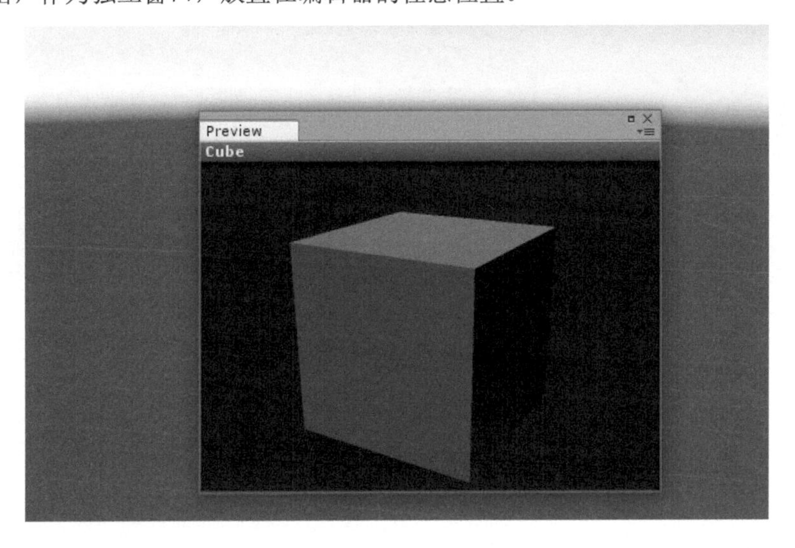

80. 测试游戏时静音

单击 Game 窗口右上角的 Mute Audio 按钮，可在编辑器播放时将所有声音关闭。

81. InvokeRepeating

使用 InvokeRepeating 可以按照一定的时间间隔反复执行某个函数，若不使用 `CancelInvoke` 方法，InvokeRepeating 将持续执行，即使将方法所在的脚本关闭。

82. Frame Debugger

使用 Frame Debugger（执行 Window→Analysis→Frame Debugger 命令）可以查看每一帧的渲染过程。

83. Physics Debugger

使用 Physics Debugger（执行 Window→Analysis→Physics Debugger 命令）可以查看碰撞引起的异常，当勾选 Collision Geometry 选项后，场景中所有游戏对象的碰撞体都将被绘制出来，而不用依次选择游戏对象进行检查。如下图所示，球体因为添加了不正确的 Box Collider，在物理碰撞时必然不能达到预期的表现效果。

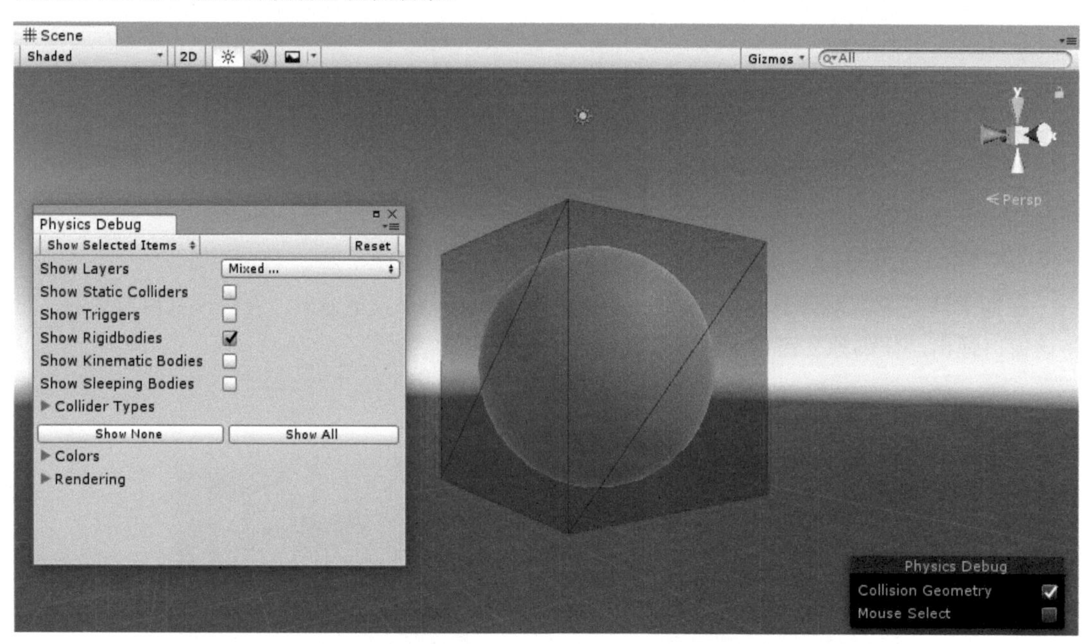

反侵权盗版声明